图解Java

数据结构与算法

（微课视频版）

陈锐 黄敏 张世征 著

清华大学出版社

北京

内 容 简 介

本书系统、全面地介绍数据结构的基础理论与算法设计，精选数据结构考研习题和各类典型例题进行讲解，案例和课后习题丰富，突出对数据结构算法实践能力的培养。本书算法均采用 Java 语言实现，示例代码可直接上机运行。本书配套资源丰富，包括示例源码、PPT 课件、教学视频、教学大纲、习题与答案等。

本书共分 11 章，内容包括数据结构与算法概述，线性表，栈和队列，串、数组和广义表，树，图，查找算法，排序算法，分治算法，贪心算法，回溯算法。

本书适合 Java 数据结构初学者，可作为高等院校计算机、软件工程等相关专业数据结构课程的教材，也可作为计算机软件开发、准备计算机专业研究生考试、参加各类算法竞赛、准备计算机软件资格考试的人员的参考用书。

图书在版编目（CIP）数据

图解 Java 数据结构与算法：微课视频版 / 陈锐，黄敏，张世征著. —北京：清华大学出版社，2023.10
ISBN 978-7-302-64803-1

Ⅰ. ①图… Ⅱ. ①陈… ②黄… ③张… Ⅲ. ①JAVA 语言－数据结构－算法分析－图解 Ⅳ. ①TP311.12-64
②TP312.8-64

中国国家版本馆 CIP 数据核字（2023）第 203533 号

责任编辑：夏毓彦
封面设计：王　翔
责任校对：闫秀华
责任印制：刘海龙

出版发行：清华大学出版社
   网　　　址：https://www.tup.com.cn，https://www.wqxuetang.com
   地　　　址：北京清华大学学研大厦 A 座　　　邮　　编：100084
   社 总 机：010-83470000　　　　　　　　邮　　购：010-62786544
   投稿与读者服务：010-62776969，c-service@tup.tsinghua.edu.cn
   质 量 反 馈：010-62772015，zhiliang@tup.tsinghua.edu.cn

印 装 者：河北鹏润印刷有限公司
经　　销：全国新华书店
开　　本：190mm×260mm　　　印　张：20.75　　　字　数：560 千字
版　　次：2023 年 11 月第 1 版　　　　　　　印　次：2023 年 11 月第 1 次印刷
定　　价：79.00 元

产品编号：103353-01

前　言

随着软件人才发展成为国家发展战略，全国各行业对软件人才的需求量持续增加，尤其是关键领域的高端人才需求更加迫切，这对软件工程、计算机科学与技术等相关专业的人才培养质量提出了更高的要求。而数据结构作为高等院校软件工程、计算机科学与技术等相关专业的一门重要的专业基础课程，不仅是学习算法设计与分析、操作系统、人工智能、机器学习等课程的重要基础，也是软件开发者的必备知识，对软件设计的发展起着举足轻重的作用。

结合多年来的教学实践经验与软件工程专业人才培养目标，针对目前学生学习数据结构存在的缺乏动手实践的问题，本书理论与实践并重，在讲解理论的同时，筛选计算机考研试题、竞赛试题，配合丰富的图表进行讲解，并提供完整的算法实现。同时，考虑到软件行业的发展趋势和岗位需求以 Java 软件工程师居多的情况，本书所有算法均采用 Java 语言实现，从而实现教学与实际应用无缝衔接。

本书系统地讲解了数据结构中的线性结构、树形结构、图结构及查找、排序、分治算法、贪心算法、回溯算法，阐述了各种数据结构的逻辑关系，讨论了它们在计算机中的存储表示及其运算。本书理论与实践并重，选取的案例丰富、典型，每一章均提供涵盖所有知识点的综合应用实例，课后习题题型多样，涵盖知识点丰富，并且选取了部分考研试题，以巩固所学的知识点。本书采用 Java 语言作为描述语言，有详细的讲解和注释，所有代码均上机调试通过，并给出程序的运行结果。

本书内容

本书共 11 章，分别为数据结构与算法概述，线性表，栈与队列，串、数组与广义表，树和二叉树，图，查找，排序，分治算法，贪心算法和回溯算法。

第 1 章向刚接触数据结构的读者介绍数据结构是什么，以及本书的学习目标、学习方法和学习内容；另外，还介绍本书对算法的描述方法。

第 2 章主要介绍线性表。首先讲解线性表的逻辑结构，然后介绍线性表的各种常用存储结构，在每一节均给出了算法的具体应用。通过学习这一章，读者可以掌握顺序表、链表的基本运算及典型应用。

第 3 章主要介绍操作受限的线性表——栈和队列，内容包括栈和队列的定义、存储结构、基本运算以及栈与递归的转换、栈和队列的典型应用。

第 4 章主要介绍串、数组与广义表。首先介绍串的概念、存储表示、串的模式匹配算法；然后介绍数组的概念、数组（矩阵）的存储结构及运算、特殊矩阵；最后介绍广义表的概念、存储方式与基本操作。

第 5 章主要介绍非线性数据结构——树和二叉树。首先介绍树和二叉树的概念，然后介绍树和二叉树的存储表示，二叉树的性质，二叉树的遍历和线索化，树、森林与二叉树的转换，并查集以及哈夫曼树。

第 6 章主要介绍非线性数据结构——图。首先介绍图的概念和存储结构，然后介绍图的遍历、最小生成树、拓扑排序、关键路径及最短路径。

第 7 章主要介绍数据结构的常用技术——查找。首先介绍查找的概念，然后结合具体实例介绍静态查找、动态查找以及哈希查找的算法及实现。

第 8 章主要介绍数据结构的常用技术——排序。首先介绍排序的相关概念，然后介绍插入排序、交换排序、选择排序、归并排序以及基数排序，并给出了具体实现算法。

第 9 章主要介绍分治算法。首先介绍分治算法的思想，然后针对最大子序列的和、求 x 的 n 次幂、众数、大整数乘法等问题，讲解如何利用分治法进行求解。

第 10 章主要介绍贪心算法。首先介绍贪心算法的思想，然后针对找零钱问题、背包问题、删数问题、加油站问题等具体实例，讲解利用贪心算法策略实现算法的求解问题。

第 11 章主要介绍回溯算法。首先介绍回溯算法的思想，然后针对装载问题、旅行商问题、和式分解等具体实例，讲解如何构造解空间树，以及解空间树的搜索和算法实现。

本书特点

本书内容紧紧围绕《高等学校计算机专业核心课程教学实施方案》，涵盖教学方案和考研大纲要求的知识点。本书系作者多年教学实践经验总结，主要特点如下：

（1）理论与实践并重，突出实践。本书在讲解抽象概念和算法思想时，每个算法都给出了具体算法的 Java 语言实现，每一章均提供了综合案例的详细讲解，以图文形式给出具体的实现过程，最后给出完整的算法实现。

（2）结构清晰，内容全面。针对每个抽象的概念、知识点，配合类比和丰富的图表进行讲解。

（3）例题典型、丰富。本书例题选自全国著名高校考研试题、竞赛试题，并给出了详细的分析和完整的算法实现。

相信在学完本书后，读者会在数据结构和算法方面有很大的收获。预祝读者在学习本书时有一个愉快的旅程。

配套教学资源

为了方便初学者自学、教师教学和学生学习，本书提供了全面、丰富的教学资源，配套教学资源包括以下内容：

（1）PPT 教学课件。

（2）示例源程序代码。

（3）微课视频。

（4）教学大纲。

（5）习题与答案

（6）期末考试样题。

（7）线上教学资源。

（8）作者答疑 QQ 群。

这些资源可以用微信扫描下面的二维码获取。如果阅读中发现问题或疑问，请联系 booksaga@163.com，邮件主题写"图解 Java 数据结构与算法"。

本书作者及致谢

参加本书编写的有陈锐、黄敏、张世征、徐洁、吕睿。

在本书的出版过程中，得到了郑州轻工业大学和清华大学出版社的大力支持，在此表示衷心感谢。尤其感谢清华大学出版社的编辑为本书出版做出的辛勤努力。

在编写本书的过程中，参阅了大量相关教材、著作，个别案例也参考了网络资源，在此向各位原著者致敬！

由于编写时间仓促，水平所限，书中难免存在不足之处，恳请读者不吝赐教。读者可通过本书下载资源中提供的 QQ 群进行讨论交流。

作　者

2023 年 8 月

目　　录

第1章

数据结构与算法概述

数据结构是计算机、软件工程、大数据、人工智能等专业至关重要的专业基础课和核心课程，是今后学习编译原理、操作系统、人工智能、机器学习等课程和从事计算机软件开发的重要基础，它主要研究数据在计算机中的存储表示和对数据的处理方法。

近年来，随着计算机技术的快速发展，数据规模呈现几何级数增长，数据类型也变得多样化，实际的软件开发需要处理的数据日趋复杂，数据结构在人工智能、大数据技术飞速发展的今天显得尤为重要。要想编写出好的程序，不仅需要选择好的数据结构，还要有高效的算法。数据结构与算法往往是紧密联系在一起的。本章旨在让读者对数据结构有个总体上的把握，首先介绍数据结构的相关概念，接着介绍抽象数据类型的概念及其描述方法，然后介绍数据的逻辑结构与存储结构，最后介绍算法的定义、算法的描述方法、算法设计的要求以及如何分析算法的效率高低。

重点内容：

- 数据结构的相关概念
- 数据的逻辑结构与存储结构
- 抽象数据类型的描述
- 分析算法的时间复杂度和空间复杂度

1.1　为什么要学习数据结构

1. 数据结构的前世今生

数据结构作为一门独立的课程，是从 1968 年开始在美国设立的。1968 年，算法和程序设计技术的先驱，美国的唐·欧·克努特（Donald Ervin Knuth，中文名为高德纳）教授开创了数据结构的最初体系，他所著的《计算机程序设计艺术》第一卷《基本算法》是第一本较系统地阐述数据的逻辑结构和存储结构及其操作的著作。从 20 世纪 60 年代末到 20 世纪 70 年代初，随着大型程序的出现，软件也相对独立，结构化程序设计成为程序设计方法学的主要内容，数据结构显得越来越重要。

从 20 世纪 70 年代中期到 20 世纪 80 年代，各种版本的数据结构著作相继出现。目前，数据结构的发展并未就此止步，随着大数据和人工智能时代的到来，数据结构开始在新的应用领域发挥重要作用。面对爆炸性增长的数据和计算机技术的发展，人工智能、大数据、机器学习等应用领域需要处理大量多维的数据，因此需要对数据进行组织和处理，数据结构的重要性不言而喻。

小知识：Donald Ervin Knuth 撰写了计算机科学理论与技术的经典巨著《计算机程序设计艺术》（*The Art of Computer Programming*）（共 5 卷），该著作被《美国科学家》杂志列为 20 世纪最重要的 12 本物理科学类专著之一，可以与爱因斯坦的《相对论》、狄拉克的《量子力学》、理查·费曼的《量子电动力学》等经典著作相媲美。因此，高德纳在 36 岁时就荣获 ACM 1974 年年度的图灵奖，迄今为止，他仍然是最年轻的图灵奖获得者纪录保持者。高德纳肖像如图 1-1 所示。

图 1-1　高德纳肖像

此外，高德纳花了整整 9 年的时间完成了对西文印刷行业具有革命性变革的 TeX 排版软件和 METAFONT 字形设计软件，并因此获得了 ACM 的软件系统奖（Software System Award）。《计算机程序设计艺术》推出之后，真正能读完读懂的人为数不多，据说比尔·盖茨花费了几个月才读完第一卷，然后说，如果你觉得自己是一名优秀的程序员，那就去读《计算机程序设计艺术》吧。对我来说，读完这本书不仅花了好几个月，而且还要求我有极高的自律性。如果你能读完这本书，不妨给我发个简历。

2. 数据结构的作用与地位

数据结构是介于数学、计算机硬件和计算机软件三者之间的一门核心课程。数据结构已经不仅仅是计算机相关专业的核心课程，还是其他非计算机专业的主要选修课程之一，其重要性不言而喻。数据结构与计算机软件的研究有着密切的关系，开发计算机系统软件和应用软件都会用到各种类型的数据结构。例如，算术表达式求值问题、迷宫求解、机器学习中的决策树分类等分别利用了数据结构中的栈、树进行解决。因此，要想更好地运用计算机来解决实际问题，使编写出的程序更高效，具有通用性，仅掌握计算机程序设计语言是难以应付众多复杂问题的，还必须学习和掌握好数据结构方面的知识。数据结构是学习操作系统、软件工程、人工智能、算法设计与分析、机器学习、大数据等众多后继课程的重要基础。

在计算机刚出现的那些年，人们使用计算机的主要目的是处理数值计算问题。当时涉及的运算对象是简单的整型、实型或布尔类型数据，程序设计者的主要精力集中于程序设计的技巧上。随着计算机应用领域的扩大和软、硬件的发展，非数值计算问题成为各研究领域要处理的主要对象。这类问题涉及的数据结构更为复杂，数据元素之间的相互关系一般无法用数学方程式描述，解决这类问题的关键不再是数学分析和计算方法，而是要选择恰当的数据结构，然后设计合适的算法。因此，学习数据结构与算法有利于培养我们的逻辑思维能力和解决复杂软件工程问题的能力。

1.2　基本概念和术语

在学习数据结构的过程中，涉及一些基本概念和专业术语，本节先来了解这些基本概念和专业术语。

1. 数据

数据（Data）是描述客观事物的符号，是能输入计算机中并能被计算机程序处理的符号集合。数据是计算机程序加工的"原料"。例如，一个文字处理程序（如 Microsoft Word）的处理对象就是字符串，一个数值计算程序的处理对象就是整型和浮点型数据。因此，数据的含义非常广泛，如整型、浮点型等数值类型及字符、声音、图像、视频等非数值数据都属于数据范畴。

2. 数据元素

数据元素(Data Element)是数据的基本单位,在计算机程序中通常作为一个整体来考虑和处理。一个数据元素可由若干个数据项（Data Item）组成，数据项是数据不可分割的最小单位。例如，一个学校的教职工基本情况表包括工号、姓名、性别、籍贯、所在院系、出生年月及职称等数据项，如表 1-1 所示。表 1-1 中的一行就是一个数据元素，也称为一条记录。

表1-1　教职工基本情况表

工　号	姓　名	性　别	籍　贯	所在院系	出生年月	职　称
2017002	吴晓丽	女	吉林	计算机学院	1985 年 10 月	副教授
2019056	江　静	女	北京	文学院	1988 年 08 月	讲　师
2013028	刘晓光	男	陕西	软件学院	1981 年 11 月	教　授

3. 数据对象

数据对象（Data Object）是性质相同的数据元素的集合，是数据的一个子集。例如，对于正整数来说，数据对象是集合 N={1,2,3,…}；对于字母字符数据来说，数据对象是集合 C={'A','B','C',…}。

4. 数据结构

数据结构（Data Structure）即数据的组织形式，它是数据元素之间存在的一种或多种特定关系的数据元素集合。在现实世界中，任何事物都是有内在联系的，而不是孤立存在的，同样，在计算机中，数据元素不是孤立的、杂乱无序的，而是具有内在联系的数据集合。例如，表 1-1 所示的教职工基本情况表是一种表结构，学校的组织机构是一种层次结构（见图 1-2），城市之间的交通路线属于图结构（见图 1-3）。

图 1-2　学校的组织机构图

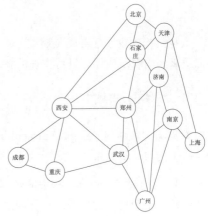

图 1-3　城市之间的交通路线图

5. 数据类型

数据类型（Data Type）用来刻画一组性质相同的数据及其操作。数据类型是按照值的不同进行划分的。在高级语言中，每个变量、常量和表达式都有各自的取值范围，数据类型就说明了变量或表达式的取值范围以及所能进行的操作。例如，在 Java 语言中，一个英文字符占一字节，即 8 位，对于使用 UTF-8 编码的汉字来说，一个中文字符占 3 字节，对于使用 GBK 编码的汉字来说，一个汉字占 2 字节。在相同的字符编码情况下，字符类型决定了它的取值范围，同时也定义了在其范围内可以进行赋值运算、比较运算等。

在 Java 语言中，数据类型按照结构可分为基本类型和引用类型。基本类型是不可以再分解的基本类型，包括数值型（byte、short、int、long、float、double）、字符型、布尔型。引用类型是可以再分解的，它由若干类型组合而成，包括字符串、数值、枚举、类、接口，如图 1-4 所示。

图 1-4　数据类型

随着计算机技术的飞速发展，计算机从最初仅能够处理数值信息，发展到现在能处理的对象包括数值、字符、文字、声音、图像及视频等信息。任何信息只要经过数字化处理，就能够让计算机识别并处理。当然，这需要对要处理的信息进行抽象描述，让计算机能理解。

1.3　数据的逻辑结构与存储结构

数据结构的主要任务就是通过分析数据对象的结构特征，包括逻辑结构及数据对象之间的关系，并把逻辑结构表示成计算机可实现的物理结构，以便设计、实现算法。

1.3.1　逻辑结构

数据的逻辑结构（Logical Structure）是指在数据对象中数据元素之间的相互关系。数据元素之间存在不同的逻辑关系，构成了以下 4 种结构类型。

（1）集合结构。集合结构中的数据元素除了同属于一个集合外，数据元素之间没有其他关系。这就像数学中的自然数集合，集合中的所有元素都属于该集合，除此之外，没有其他特性。例如，数学中的正整数集合 {5,67,978,20,123,18}，集合中的数除了属于正整数外，元素之间没有其他关系。

数据结构中的集合关系就类似于数学中的集合。集合结构如图 1-5 所示。

（2）线性结构。线性结构中的数据元素之间是一对一的关系。线性结构如图 1-6 所示。数据元素之间存在先后次序关系，其中，a 是 b 的直接前驱，b 是 a 的直接后继。

（3）树形结构。树形结构中的数据元素之间存在一种一对多的层次关系。树形结构如图 1-7 所示。这就像学校的组织结构图，学校下面是教学的院系、行政机构及一些研究所。

（4）图结构。图结构中的数据元素是多对多的关系。如图 1-8 所示就是一个图结构。城市之间的交通路线图就是多对多的关系，a、b、c、d、e、f、g 是 7 个城市，城市 a 到城市 b、e、f 都存在一条直达路线，而城市 b 到城市 a、c、f 也存在一条直达路线。

图 1-5　集合结构　　　　　　　　　　图 1-6　线性结构

图 1-7　树形结构　　　　　　　　　　图 1-8　图结构

1.3.2　存储结构

存储结构（Storage Structure）也称为物理结构（Physical Structure），指的是数据的逻辑结构在计算机中的存储形式。数据的存储结构应能正确反映数据元素之间的逻辑关系。

数据元素的存储结构形式通常有顺序存储结构和链式存储结构两种。顺序存储是把数据元素存放在一组地址连续的存储单元里，其数据元素间的逻辑关系和物理关系是一致的。采用顺序存储的字符串 "abcdef" 地址连续的存储结构如图 1-9 所示。链式存储是把数据元素存放在任意的存储单元里，这组存储单元可以是连续的，也可以是不连续的，数据元素的存储关系并不能反映其逻辑关系，因此需要借助指针来表示数据元素之间的逻辑关系。字符串 "abcdef" 的链式存储结构如图 1-10 所示。

图 1-9　顺序存储结构　　　　　　　　图 1-10　链式存储结构

数据的逻辑结构和物理结构是密切相关的，在学习数据结构的过程中，你将会发现，任何一个算法的设计取决于选定的数据逻辑结构，而算法的实现则依赖于所采用的存储结构。

如何描述存储结构呢？通常是借助 Java、C、C++、Python 等高级程序设计语言中提供的数据类型进行描述的。例如，对于数据结构中的顺序表，可以用 Java 语言中的数组来表示；对于链表，可以用 Java 语言中的类进行描述，通过引用类型记录元素之间的逻辑关系。

1.4 抽象数据类型及其描述

在数据结构中，我们把一组包含数据类型、数据关系及在该数据上的一组基本操作统称为抽象数据类型。

1.4.1 什么是抽象数据类型

抽象数据类型（Abstract Data Type，ADT）是描述具有某种逻辑关系的数学模型，以及在该数学模型上进行的一组操作。抽象数据类型有点类似于 Java 中的类，例如 Java 中的 String 类定义了一些常用的方法和属性，如 charAt()、subString()、split()、valueOf()等。它们的区别在于，抽象数据类型描述的是一组逻辑上的特性，与在计算机内部如何表示无关；Java 中的类是依赖具体实现的，是抽象数据类型的具体化表现形式。

抽象数据类型不仅包括在计算机中已经定义了的数据类型，例如数字类型、字符串、数组、元组等，还包括用户自己定义的数据类型。

一个抽象数据类型定义了一个数据对象、数据对象中数据元素之间的关系以及对数据元素的操作。抽象数据类型通常是指用来解决应用问题的数据模型，包括数据的定义和操作。

抽象数据类型体现了程序设计中的问题分解、抽象和信息隐藏特性。抽象数据类型把实际生活中的问题分解为多个规模小且容易处理的问题，然后建立起一个计算机能处理的数据模型，并把每个功能模块的实现细节作为一个独立的单元，从而使具体实现过程隐藏起来。这就类似于人们日常生活中盖房子，把盖房子分成若干个小任务，如地皮审批、图纸设计、施工、装修等，工程管理人员负责地皮审批，地皮审批下来之后，工程技术人员根据用户需求设计图纸，建筑工人根据设计好的图纸进行施工（包括打地基、砌墙、安装门窗等），盖好房子后请装修工人装修。

盖房子的过程与抽象数据类型中的问题分解类似，工程管理人员不需要了解图纸如何设计，工程技术人员不需要了解打地基和砌墙的具体过程，建筑工人不需要知道怎么画图纸和怎样盖房子，这就是抽象数据类型中的信息隐藏。

1.4.2 抽象数据类型的描述

对于初学者来说，抽象数据类型的概念及描述不太容易理解，这主要是由于很多读者不清楚为什么要定义抽象数据类型，其作用类似于 Java 语言中的类，区别在于这里的数据类型是抽象的，不依赖具体语言实现，是更高层次的抽象描述，使用抽象数据类型描述的算法可通过任何语言实现。为方便读者理解，本书尽量使用较为通俗的语言进行描述，并通过具体的实例解释。

抽象数据类型包括 3 个方面的内容：数据对象、数据关系和基本运算，通常采用三元组（D,S,P）

来表示，其中 D 表示数据对象，S 是 D 上的关系集合，P 是 D 中数据的基本运算集合。其基本格式如下：

```
ADT 抽象数据类型名
{
    数据对象：数据对象的描述
    数据关系：数据关系的描述
    基本运算：基本运算的声明
}ADT 抽象数据类型名
```

数据对象和数据关系的定义可采用数学符号和自然语言描述，基本操作的定义格式如下：

基本操作名（参数表）：初始条件和操作结果描述

大多数教材用以下方式描述线性表的抽象数据类型：

```
ADT List
{
    数据对象：D={aᵢ|aᵢ∈ElemSet, i=1, 2, …, n, n≥0}
    数据关系：R={<aᵢ₋₁,aᵢ>|aᵢ₋₁, aᵢ∈D, i=2, 3, …, n}
    基本操作如下：
    （1）InitList(&L)
    初始条件：表 L 不存在。
    操作结果：建立一个空的线性表 L。
    （2）ListEmpty(L)
    初始条件：表 L 存在。
    操作结果：若表 L 为空，则返回 true，否则返回 false。
    （3）GetElem(L,i,&e)
    初始条件：表 L 存在，且 i 值合法，即 1≤i≤ListLength(L)。
    操作结果：返回表 L 的第 i 个位置的元素值给 e。
    （4）LocateElem(L,e)
    初始条件：表 L 存在，且 e 为合法元素值。
    操作结果：在表 L 中查找与给定值 e 相等的元素。若查找成功，则返回该元素在表中的序号；若这
样的元素不存在，则返回 0。
    （5）InsertList(&L,i,e)
    初始条件：表 L 存在，e 为合法元素且 1≤i≤ListLength(L)。
    操作结果：在表 L 中的第 i 个位置插入新元素 e。
    （6）DeleteList(&L,i,&e)
    初始条件：表 L 存在且 1≤i≤ListLength(L)。
    操作结果：删除表 L 中的第 i 个位置的元素，并用 e 返回其值。
    （7）ListLength(L)
    初始条件：表 L 存在。
    操作结果：返回表 L 的元素个数。
    （8）ClearList(&L)
    初始条件：表 L 存在。
    操作结果：将表 L 清空。
}ADT List
```

有的教材把抽象数据类型分为两个部分来描述，即数据对象集合和基本操作集合。其中，数据对象集合包括数据对象的定义及数据对象中元素之间关系的描述；基本操作集合是对数据对象的运算的描述。

例如，线性表的抽象数据类型说明如下。

1. 数据对象集合

线性表的数据对象集合为$\{a_1,a_2,\cdots,a_n\}$，每个元素的类型均为 DataType。其中，除了第一个元素 a_1 外，每一个元素有且只有一个直接前驱元素，除了最后一个元素 a_n 外，每一个元素有且只有一个直接后继元素。数据元素之间的关系是一对一的关系。

2. 基本操作集合

线性表的基本操作如下。

（1）InitList(&L)：初始化操作，建立一个空的线性表 L。这就像是在日常生活中，某院校为了方便管理建立一个教职工基本情况表，准备登记教职工信息。

（2）ListEmpty(L)：若线性表 L 为空，则返回 1，否则返回 0。这就像刚刚建立了教职工基本情况表，还没有登记教职工信息。

（3）GetElem(L,i,&e)：返回线性表 L 的第 i 个位置元素值给 e。这就像在教职工基本情况表中，根据给定序号查找某个教师的信息。

（4）LocateElem(L,e)：在线性表 L 中查找与给定值 e 相等的元素，若查找成功，则返回该元素在表中的序号表示成功，否则返回 0 表示失败。这就像在教职工基本情况表中，根据给定的姓名查找教师信息。

（5）InsertList(&L,i,e)：在线性表 L 中的第 i 个位置插入新元素 e。这就类似于经过招聘考试，引进了一名教师，这个教师的信息被登记到教职工基本情况表中。

（6）DeleteList(&L,i,&e)：删除线性表 L 中的第 i 个位置的元素，并用 e 返回其值。这就像某个教职工到了退休年龄或者被调入其他学校，需要将该教职工从教职工基本情况表中删除。

（7）ListLength(L)：返回线性表 L 的元素个数。这就像查看教职工基本情况表中有多少个教职工。

（8）ClearList(&L)：将线性表 L 清空。这就像学校被撤销，不需要再保留教职工的基本信息，将这些教职工信息全部清空。

以上是抽象数据类型的两种描述方式，本书沿用大多数教材的描述方式。

需要注意的是，在基本操作的描述过程中，参数传递有两种方式：一种是数值传递，另一种是引用传递。前者仅仅是将数值传递给形参，并不返回结果；后者其实是把实参的地址传递给形参，实参和形参其实是同一个变量，被调用函数通过修改该变量的值返回给调用函数，从而返回结果。在描述算法时，在参数前加上&表示引用传递；若参数前没有&，则表示是数值传递。

1.5　算　　法

在定义了数据类型之后，就要在此基础上设计实现算法，即程序。本节将介绍数据结构与算法的关系、算法的定义、算法的特性、算法的描述方式。

1.5.1　数据结构与算法的关系

算法与数据结构关系密切。两者既有联系，又有区别。数据结构与算法的联系可用如下公式描述：

程序=算法+数据结构

数据结构是算法实现的基础，算法依赖于某种数据结构才能实现。算法的操作对象是数据结构。算法的设计和选择要同时结合数据结构，只有确定了数据的存储方式和描述方式，即确定了数据结构之后，才能确定算法。例如，在数组和链表中查找元素值的具体算法实现是不同的。算法设计的实质就是对实际问题要处理的数据选择一种恰当的存储结构，并在选定的存储结构上设计一个好的算法。

数据结构是算法设计的基础。比如你要装修房子，装修房子的设计就相当于算法设计，而如何装修房子要看房子的结构设计。不同的房间结构，其装修设计是不同的，只有确定了房间结构，我们才能进行房间的装修设计。房间的结构就像数据结构。算法设计必须考虑到数据结构的构造，算法设计是不可能独立于数据结构而存在的。数据结构的设计和选择需要为算法服务，根据数据结构及其特点才能设计出好的算法。

数据结构与算法相辅相成，不是相互孤立存在的。数据结构关注的是数据的逻辑结构、存储结构以及基本操作，而算法更多的是关注如何在数据结构的基础上设计解决实际问题的方法。算法是编程思想，数据结构则是为了算法实现方便而提供的存储结构及基本操作，是算法设计的基础。

1.5.2　什么是算法

算法（Algorithm）是解决特定问题求解步骤的描述，在计算机中表现为有限的操作序列。操作序列包括一组操作，每一个操作都能完成特定的功能。例如，求 n 个数中最大者的问题，其算法描述如下。

（1）定义一个数组对象 a 并赋值，用数组中第一个元素初始化 max，即初始时假定第一个数最大。

```
int a[]={60,36,12,31,78,93,82,26};
max=a[0];
```

（2）依次把数组 a[]中其余的 n-1 个数与 max 进行比较，遇到较大的数时，将其赋值给 max。

```
for(i=0;i<a.length;i++)          //for 循环处理
    if(max<a[i])                 //判断是否满足 max 小于 a[i]的条件
        max=a[i];                //若满足条件，则将 a[i]赋值给 max
System.out.println("max=:"+max);
```

最后，max 中的数就是 n 个数中的最大者。

1.5.3　算法的 5 个特性

算法具有以下 5 个特性。

（1）有穷性（Finiteness）。有穷性指的是算法在执行有限的步骤之后，自动结束而不会出现无限循环，并且每一个步骤在可接受的时间内完成。

（2）确定性（Definiteness）。算法的每个步骤都具有确定的含义，不会出现二义性。算法在一定条件下只有一条执行路径，也就是相同的输入只能有一个唯一的输出结果。

（3）可行性（Feasibility）。算法的每个操作都能够通过执行有限次基本运算完成。

（4）输入（Input）。算法具有零个或多个输入。

（5）输出（Output）。算法至少有一个或多个输出。输出的形式可以是打印输出，也可以是返回一个或多个值。

1.5.4 算法的描述

算法的描述方式有多种，如自然语言、类语言（或称为伪代码）、程序流程图及程序设计语言（如 Java、Python、C、C++）等。其中，自然语言描述可以是汉语或英语等文字描述；类语言类似于程序设计语言形式，但是不能直接运行；程序流程图的优点是直观，但是不易直接转化为可运行的程序；采用程序设计语言描述算法，就是直接利用像 Java、Python、C、C++等语言来表述，其优点是可以直接在计算机上运行。

例如，判断正整数 m 是否为质数，算法可用以下几种方式描述。

1. 自然语言

利用自然语言描述"判断 m 是否为质数"的算法如下：

（1）输入正整数 m，令 i=2。

（2）若 i≤$\sqrt{m}$，则令 m 对 i 求余，将余数送入中间变量 r；否则输出"m 是质数"，算法结束。

（3）判断 r 是否为零。若为零，则输出"m 不是质数"，算法结束；若 r 不为零，则令 i 增加 1，转到步骤（2）执行。

2. 程序流程图

判断 m 是否为质数的程序流程图如图 1-11 所示。不难看出，采用自然语言描述算法直观性和可读性不强；采用程序流程图描述算法比较直观，可读性强，缺点是不能直接转换为计算机程序，移植性不好。

3. 类语言

类 Java 语言描述如下：

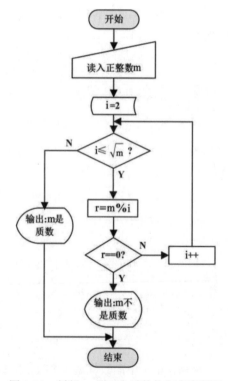

图 1-11 判断 m 是否为质数的程序流程图

```
void IsPrime()
//判断 m 是否为质数的函数
{
    input(m);                      //输入正整数 m
    for(i=2;i<=sqrt(m);i++)        //for 循环处理
```

```
    {
        r=m%i;                                //求余数
        if(r==0)                              //如果 m 能被整除
        {
            print("m 不是质数！");            //输出信息
            break;                            //退出循环
        }
    }
    print("m 是质数！");                       //输出信息
}
```

4. 程序设计语言

Java 语言描述如下：

```
void IsPrime()
//判断 m 是否为质数
{
    Scanner sc=new Scanner(System.in);
    System.out.print("请输入一个正整数：");                  //输出信息
    int m=sc.nextInt();                                      //输入正整数 m
    for(int i=2;i<=Math.sqrt(m);i++)                         //for 循环处理
    {
        r=m%i;                                               //求余数
        if(r==0)                                             //如果 m 能被整除
        {
            System.out.println("m 不是质数！");              //输出信息
            break;                                           //退出循环
        }
    }
    System.out.print("m 是质数！");                          //输出信息
}
```

可以看出，类语言的描述除了没有变量的定义、输入和输出的写法外，与程序设计语言的描述差别不大，类语言的描述可以转换为直接运行的计算机程序。

本书所有算法均采用 Java 语言描述，所有程序均可直接上机运行。

1.6　算　法　分　析

一个好的算法往往可以使程序尽可能快地运行，衡量一个算法的好坏，通常将算法效率和存储空间作为重要依据。算法的效率需要通过算法思想编写的程序在计算机上的运行时间来衡量，存储空间需要通过算法在执行过程中所占用的最大存储空间来衡量。

1.6.1　算法设计的 4 个目标

一个好的算法应该具备以下目标。

1. 正确性

算法的正确性（Correctness）是指算法至少应该包括对于输入、输出和处理无歧义性的描述，能正确反映问题的需求，且能够得到问题的正确答案。

通常算法的正确性包括以下 4 个层次：

（1）算法对应的程序没有语法错误。

（2）对于几组输入数据能得到满足规格要求的结果。

（3）对于精心选择的典型的、苛刻的带有刁难性的几组输入数据，能得到满足规格要求的结果。

（4）对于一切合法的输入都能得到满足要求的结果。

对于这 4 个层次算法正确性的含义，达到第 4 个层次的正确是极为困难的，不同输入数据的数量大得惊人，逐一验证的方法是不现实的。一般情况下，我们把第 3 个层次作为衡量一个程序是否正确的标准。

2. 可读性

算法主要是为了人们方便阅读和交流，其次才是计算机执行。可读性（Readability）好有助于人们对算法的理解，晦涩难懂的程序往往隐含着不易被发现的错误，难以调试和修改。

3. 健壮性

当输入数据不合法时，算法应该能做出反应或进行处理，而不会产生异常或莫名其妙的输出结果。例如，求一元二次方程 $ax^2+bx+c=0$ 的根的算法，需要考虑多种情况，先判断 b^2-4ac 的正负，若为正数，则该方程有两个不同的实根；若为负数，则表明该方程无实根；若为零，则表明该方程只有一个实根；若 $a=0$，则该方程变成一元一次方程，此时若 $b=0$，则还要处理除数为零的情况。若输入的 a、b、c 不是数值型，则还要提示用户输入错误。

4. 高效率和低存储量需求

效率指的是算法的执行时间。对于同一个问题，如果有多个算法能够解决，那么执行时间短的算法效率高，执行时间长的算法效率低。存储量需求是指算法在执行过程中需要的最大存储空间。效率与存储量需求都与问题的规模有关，求 100 个人的平均分与求 1000 个人的平均分所花费的执行时间和运行空间显然有一定差别。设计算法时应尽量选择高效率和低存储量需求的算法。

1.6.2 算法效率评价

算法的执行时间通过依据该算法编制的程序在计算机上运行时所耗费的时间来度量，而度量一个算法在计算机上的执行时间通常有如下两种方法。

1. 事后统计

目前计算机内部大都有计时功能，有的甚至可精确到毫秒级，不同算法的程序可通过一组或若干组相同的测试程序和数据来分辨算法的优劣。但是，这种方法有两个缺陷：一是必须依据算法事先编制好程序，这通常需要花费大量的时间与精力；二是时间的长短依赖于计算机硬件和软件等环境因素，有时会掩盖算法本身的优劣。因此，人们常常采用事前分析估算的方法来评价算法的好坏。

2. 事前分析估算

事前分析估算是指在计算机程序编制之前，对算法依据数学中的统计方法进行估算。这个方法可行的主要原因在于，算法程序在计算机上的运行时间取决于以下因素：

- 算法采用的策略、方法。
- 编译产生的代码质量。
- 问题的规模。
- 书写的程序语言，对于同一个算法，语言级别越高，执行效率越低。
- 机器执行指令的速度。

在以上 5 个因素中，算法采用不同的策略、不同的编译系统、不同的语言实现、不同的机器运行，效率都不相同。抛开以上因素，算法效率可以通过问题的规模来衡量。

一个算法由控制结构（顺序结构、分支结构和循环结构）和基本语句（赋值语句、声明语句和输入输出语句）构成，算法的运行时间取决于两者执行时间的总和，所有语句的执行次数可以作为语句的执行时间的度量。语句的重复执行次数称为语句频度（Frequency Count）。

例如，斐波那契数列的算法和语句的频度如下：

```
n=10;                                      //语句频度
f0=0;                       //赋值                1
f1=1;                       //赋值                1
System.out.print(f0+","+f1)); //输出前两项           1
for(i=0;i<n;i++)            //for 循环处理          n
{
    fn=f0+f1;               //fn=f0+f1            n-1
    System.out.print(","+fn); //输出其他项          n-1
    f0=f1;                  //赋值 f0=f1           n-1
    f1=fn;                  //赋值 f1=fn           n-1
}
```

每一条语句的右端是对应语句的频度，即语句的执行次数。上面算法总的执行次数为 $f(n)=1+1+1+n+4(n-1)=5n-1$。

1.6.3　算法的时间复杂度

算法分析的目的是看设计的算法是否具有可行性，并尽可能挑选运行效率较高的算法。

1. 什么是算法的时间复杂度

在进行算法分析时，语句总的执行次数 $f(n)$ 是关于问题规模 n 的函数，可以分析 $f(n)$ 随 n 的变化情况并确定 $f(n)$ 的数量级。算法的时间复杂度也就是算法的时间量度，记作 $T(n)=O(f(n))$。

它表示随问题规模 n 的增大，算法的执行时间的增长率和 $f(n)$ 的增长率相同，称作算法的渐进时间复杂度（Asymptotic Time Complexity），简称时间复杂度，记作 $T(n)$。其中，$f(n)$ 是问题规模 n 的某个函数。

一般情况下，随着 n 的增大，$T(n)$ 增长较慢的算法为最优的算法。例如，在下列 3 个程序段中，给出基本操作 $x=x+1$ 的时间复杂度分析。

程序段 1:

```
x=x+1;
```

程序段 2:

```
for(i=1;i<n+1;i++)
        x=x+1;
```

程序段 3:

```
for(i=1;i<n+1;i++)
        for(j=1;j<n+1;j++)
                x=x+1;
```

程序段 1 的时间复杂度为 O(1)，称为常量阶；程序段 2 的时间复杂度为 O(n)，称为线性阶；程序段 3 的时间复杂度为 O(n^2)，称为平方阶。此外，算法的时间复杂度还有对数阶 O($\log_2 n$)、指数阶 O(2^n)等。

斐波那契数列的时间复杂度 T(n)=O(n)。

常用的时间复杂度所耗费的时间从小到大依次是 O(1)<O($\log_2 n$)<O(n)<O(n^2)<O(n^3)<O(2^n)<O(n!)。

算法的时间复杂度是衡量一个算法好坏的重要指标。一般情况下，具有指数级的时间复杂度的算法只有当 n 足够小时才是可使用的算法。具有常量阶、线性阶、对数阶、平方阶和立方阶的时间复杂度的算法是常用的算法。一些常见函数的增长率如图 1-12 所示。

图 1-12　常见函数的增长率

一般情况下，算法的时间复杂度只需要考虑关于问题规模 n 的增长率或阶数。例如以下程序段：

```
for(i=2;i<n+1;i++)              //for 外层循环
    for(j=2;j<i;j++)            //for 内层循环
    {
        k++;                    //k 自增 1
        a[i][j]=k;              //k 赋值给数组 a[i][j]
    }
```

语句 k++的执行次数关于 n 的增长率为 n^2，它是语句频度(n-1)(n-2)/2 中增长最快的项。

在某些情况下，算法的基本操作的重复执行次数不仅依赖于输入数据集的规模，还依赖于数据集的初始状态。例如，在以下的冒泡排序算法中，其基本操作执行次数还取决于数据元素的初始排列状态：

```
void Bubble(int a[],int n)
{
    boolean change=true;
    for( int i=1;i<n;i++) {
        if (change)
```

```
        {
            change=false;
            for(int j=1;j<n-i+1;j++)
            {
                if (a[j]>a[j+1])
                {
                    int t=a[j];
                    a[j]=a[j+1];
                    a[j+1]=t;
                    change=true;
                }
            }
        }
    }
}
```

交换相邻的两个整数为该算法中的基本操作。当数组 a 中的初始序列为从小到大排序的有序排列时，其基本操作的执行次数为 0；当数组中的初始序列从大到小排列时，其基本操作的执行次数为 n(n-1)/2。对这类算法的分析，一种方法是计算所有情况的平均值，这种时间复杂度的计算方法称为平均时间复杂度；另一种方法是计算最坏情况下的时间复杂度，这种方法称为最坏时间复杂度。若数组 a 中的初始输入数据可能出现 n!种排列情况的概率相等，则冒泡排序的平均时间复杂度为 $T(n)=O(n^2)$。

然而，在很多情况下，各种输入数据集出现的概率难以确定，算法的平均时间复杂度也就难以确定。因此，另一种更可行，更常用的办法是讨论算法在最坏情况下的时间复杂度，即分析最坏情况以估算算法执行时间的上界。例如，上面的冒泡排序的最坏时间复杂度为数组 a 中的初始序列为从大到小有序，则冒泡排序算法在最坏情况下的时间复杂度为 $T(n)=O(n^2)$。一般情况下，本书以后讨论的时间复杂度，在没有特殊说明的情况下，指的是最坏情况下的时间复杂度。

2. 算法的时间复杂度分析举例

一般情况下，算法的时间复杂度只需要考虑算法中的基本操作，即算法中最深层语句的操作。

【例 1-1】分析以下程序段的时间复杂度。

```
for(i=1;i<n;i++)
    for(j=1;j<I;j++)
    {
        x=x+1;          //基本操作
        a[i][j]=x;      //基本操作
    }
```

该程序段中的基本操作是内层 for 循环中的语句，即 x=x+1 和 a[i][j]=x，其语句频度为(n-1)(n-2)/2。因此，其时间复杂度为 $O(n^2)$。

【例 1-2】分析以下算法的时间复杂度。

```
void Fun( )
{
    int i=1;
```

```
    while(i<=n)
        i=i*2;    //基本操作
}
```

函数 Fun() 的基本运算是 i=i*2，设执行次数为 f(n)，$2^{f(n)} \leq n$，则有 $f(n) \leq \log_2 n$。因此，时间复杂度为 $O(\log_2 n)$。

【例 1-3】分析以下算法的时间复杂度。

```
void Func()
{
    int i=0;
    int s=0;
    while(s<n)
    {
        i=i+1;    //基本操作
        s+=i;     //基本操作
    }
}
```

该算法中的基本操作是 while 循环中的语句，设 while 循环次数为 f(n)，则变量 i 从 0 到 f(n)，循环次数为 $f(n)*(f(n)+1)/2 \leq n$，$f(n) \leq \sqrt{8n}$，故时间复杂度为 $O(\sqrt{n})$。

【例 1-4】一个算法所需的时间由以下递归方程表示，分析算法的时间复杂度。

$$T(n) \begin{cases} 1 & 若 n = 1 \\ 2T(n-1)+1 & 若 n > 1 \end{cases}$$

根据以上递归方程，可得：

$$\begin{aligned}
T(n) &= 2T(n-1)+1 = 2(2T(n-2)+1)+1 = 2^2 T(n-2)+2+1 \\
&= 2^2(2T(n-3)+1)+2+1 \\
&\quad \vdots \\
&= 2^{k-1}(2T(n-k)+1)+2^{k-2}+\cdots+2+1 \\
&\quad \vdots \\
&= 2^{n-2}(2T(1)+1)+2^{n-2}+\cdots+2+1 \\
&= 2^{n-1}+\cdots+2+1 \\
&= 2^n-1
\end{aligned}$$

因此，该算法的时间复杂度为 $O(2^n)$。

1.6.4　算法的空间复杂度

空间复杂度（Space Complexity）作为算法所需存储空间的量度，记作 S(n)=O(f(n))。其中，n 为问题的规模，f(n) 为语句关于 n 所占存储空间的函数。一般情况下，一个程序在机器上执行时，除了需要存储程序本身的指令、常数、变量和输入数据外，还需要存储对数据操作的存储单元。若输入数据所占存储空间只取决于问题本身，和算法无关，则只需要分析该算法在实现时所需的辅助空间即可。若算法执行时所需的辅助空间相对于输入数据量而言是个常数，则称此算法为原地工作，空间复杂度为 O(1)。

【例 1-5】以下是一个简单的插入排序算法，分析算法的空间复杂度。

```
for(i=0;i<n-1;i++)
{
    t=a[i+1];
    j=i;
    while(j>=0 && t<a[j])
    {
        a[j+1]=a[j];
        j=j-1;
    }
    a[j+1]=t;
}
```

该算法借助了变量 t，与问题规模 n 的大小无关，空间复杂度为 O(1)。

【例 1-6】以下算法是求 n 个数中的最大者，分析算法的空间复杂度。

```
int FindMax(int a[],int n)
{
    if(n<=1)
        return a[0];
    else:
        int m=FindMax(a,n-1);
    return a[n-1]>=m?a[n-1]:m;
}
```

设 FindMax(a,n)占用的临时空间为 S(n)，由以上算法可得到以下占用临时空间的递推式。

$$S(n) = \begin{cases} 1 & 若n = 1 \\ S(n-1)+1 & 若 > 1 \end{cases}$$

则有 S(n)=S(n-1)+1=S(n-2)+1+1=⋯=S(1)+1+1+⋯+1=O(n)。因此，该算法的空间复杂度为 O(n)。

1.7　学好数据结构的秘诀

作为计算机专业的一名"老兵"，笔者从事数据结构和算法的研究已经 20 余年了，在学习的过程中遇到过很多问题，在解决问题时积累了一些经验，为了让读者在学习数据结构的过程中少走弯路，本节分享一些笔者在学习数据结构与算法时的经验，希望对读者的学习有所帮助。

1. 明确数据结构的重要性，树立学好数据结构的信心

数据结构是计算机科学与技术专业的核心课程，不但涉及计算机硬件的研究范围，而且与计算机软件的研究有着密切的关系，"数据结构"课程还是操作系统、数据库原理、编译原理、人工智能、算法设计与分析等课程的基础。数据结构是计算机专业硕士研究生入学考试的必考科目之一，还是计算机软件水平考试、等级考试的必考内容之一，数据结构在计算机专业中的重要性不言而喻。

万事开头难，学习任何一样新东西，都是比较困难的。对于初学者来说，数据结构的确是一门不容易掌握的专业基础课，但你一定要树立学好数据结构的信心，主要困难无非有两个：一个是数据结构的概念比较抽象，不容易理解；另一个是没有熟练掌握一门程序设计语言。面对以上困难，只要我们见招拆招，其实也没有什么可怕的，不过选择一本适合自己的参考书是十分有必要的。

2. 熟练掌握程序设计语言，变腐朽为神奇

程序设计语言是学习数据结构和算法的基础，很显然，没有良好的运用程序设计语言的能力，就不能很好地把算法用程序设计语言描述出来。算法思想固然重要，但它最终必须通过程序设计语言来实现，否则算法对程序开发人员来说毫无意义。程序开发人员的任务就是实现这些算法，将它变成可运行的软件，因此学习数据结构和算法必须熟练掌握至少一门高级程序设计语言，如 Java、C、Python 等。程序设计语言和数据结构、算法的关系就像是画笔和画家的关系一样，程序设计语言就是画笔，数据结构、算法就是画家的思想，即便画家的水平很高，如果不会使用画笔，再美的图画也无法展现出来。

3. 结合生活实际，变抽象为具体

数据结构是一项把实际问题抽象化和进行复杂程序设计的工程。它不但要求学生具备 Java、C、Python 等高级程序设计语言的基础，而且要求学生掌握把复杂问题抽象成计算机能够解决的离散的数学模型的能力。在学习数据结构的过程中，要将各种结构与实际生活结合起来，把抽象的东西具体化，以便理解。例如学到队列时，很自然就会联想到火车站售票窗口前面排起的长队，这支长长的队伍其实就是队列的具体化，这样就很容易理解关于队列的概念，如队头、队尾、出队、入队等。

4. 多思考，多上机实践

数据结构既是一门理论性很强的课程，又是一门实践性很强的课程。特别是对于初学者而言，接触到的算法相对较少，编写算法还不够熟练，俗话说"熟能生巧，勤能补拙"，在学习数据结构与算法时，一方面，需要多看有关算法和数据结构的图书，认真理解其中的思想，多做习题，不断巩固自己对一些概念和性质的理解；另一方面，需要自己动手写算法，并在计算机上调试，这样才能知道算法的思路是否正确，编写出的算法是否能够正确运行，存在哪些错误和缺陷，以避免今后再犯类似的错误，只有这样长期坚持下去，自己的算法和数据结构水平才能快速提高。

有的程序表面上看是正确的，在计算机上运行后才发现有隐藏的错误，特别是很细微的错误，只有多试几组数据，才能知道程序是否正确。因此，对于一个程序或算法，除了仔细阅读程序或算法、判断是否存在逻辑错误外，还需要上机调试，在可能出错的地方设置断点，单步跟踪调试程序，观察各变量的变化情况，才能找到具体哪个地方出了问题。有时，可能只是误输入了一个符号或把一个变量误写成另一个变量，就可能产生意想不到的错误结果；还有本来希望将一个栈中的栈顶元素返回，但是实际上在返回之前已经把该元素删除了，这样就无法得到正确的输出结果。这些错误往往不容易发现，只有上机调试才能发现。因此，在学习数据结构与算法的时候，一定要多上机实践。通过上机实践，不仅可以加深对理论知识的掌握程度，还能提高编程语言的应用技巧和调试水平，这是提高自身综合算法能力的过程。

只要能做到以上几点，选择一本好的数据结构教材或参考书（算法最好用 Java、C、Python 等语言实现，有完整代码），加上读者的勤奋，学好数据结构自然不在话下。

　　思政元素： 在软件开发过程中，特别是在实现算法时，要保证算法的正确性和高效性。这些都考验着我们对算法思想的理解和对编程技术的掌握情况，一个小小的细节就可能决定算法是否正确，而找出其中的错误除了要求我们熟悉算法的思想外，还要求我们精通 Java 等语言及其调试技术。在学习数据结构的过程中，我们要以在各行各业做出卓越贡献的先进典型代表为榜样，学习他们精益求精、追求卓越的工匠精神和报国热情。例如导弹之父钱学森，两弹元勋邓稼先、钱三强、赵九章、孙家栋等，计算机汉字激光照排技术创始人王选，青蒿素治疗人类疟疾发明者屠呦呦，王码五笔发明者王永民，华为 5G 技术，比亚迪的王传福，等等，正是他们经历无数次失败，在工作中一丝不苟、精益求精，始终坚持科学真理与创新精神，才会有我国科学技术日新月异的飞速发展。在我们学习数据结构时，一是要学习利用数据结构知识进行抽象建模的方法，二是要掌握算法设计思想，三是要用 Java、C、Python 等语言实现算法，在算法实现过程中理解算法，熟悉调试技术，反复练习，才能百炼成钢。"科学的精神不是猜测、盲从、迷信、揣摩，而是通过真真实实的实践来研究和验证，从而得到相应的客观结果模型的好坏，协同产业界来实践相关的理念和模型。

1.8　小　　结

　　数据结构主要研究数据在计算机中的存储表示和对数据的处理方法。数据结构是学习操作系统、软件工程、人工智能、算法设计与分析、机器学习、大数据等众多后续课程的重要基础。

　　数据对象可分为集合、线性、树形和图结构。现实世界中的对象之间的关系可通过这几种关系进行表示，数据结构就是围绕线性结构、树形结构和图结构进行介绍的。每种结构一般都可使用顺序存储结构和链式存储结构进行存储表示。

　　抽象数据类型是数据类型较高层次的抽象表示，它不依赖于具体高级程序设计语言，抽象数据类型主要描述了数据对象、数据关系和基本运算。

　　数据结构与算法紧密相关，数据结构是算法设计的基础，算法效率依赖于具体的存储结构。衡量算法的效率主要采用事前分析估计的方法，主要依赖于算法的规模和算法采用的策略。

　　数据结构是一门实践性很强的课程，要想真正掌握数据结构，除了多看书、勤思考外，还需要平时多上机练习，将所学的算法思想用 Java/C/Python 语言实现，只有这样才能真正掌握数据结构，同时提高自己的编程能力。

第2章

线 性 表

线性结构的特点是在非空的有限集合中，除了第一个元素没有直接前驱元素、最后一个元素没有直接后继元素外，其他元素都有唯一的前驱元素和唯一的后继元素。线性表是一种简单的线性结构。线性表可以用顺序存储结构和链式存储结构存储，可以在线性表的任意位置进行插入和删除操作。

重点内容：

- 线性表的定义及抽象数据类型描述
- 线性表的顺序存储和基本运算
- 线性表的链式存储和基本运算
- 循环链表、双向链表的存储结构和基本运算
- 链表的运用——一元多项式的表示与相乘

2.1 线性表的定义及抽象数据类型

线性表（Linear List）是一种简单且常用的线性结构。本节主要介绍线性表的逻辑结构以及在线性表上的运算。

2.1.1 线性表的定义

线性表是由 n 个类型相同的数据元素组成的有限序列，记为$(a_1, a_2, \cdots, a_{i-1}, a_i, a_{i+1}, \cdots, a_n)$。这里的数据元素可以是原子类型，也可以是结构类型。线性表的数据元素存在着序偶关系，即数据元素之间具有一定的次序。在线性表中，数据元素 a_{i-1} 在 a_i 的前面，a_i 又在 a_{i+1} 的前面，我们把 a_{i-1} 称为 a_i 的直接前驱元素，a_i 称为 a_{i+1} 的直接前驱元素。a_i 称为 a_{i-1} 的直接后继元素，a_{i+1} 称为 a_i 的直接后继元素。

知识点：在线性表中，除了第一个元素 a_1 外，每个元素有且只有一个直接前驱元素，除了最后一个元素 a_n 外，每个元素有且只有一个直接后继元素。

线性表的逻辑结构如图 2-1 所示。

图 2-1　线性表的逻辑结构

在简单的线性表中，例如英文单词 China、Science、Structure 等就属于线性结构。可以把每一个英文单词看成是一个线性表，其中的每一个英文字母就是一个数据元素，每个数据元素之间存在着唯一的顺序关系。例如 China 中的字母 C 后面是字母 h，字母 h 后面是字母 i。

在较复杂的线性表中，一个数据元素可以由若干个数据项组成，如图 2-2 所示为一个学校的教职工信息表，一个数据元素由姓名、性别、出生年月、籍贯、学历、职称及任职时间 7 个数据项组成。数据元素也称为记录。

姓名	性别	出生年月	籍贯	学历	职称	任职时间
王欢	女	1957年10月	河南	本科	教授	2000年10月
康全宝	男	1967年5月	陕西	研究生	副教授	2002年10月
冯筠	女	1978年12月	四川	研究生	讲师	2006年11月
⋮	⋮	⋮	⋮	⋮	⋮	⋮

图 2-2　教职工信息表

2.1.2　线性表的抽象数据类型

线性表的抽象数据类型定义了线性表中的数据对象、数据关系和基本操作。线性表的抽象数据类型定义如下：

```
ADT List
{
    数据对象：D={a_i|a_i∈ElemSet, i=1, 2, ⋯, n, n≥0}
    数据关系：R={<a_{i-1},a_i>|a_{i-1}, a_i∈D, i=2, 3, ⋯, n}
    基本操作：
    （1）InitList(&L)
    初始条件：表 L 不存在。
    操作结果：建立一个空的线性表 L。
    这就像日常生活中，新生入学刚建立一个学生信息表，准备登记学生信息。
    （2）ListEmpty(L)
    初始条件：表 L 存在。
    操作结果：若表 L 为空，则返回 1，否则返回 0。
    这就像日常生活中，刚刚建立了学生信息表，还没有学生来登记。
    （3）GetElem(L,i,&e)
    初始条件：表 L 存在，且 i 值合法，即 1≤i≤ListLength(L)。
    操作结果：返回表 L 的第 i 个位置的元素值给 e。
    这就像在学生信息表中查找一个学生的信息，将查到的信息报告给老师。
    （4）LocateElem(L,e)
    初始条件：表 L 存在，且 e 为合法元素值。
```

操作结果：在表 L 中查找与给定值 e 相等的元素。若查找成功，则返回该元素在表中的序号；若这样的元素不存在，则返回 0。

这就像在学生信息表中查找一个学生，只报告是否找到这个学生，并不报告这个学生的基本信息。

（5）InsertList(&L,i,e)

初始条件：表 L 存在，e 为合法元素且 $1 \leqslant i \leqslant$ ListLength(L)。

操作结果：在表 L 中的第 i 个位置插入新元素 e。

这就像新来了一个学生报到，被登记到学生信息表中。

（6）DeleteList(&L,i,&e)

初始条件：表 L 存在且 $1 \leqslant i \leqslant$ ListLength(L)。

操作结果：删除表 L 中的第 i 个位置的元素，并用 e 返回其值。

这就像一个学生违反了校规，被学校开除，需要把该学生从学生信息表中删除。

（7）ListLength(L)

初始条件：表 L 存在。

操作结果：返回表 L 的元素个数。

这就像学校招了新生之后，需要统计学生的总人数，查找学生信息表，看有多少个学生。

（8）ClearList(&L)

初始条件：表 L 存在。

操作结果：将表 L 清空。

这就像学生已经毕业，不再需要保留这些学生信息，将这些学生信息全部清空。

}ADT List

2.2 线性表的顺序表示与实现

要想在计算机上表示线性表，必须先将其逻辑结构转换为存储结构存放在计算机中。线性表的存储结构主要有两种：顺序存储和链式存储。本节讨论线性表的顺序存储及其实现。

2.2.1 线性表的顺序存储

线性表的顺序存储指的是将线性表中的各个元素依次存放在一组地址连续的存储单元中。线性表的这种机内表示称为线性表的顺序映像或线性表的顺序存储结构，用这种方法存储的线性表称为顺序表。顺序表的特征是，逻辑上相邻的元素，在物理上也是相邻的。

假设线性表有 n 个元素，每个元素占用 m 个存储单元，若第一个元素的存储位置为 $LOC(a_1)$，第 i 个元素的存储位置为 $LOC(a_i)$，第 i+1 个元素的存储位置为 $LOC(a_{i+1})$，则线性表的第 i+1 个元素的存储位置与第 i 个元素的存储位置满足以下关系：

$$LOC(a_{i+1})=LOC(a_i)+m$$

线性表的第 i 个元素 a_i 的存储位置与第一个元素 a_1 的存储位置满足以下关系：

$$LOC(a_i)=LOC(a_1)+(i-1)*m$$

其中，第一个元素的位置 $LOC(a_1)$ 称为起始地址或基地址。

线性表的顺序存储结构是一种随机存取的存储结构。只要知道其中一个元素的存储地址，就可以得到线性表中任何一个元素的存储地址。线性表的顺序存储结构如图 2-3 所示。

图 2-3　线性表的顺序存储结构

由于在 Java 语言中，数组具有存储地址连续、随机存取的特点，因此可采用数组来存储顺序表中的元素。顺序表的存储结构描述如下：

```java
public class SeqList<T>{
    static final int LISTSIZE=100;
    private int length;
    T list[];
    SeqList()
    {
        list=(T[])new Object[LISTSIZE];
        length=0;
    }
}
```

其中，SeqList 是类名，list 用于存储顺序表中的数据元素，length 表示顺序表当前的数据元素个数。顺序表的构造函数 SeqList ()包含顺序表的成员变量定义及初始化。

2.2.2　顺序表的基本运算

顺序表的基本运算如下：

（1）顺序表的初始化。顺序表的初始化可通过构造函数来实现。

```java
SeqList()
{
    list=(T[])new Object[LISTSIZE];
    length=0;
}
```

（2）判断顺序表是否为空。

```java
public boolean ListEmpty()
//判断线性表是否为空
{
    if(length==0)
        return true;
```

```
    else
        return false;
}
```

（3）按序号查找。查找操作分为两种：按序号查找和按内容查找。按序号查找就是查找顺序表 L 中的第 i 个元素，若找到该元素的值，则返回该元素的值。

```
public T GetElem(int i)
//取线性表中某一位置上的元素的值
{
    if(i>=1&&i<=length)
        return list[i-1];
    else
        throw new IllegalArgumentException("i 超出了线性表的有效范围！");
}
```

（4）按内容查找。

```
public int LocateElem(T x)
{
    int i;
    for(i=0;i<length;i++)
    {
        if (list[i] == x)
            return i + 1;
    }
    return -1;
}
```

（5）插入操作。插入操作就是在顺序表 L 中的第 i 个位置插入新元素 e，使顺序表 $\{a_1,a_2,\cdots,a_{i-1},a_i,\cdots,a_n\}$ 变为 $\{a_1,a_2,\cdots,a_{i-1},e,a_i,\cdots,a_n\}$，顺序表的长度也由 n 变成 n+1。

【算法思想】要在顺序表中的第 i 个位置插入元素 e，首先需要将表中位置为 n、n-1、⋯、i 的元素依次后移一个位置，将第 i 个位置空出，然后在该位置插入新元素 e。当 i=n+1 时，在顺序表的末尾插入元素，无须移动元素，直接将 e 插入表的末尾即可。

例如，要在顺序表{3,15,49,20,23,44,18,36}的第 5 个元素之前插入一个元素 22，需要将 36、18、44、23 依次向后移动一个位置，然后在第 5 个位置插入元素 22，顺序表就变成了 {3,15,49,20,22,23,44,18,36}，如图 2-4 所示。

图 2-4 在顺序表中插入元素 22 的过程

```
public boolean InsertList(int i, T e)
{
```

```
    if(length >= LISTSIZE) {
        System.out.println("顺序表空间已满!");
        return false;
    }
    if(i<1||i>length+1)
    {
        System.out.println("插入位置不合法");
        return false;
    }
    else{
        for (int j = length; j > i - 1; j = j - 1)
            list[j] = list[j - 1];
            list[i - 1] = e;
            length++;
            return true;
    }
}
```

在执行插入操作时，插入元素的位置 i 的合法范围应该是 $1 \leqslant i \leqslant L.length+1$。当 i=1 时，插入位置在第一个元素之前，对应 Java 语言数组中的第 0 个元素，需要移动所有元素；当 i=L.length+1 时，插入位置在最后一个元素之后，对应 Java 语言数组中的最后一个元素之后的位置。当插入位置是 i=L.length+1 时，不需要移动元素。

注意：插入元素之前不仅要判断插入位置是否合法，还要判断顺序表的存储空间是否已满，在插入元素之后要将表长增加 1。

（6）删除操作。删除操作就是将顺序表 L 中的第 i 个位置的元素删除，使顺序表 $\{a_1,a_2,\cdots,a_{i-1}, a_i,a_{i+1},\cdots,a_n\}$ 变为 $\{a_1,a_2,\cdots,a_{i-1},a_{i+1},\cdots,a_n\}$，顺序表的长度也由 n 变成 n-1。

【算法思想】 为了删除顺序表中的第 i 个元素，需要将第 i+1 个位置之后的元素依次向前移动一个位置，即先将第 i+1 个元素移动到第 i 个位置，再将第 i+2 个元素移动到第 i+1 个位置，以此类推，直到将最后一个元素移动到倒数第二个位置。最后将顺序表的长度减 1。

例如，要删除顺序表 {3,15,49,20,22,23,44,18,36} 的第 4 个元素，需要将序号为 5、6、7、8、9 的元素依次向前移动一个位置，这样就删除了第 4 个元素，最后将表长减 1，如图 2-5 所示。

图 2-5 在顺序表中删除元素 20 的过程

```
public boolean DeleteList(int i)
{
    if(ListEmpty()){
        System.out.println("顺序表为空，不能进行删除操作!");
        return false;
```

```
    }
    else if(i>=1&&i<length) {
        for (int j = i; j < length; j++)
            list[j - 1] = list[j];
        length -= 1;
        return true;
    }
    else
        return false;
}
```

删除元素的位置 i 的合法范围应该是 1≤i≤L.length。当 i=1 时，表示删除第一个元素（对应 Java 数组中下标为 0 的元素）；当 i=L.length 时，表示删除最后一个元素。

注意：在删除元素时，首先要判断顺序表中是否有元素，其次要判断要删除的元素的序号是否合法。删除成功后，将顺序表的长度减 1。

（7）求顺序表的长度。

```
public int Listlength()
{
    return length;
}
```

（8）清空顺序表。

```
public void ClearList()
{
    length=0;
}
```

2.2.3　基本操作性能分析

在以上顺序表的基本操作算法中，除了按内容查找、插入和删除外，算法的时间复杂度都为 O(1)。

在按内容查找的算法中，若要查找的元素在第一个位置，则需要比较一次；若要查找的元素在最后一个位置，则需要比较 n 次（n 为线性表的长度）。设 p_i 为在第 i 个位置找到与 e 相等的元素的概率，假设在任何位置找到元素的概率相等，即 $p_i=1/n$，则查找过程中需要比较的平均次数为：

$$E_{loc}=\sum_{i=1}^{n}p_i*i=\frac{1}{n}\sum_{i=1}^{n}i=\frac{n+1}{2}$$

因此，按内容查找的平均时间复杂度为 O(n)。

在顺序表的插入算法中，时间的耗费主要集中在移动元素上。若要插入的元素在第一个位置，则需要移动元素的次数为 n；若要插入的元素在最后一个位置，则需要移动元素的次数为 1；若插入位置在最后一个元素之后，即第 n+1 个位置，则需要移动元素的次数为 0。设 p_i 为在第 i 个位置插入元素的概率，假设在任何位置找到元素的概率相等，即 $p_i=1/(n+1)$，则顺序表的插入操作需要移动元素的平均次数为：

$$E_{ins} = \sum_{i=1}^{n+1} p_i * (n-i+1) = \frac{1}{n+1} \sum_{i=1}^{n+1} (n-i+1) = \frac{n}{2}$$

因此，插入操作的平均时间复杂度为 O(n)。

在顺序表的删除算法中，时间的耗费同样在移动元素上。若要删除的元素是第一个元素，则需要移动元素的次数为 n-1；若要删除的元素是最后一个元素，则需要移动元素的次数为 0。设 p_i 表示删除第 i 个位置的元素的概率，假设在任何位置找到元素的概率相等，即 $p_i=1/n$，则顺序表的删除操作需要移动元素的平均次数为：

$$E_{del} = \sum_{i=1}^{n} p_i (n-i) = \frac{1}{n} \sum_{i=1}^{n} (n-i) = \frac{n-1}{2}$$

因此，删除操作的平均时间复杂度为 O(n)。

2.2.4　顺序表应用举例

【例 2-1】利用顺序表的基本运算，将非递减排列的顺序表 A 和 B 合并为顺序表 C，使 C 呈非递减排列。例如　A=(11,12,13,14,15,16,17,18,19,20)，B=(6,10,14,18,22,26)，则 A 和 B 合并后 C=(6,10,11,12,13,14,14,15,16,17,18,18,19,20,22,26)。

【分析】顺序表 C 是一个空表，首先取出顺序表 A 和 B 中的元素 e1 和 e2，并比较这两个元素。若 e1≤e2，则将 A 中的元素 e1 插入 C 中，继续取 A 中的下一个元素与 B 中的 e2 进行比较；否则，将 B 中的元素 e2 插入 C 中，继续取 B 中的下一个元素与 A 中的元素 e1 进行比较；以此类推，直到 A 或 B 中的元素比较完毕，将表中剩下的元素插入 C 中。

将顺序表 A 和 B 合并为非递减排列的顺序表 C 的实现算法如下：

```
static void MergeSeqList(SeqList<Integer> A,SeqList<Integer> B,SeqList<Integer>
C)
//合并顺序表 A 和 B 的元素到顺序表 C 中，并保持非递减排列
{
    int i = 1, j = 1, k = 1;
    Integer e1,e2;
    while(i <= A.length && j<=B.length) {
        e1 = A.GetElem(i);              //取出顺序表 A 中第 i 个元素
        e2 = B.GetElem(j);              //取出顺序表 B 中第 j 个元素
        if(e1.compareTo(e2) <= 0)       //若 A 中的元素小于 B 中的元素
        {
            C.InsertList(k, e1);        //则将 A 中的元素插入 C 中
            i++;
            k++;
        }
        else                           //若 A 中的元素大于 B 中的元素
        {
            C.InsertList(k, e2);        //则将 B 中的元素插入 C 中
            j++;
            k++;
```

```
            }
        }
        while(i <= A.length)              //若顺序表 A 中的元素还没有处理完毕
        {
            e1 = A.GetElem(i);
            C.InsertList(k, e1);          //则将剩余元素插入 C 中
            i++;
            k++;
        }
        while(j <= B.length)              //若顺序表 B 中的元素还没有处理完毕
        {
            e2 = B.GetElem(j);
            C.InsertList(k, e2);          //则将剩余元素插入 C 中
            j++;
            k++;
        }
        C.length = A.length + B.length;
    }
```

测试程序如下：

```
public static void main(String args[])
{
    int i,j;
    SeqList<Integer> mylist_A= new SeqList<Integer>();
    SeqList<Integer> mylist_B= new SeqList<Integer>();
    SeqList<Integer> mylist_C= new SeqList<Integer>();
    for(i=1;i<11;i++)             //初始化顺序表 A
        mylist_A.InsertList(i,i+10);
    i=1;
    for(j=1;j<7;j++) {            //初始化顺序表 B
        i = i + 2;
        mylist_B.InsertList(j, i * 2);
    }
    System.out.println(String.format("顺序表 A 中有%d 个元素:",mylist_A.Listlength()));
    mylist_A.TravelList();
    System.out.println(String.format("顺序表 B 中有%d 个元素:",mylist_B.Listlength()));
    mylist_B.TravelList();
    MergeSeqList(mylist_A,mylist_B,mylist_C);
    System.out.println(String.format("合并 A 和 B 后的顺序表中有%d 个元素:",mylist
_C.Listlength()));
    mylist_C.TravelList();
}
```

程序运行结果如下。

顺序表 A 中有 10 个元素：
 11 12 13 14 15 16 17 18 19 20
顺序表 B 中有 6 个元素：
 6 10 14 18 22 26
合并 A 和 B 后的顺序表中有 16 个元素：

```
6 10 11 12 13 14 14 15 16 17 18 18 19 20 22 26
```

【例2-2】编写一个算法，把一个顺序表拆分成两部分，使顺序表中小于或等于 0 的元素位于左端，大于 0 的元素位于右端。要求不占用额外的存储空间且算法尽可能高效。例如，顺序表(-12,3,-6,-10,20,-7,9,-20)经过拆分调整后变为(-12,-20,-6,-10,-7,20,9,3)。

【分析】设置两个指示器 i 和 j，分别扫描顺序表中的元素，i 和 j 分别从顺序表的左端和右端开始扫描。i 遇到小于或等于 0 的元素，则略过不处理，继续向前扫描；若 i 遇到大于 0 的元素，则暂停扫描。j 遇到大于 0 的元素，则略过不处理，继续向前扫描；若 j 遇到小于或等于 0 的元素，则暂停扫描。若 i 和 j 都停下来，则交换 i 和 j 指向的元素。重复执行，直到 i≥j 为止。

算法描述如下：

```java
static void SplitSeqList(SeqList<Integer> L)
//将顺序表 L 分成两部分：左边是小于或等于 0 的元素，右边是大于 0 的元素
{
    int i=0,j=L.Listlength()-1;      //指示器 i 和 j 分别指示顺序表的左端和右端元素
    Integer e;
    Integer zero=new Integer(0);
    while(i<j)                        //若未扫描完毕所有元素
    {
        while (L.list[i].compareTo(zero) <= -1 )   //i 遇到小于或等于 0 的元素
            i++;                      //略过
        while (L.list[j].compareTo(Integer.valueOf(0)) > 0) //j 遇到大于 0 的元素
            j--;                      //略过
        if (i < j)                    //交换 i 和 j 指向的元素
        {
            e = L.list[i];
            L.list[i] = L.list[j];
            L.list[j] = e;
        }
    }
}
```

测试程序如下：

```java
public static void main(String args[])
{
    int i;
    Integer a[]= {-12,3,-6,-10,20,-7,9,-20};
    SeqList<Integer> L= new SeqList<Integer>();
    for(i=1;i<=a.length;i++)          //将 1~10 插入顺序表 L 中
        L.InsertList(i,a[i-1]);
    System.out.println("顺序表 L 中有"+L.Listlength()+"个元素:");
    L.TravelList();
    SplitSeqList(L);
    System.out.println("调整后的顺序表 L 的元素依次为: ");
    L.TravelList();
}
```

程序运行结果如下。

```
顺序表 L 中有 8 个元素:
 -12 3 -6 -10 20 -7 9 -20
调整后的顺序表 L 的元素依次为:
 -12 -20 -6 -10 -7 20 9 3
```

2.3 线性表的链式表示与实现

在顺序表中，由于逻辑上相邻的元素其物理位置也相邻，因此可以随机存取顺序表中的任何一个元素。但是，顺序表也存在着如下缺点：

- 插入和删除运算需要移动大量的元素。
- 顺序表中的存储空间必须事先分配好，而事先分配的存储空间大小可能不适合问题的需要。对很多高级程序设计语言来说，事先分配好存储空间不容易调整。

采用链式存储的线性表称为链表，链表可以分为单链表、双向链表、循环链表。

2.3.1 单链表的存储结构

所谓线性表的链式存储，是指采用一组任意的存储单元存放线性表中的元素。这组存储单元可以是连续的，也可以是不连续的。为了表示这些元素之间的逻辑关系，除了需要存储元素本身的信息外，还需要存储指示其后继元素的地址信息。这两部分组成的存储结构称为结点。结点包括两个域：数据域和指针域。其中，数据域存放数据元素的信息，指针域存放元素的直接后继元素存储地址，如图 2-6 所示。

通过指针域把 n 个结点根据线性表中元素的逻辑顺序链接在一起，就构成了链表。由于链表中的每个结点的指针域只有一个，因此这样的链表称为线性链表或者单链表。

例如，一个采用链式存储结构的线性表（Yang,Zheng,Feng,Xu,Wu,Wang,Geng）的存储结构如图 2-7 所示。

	data	next

数据域 指针域

图 2-6 结点结构

存储地址	数据域	指针域
6	Xu	36
19	Feng	6
25	Yang	51
36	Wu	47
43	Geng	null
47	Wang	43
51	Zheng	19

头指针 head
25

图 2-7 线性表的链式存储结构

存取链表中的元素时，必须从头指针 head 出发，头指针 head 指向链表的第一个结点，从头指针 head 可以找到链表中的每一个元素。

由于单链表的每个结点的地址存放在其直接前驱结点的指针域中，而第一个结点没有直接前驱结点，因此需要一个头指针指向第一个结点。同时，由于表中的最后一个元素没有直接后继元素，因此需要将单链表的最后一个结点的指针域置为"空"（null）。

一般情况下，我们只关心链表的逻辑顺序，而不关心链表的实际存储位置。通常用箭头代替指针来连接结点序列。因此，如图 2-7 所示的线性表可以形象化为如图 2-8 所示的序列。

图 2-8　单链表的逻辑状态

其中，"∧"表示指针域为空，不指向任何结点。有时为了操作上的方便，在单链表的第一个结点之前增加一个结点，称为头结点。头结点的数据域可以存放线性表的附加信息，如线性表的长度；头结点的指针域可以存放第一个结点的地址信息，即指向第一个结点。头指针指向头结点，不再指向链表的第一个结点。带头结点的单链表如图 2-9 所示。

图 2-9　带头结点的单链表的逻辑状态

若带头结点的链表为空链表，则头结点的指针域为"空"，如图 2-10 所示。

图 2-10　带头结点的链表为空链表

单链表的存储结构用 Java 语言描述如下：

```
class ListNode    //定义结点
{
    int data;
    ListNode next;
    ListNode(int data, ListNode next) {
        this.data = data;
        this.next = next;
    }
    ListNode(int data) {
        this.data = data;
    }
}
```

其中，ListNode 为链表的结点类型。

链表的基本操作可通过 LinkList 类成员函数实现，初始时，链表为空，可通过其构造函数初始化。

```java
public class LinkList {
    public ListNode head;
}
```

2.3.2　单链表上的基本运算

单链表上的基本运算包括链表的建立、单链表的插入、单链表的删除、单链表的长度等。单链表的运算实现如下：

（1）单链表的初始化操作。

```java
LinkList()
{
    head=new ListNode();
}
```

（2）判断单链表是否为空。

```java
public boolean ListEmpty() {
    if (head == null)
        return true;
    else
        return false;
}
```

（3）按序号查找操作。链表是一种顺序存取结构，只能从头指针开始存取元素。因此，要查找单链表中的第 i 个元素，需要从单链表的头指针 head 出发，利用结点的 next 域依次访问链表的结点，并进行比较操作。利用计数器从 0 开始计数，直到计数器为 i，就找到了第 i 个结点。

```java
public ListNode GetNode(int i)
{
    ListNode cur = head;   //标记当前结点
    int j = 1;
    while (cur != null && j < i) {
        cur = cur.next;
        j++;
    }
    if (j == i)
        return cur;
    else
        return null;
}
```

（4）定位操作。定位操作是指按内容查找并返回结点引用的操作。从单链表的头指针出发，依次访问每个结点，并将结点的值与 e 比较，若相等，则返回该结点的引用，表示成功；若没有与 e 值相等的元素，则返回 null，表示失败。

```java
public ListNode LocateElem(int e)
```

```
//按内容查找单链表中元素值为 e 的元素，若查找成功，则返回对应元素的结点引用，否则返回 null，
表示失败
{
    ListNode p = head.next;        //p 指向第一个结点
    while (p != null) {
        if (p.data != e)           //没有找到与 e 相等的元素
            p = p.next;            //继续找下一个元素
        else                       //找到与 e 相等的元素
            break;                 //退出循环
    }
    return p;                      //返回元素值为 e 的结点引用
}
```

（5）插入操作。插入操作就是将元素 e 插入链表中指定的位置 i，若插入成功，则返回 true，否则返回 false。

```
boolean InsertList(int i, int e)
{
    int j = 1;
    ListNode pre;

    if (i < 1)
        return false;
    if (i == 1) {
        ListNode newNode = new ListNode(e);
        head = newNode;
        return true;
    }
    else {
        pre = head;
        while (pre.next != null && j < i - 1) {
            pre = pre.next;
            j++;
        }
        if (j != i - 1) {
            System.out.println("插入位置错误!");
            return false;
        }
        ListNode newNode = new ListNode(e);
        newNode.next = pre.next;
        pre.next = newNode;
        return true;
    }
}
```

在单链表的第 i 个位置插入一个新元素 e 可分为 3 个步骤：

① 在链表中找到其直接前驱结点，即第 i-1 个结点，并由 pre 指向该结点，如图 2-11 所示。

② 动态申请一个新的结点，并由 p 指向该结点，将值 e 赋给 p 指向结点的数据域，如图 2-12 所示。

③ 修改 pre 和 p 指向结点的指针域，如图 2-13 所示。这样就完成了在第 i 个位置插入结点的操作。

图 2-11　找到第 i 个结点的直接前驱结点

图 2-12　p 指向生成的新结点

图 2-13　在单链表中插入新结点的过程

在单链表中插入新结点分为两个步骤：

① 将新结点的指针域指向第 i 个结点，即 p.next=pre.next。
② 直接将前驱结点的指针域指向新结点，即 pre.next=p。

注意：插入结点的操作步骤不能反过来，即先执行 pre.next=p 操作，后执行 p.next=pre.next 操作，这是错误的。

（6）删除操作。删除操作就是将单链表中的第 i 个结点删除，其他结点仍然构成一个单链表。若删除成功，则返回删除的元素值，否则抛出异常。

```java
public int DeleteList(int i) throws Exception
//删除单链表中的第 i 个位置的结点。若删除成功，则返回删除的元素值，否则抛出异常
{
    ListNode pre, p;
    int j, e;
    pre = head;
    j = 0;
    while (pre.next != null && j < i - 1) //在寻找的过程中确保被删除结点存在
    {
        pre = pre.next;
        j++;
    }
    if (pre.next == null || j != i - 1)  //若没找到要删除的结点的位置，则说明删除位
置错误
    {
        throw new Exception("删除位置错误");

    }
    p = pre.next;
    pre.next = p.next; //将前驱结点的指针域指向要删除结点的下一个结点，将 pre 指向的结
```

点与单链表断开

```
        e = p.data;
        return e;
    }
```

删除单链表中的第 i 个结点分为以下 3 个步骤：

① 找到第 i 个结点的直接前驱结点，即第 i-1 个结点，并将 pre 指向该结点，p 指向第 i 个结点，如图 2-14 所示。

② 修改 pre 和 p 指向结点的指针域，使 p 指向的结点与原链表断开，即 pre.next=p.next。

③ 动态释放 p 指向的结点，如图 2-15 所示。

图 2-14 找到第 i-1 个结点和第 i 个结点

图 2-15 删除第 i 个结点

注意：在寻找第 i-1 个结点（被删除结点的前驱结点）时，要保证被删除结点存在。如果要删除的结点在链表中不存在，就会在执行循环后出现 p 指向空指针域，执行 pre.next=p.next 就会造成错误。

（7）求线性表的表长。

```
public int ListLength()
{
    int length = 0;
    ListNode cur = head;
    while (cur != null) {
        cur = cur.next;
        length++;
    }
    return length;
}
```

（8）输出链表。

```
public void DispLinkList()
{
    int i;
    ListNode cur = head;
    while (cur != null) {
        System.out.print(" " + cur.data);
        cur = cur.next;
```

```
        }
    }
```

2.3.3　单链表应用举例

【例 2-3】利用单链表的基本运算，求 A–B，即删除单链表 A 在 B 中出现的元素。

【分析】若采用单链表的基本运算来实现，则可取出单链表 B 中的每个元素，与单链表 A 中的每个元素进行比较，若 A 中存在相同的元素，则将该元素从 A 中删除。

算法描述如下：

```
public static void DelElem(LinkList A, LinkList B)
//A-B 的算法实现
{
    for (int i = 0; i < B.ListLength(); i++)
    //取出链表 B 中的每个元素与单链表 A 中的元素进行比较，若相等，则删除 A 中对应的结点
    {
        ListNode p = B.GetNode(i+1); //取出 B 中的结点，返回对象的引用给 p
        if (p != null) {
            int pos = A.LocatePos(p.GetData()); //取出与 B 中 p 指向结点相等的元素
            if (pos > 0)                    //若相等，则将其从 A 中删除
                A.DeleteList(pos);
        }
    }
}
```

测试程序如下：

```
public static void main(String args[])
{
    LinkList A = new LinkList();
    LinkList B = new LinkList();
    int a[] = {5, 7, 9, 11, 15, 18, 23, 35, 42, 66};
    int b[] = {2, 4, 7, 9, 13, 18, 45, 66};
    for(int i=0;i<a.length;i++)
        A.InsertList(i + 1, a[i]);
    System.out.println(String.format("A 中的元素有%d 个: ",A.ListLength()));
    A.DispLinkList();
    for(int i=0;i<b.length;i++)
        B.InsertList(i + 1, b[i]);
    System.out.println(String.format("B 中的元素有%d 个: ",B.ListLength()));
    B.DispLinkList();
    DelElem(A, B);

    System.out.println(String.format("执行 A-B 后，A 中的元素有%d 个:
",A.ListLength()));
    A.DispLinkList();
}
```

程序的运行结果如下。

```
A 中的元素有 10 个：
 5 7 9 11 15 18 23 35 42 66
B 中的元素有 8 个：
 2 4 7 9 13 18 45 66
执行 A-B 后，A 中的元素有 6 个：
 5 11 15 23 35 42
```

在具体实现算法 A-B 时，利用 p=B.GetNode(i+1)依次取出单链表 B 中的元素，然后通过 A.LocatePos(p.GetData())在链表 A 中查找与该值相等的元素，并调用函数 A.DeleteList(pos)将 A 中对应的结点删除。时间主要耗费在 A 和 B 中对元素的查找上，在该算法中，假设单链表 A 的长度为 m，单链表 B 的长度为 n，算法的时间复杂度为 O(n×max(m,n))。

上面的算法通过单链表的基本运算实现，也可以不用单链表的基本运算实现。若不使用单链表的基本运算，直接对单链表进行操作的话，则需要从单链表的第一个元素开始，依次与 B 中的每个元素进行比较，若有相同的元素，则从 A 中删除该结点，并取 A 中的下一个元素继续与 B 中的每一个元素进行比较，重复以上操作，直到 A 中最后一个元素比较完毕。

```
public static void DelElem2(LinkList A, LinkList B)
//A-B 的算法实现
{
    ListNode pre = A.head;
    ListNode p = A.head.next;
    //取出 B 中的每个元素，依次与单链表 A 中的元素进行比较，若相等，则删除 A 中的元素对应的结点

    while(p != null) {
        ListNode q = B.head.next;                //取出 B 中的元素
        while (q != null && q.data != p.data)     //依次与 A 中的元素进行比较
            q = q.next;
        if (q != null)                            //如果 B 中存在与 A 中的元素相等的结点
        {
            ListNode r = p;                       //r 指向要删除的结点
            pre.next = p.next;                    //将 p 指向的结点与链表断开
            p = r.next;                           //将 p 指向 A 中下一个待比较的结点
        }
        else                                      //如果 B 中不存在与 A 中的元素相等的结点
        {
            pre = p;                              //将 pre 指向刚比较过的结点
            p = p.next;                           //将 p 指向下一个待比较的结点
        }
    }
}
```

上面的算法中，在单链表 A 中，p 指向单链表 A 中与单链表 B 中要比较的结点，pre 指向 p 的前驱结点。在单链表 B 中，利用 q 指向 B 中的第一个结点，依次与 A 中 p 指向的结点的元素进行比较，如图 2-16 所示。

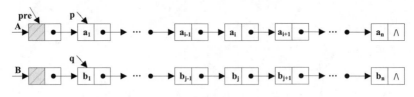

图 2-16 初始时，p 指向第一个要比较的结点

若当前 A 中要比较的是元素 a_i，则 p 指向 a_i 所在的结点。在 B 中，若 q 指向元素 b_j 所在的结点，而 $b_j=a_i$，则 q 停止向前比较。在 A 中，利用 r 指向要删除的结点 p，令 pre 指向 p 的后继结点，从而使 p 指向的结点与链表断开，即 r=p、pre.next=p.next，如图 2-17 所示。

图 2-17 将 A 中要删除的结点与链表断开

然后，p 指向链表 A 中下一个要比较的结点，最后释放 r 指向的结点，如图 2-18 所示。

图 2-18 p 指向下一个要比较的结点，同时释放 r 指向的结点

算法 DelElem2 省去了算法 DelElem 中重复查找元素的操作，总的比较次数会减少，其时间复杂度为 O(m×n)。

说明：在算法 DelElem2 的实现过程中，隐藏了查找元素结点与删除元素结点的实现细节，而在算法 DelElem2 中，将整个查找过程和删除过程展现得淋漓尽致。

2.3.4 循环单链表

1. 循环单链表的存储

循环单链表（Circular Linked List）是一种首尾相连的单链表。在线性链表中，每个结点的指针都指向它的下一个结点，最后一个结点的指针域为空，不指向任何结点，仅表示链表结束。若把这种结构改变一下，使最后一个结点的指针域指向链表的第一个结点，就构成了循环链表。

与单链表类似，循环单链表也可分为带头结点结构和不带头结点结构。循环单链表不为空时，最后一个结点的指针域指向头结点，如图 2-19 所示。

图 2-19　带头结点的循环单链表

循环单链表为空时，头结点的指针域指向头结点本身，如图 2-20 所示。

图 2-20　循环单链表为空时的情况

注意： 若循环单链表带头结点为空，则 head.next==head。

有时为了操作方便，在循环单链表中只设置尾指针 rear 而不设置头指针，利用 rear 指向循环单链表的最后一个结点，如图 2-21 所示。

图 2-21　只设置尾指针的循环单链表

利用尾指针可以使有些操作变得简单，例如，要将如图 2-22 所示的两个循环单链表（尾指针分别为 LA 和 LB）合并成一个链表，只需要将一个表的表尾和另一个表的表头连接即可，如图 2-23 所示。

图 2-22　设置尾指针的循环单链表 LA 和 LB

图 2-23　两个设置尾指针的循环单链表合并后

合并两个设置尾指针的循环单链表需要 3 步操作：

（1）保存 LA 的头指针，即 p=LA.next。

（2）把 LA 的表尾与 LB 的第一个结点相连接，即 LA.next=LB.next.next。

（3）把 LB 的表尾与 LA 的表头相连接，即 LB.next=p。

最后多余的 LB 的表头结点会自动被释放。

2. 循环单链表的应用

【例2-4】约瑟夫问题。有 n 个人，编号为 1、2、…、n，围成一个圆圈，按照顺时针方向让编号为 k 的人从 1 开始报数，报数为 m 的人出列，他的下一个人重新开始从 1 报数，报到 m 的人出列，一直这样重复下去，直到所有的人都出列。要求编写一个算法，输入 n、k 和 m，依次输出每次出列的人的编号。

【分析】解决约瑟夫问题可以分为 3 个步骤：

（1）建立一个具有 n 个结点的不带头结点的循环单链表，编号从 1 到 n，代表 n 个人。

（2）找到第 k 个结点，即第一个开始报数的人。

（3）编号为 k 的人从 1 开始报数，并开始计数，报数为 m 的人出列，即删除该结点。从下一个结点继续开始报数，重复执行步骤（2）和步骤（3），直到最后一个结点被删除。

约瑟夫问题的算法描述如下：

```
public void Josephus(int n,int m, int k)
//在由 n 个人围成的圆圈中，从第 k 个人开始报数，数到 m 的人出列
{
    ListNode p = head,q=null;
    for(int i=1;i<k;i++)  //从第 k 个人开始报数
    {
        q = p;
        p = p.next;
    }
    while(p.next != p)
    {
        for(int i=1;i<m;i++)  //数到 m 的人出列
        {
            q = p;
            p = p.next;
        }
        q.next = p.next;    //将 p 指向的结点删除，即报数为 m 的人出列
        System.out.print(String.format("%4d",p.data));
        p = q.next;             //p 指向下一个结点，重新开始报数
    }
    System.out.println(String.format("%4d",p.data));
}
```

测试程序如下：

```
public void CreateCycList(int n)
//创建循环单链表
{
    ListNode s,r=null;
    for(int i=1;i<n+1;i++) {
        s = new ListNode(i);
        if(head == head.next)
            head = s;
        else
```

```
            r.next = s;
        r = s;
    }
    r.next = head;
}

public static void main(String args[])
{
    CircularLinkList L = new CircularLinkList();
    Scanner sc =new Scanner(System.in);
    System.out.print("输入圈中人的个数：");
    int n =sc.nextInt();
    System.out.print("输入开始报数的序号：");
    int k =sc.nextInt();
    System.out.print("报数为 m 的人出列：");
    int m =sc.nextInt();
    L.CreateCycList(n);
    L.Josephus(n, m, k);
}
```

程序运行结果如下。

```
输入圈中人的个数：9
输入开始报数的序号：3
报数为 m 的人出列：5
    7  3  9  6  5  8  2  4  1
```

2.3.5 双向链表

在前面讨论过的单链表和循环链表中，每个结点的指针域只有一个，用来存放后继结点的指针，而没有关于前驱结点的信息。因此，从某个结点出发，只能顺着指针往后查找其他结点。若要查找结点的前驱，则需要从表头结点开始，顺着指针寻找，显然，使用单链表处理不够方便。同样，从单链表中删除一个结点也会遇到类似的问题。为了克服单链表的这种缺点，可以使用双向链表。

1. 双向链表的存储结构

在双向链表中，每个结点有两个指针域：一个指向直接前驱结点，另一个指向直接后继结点。双向链表的结点结构如图 2-24 所示。

图 2-24　双向链表的结点结构

在双向链表中，每个结点包括 3 个域：data 域、prior 域和 next 域。其中，data 域为数据域，用于存放数据元素；prior 域为前驱结点指针域，指向直接前驱结点；next 域为后继结点指针域，指向直接后继结点。

双向链表也可分为带头结点结构和不带头结点结构，带头结点结构使某些操作更加方便。另外，双向链表也有循环结构，称为双向循环链表。带头结点的双向循环链表如图 2-25 所示。

图 2-25　带头结点的双向循环链表

双向循环链表为空的情况如图 2-26 所示，判断带头结点的双循环链表为空的条件是 head.prior==head 或 head.next==head。

图 2-26　带头结点的双向循环链表为空的情况

在双向链表中，每个结点既有前驱结点的指针域又有后继结点的指针域，因此查找结点非常方便。若 p 是指向链表中某个结点的指针，则有 p=p.prior.next=p.next.prior。

双向链表的结点类型描述如下：

```
class DListNode {
    int data;
    DListNode prior,next;
    DListNode(int data)
    {
        this.data =data;
        prior=null;
        next =null;
    }
}
public class DLinkList {
    DListNode head;
    DLinkList() {
        head = new DListNode(0);
        head.next = head.prior = head;
    }
}
```

2. 双向链表的插入操作和删除操作

对于双向链表的一些操作，如求链表的长度、查找链表的第 i 个结点等，与单链表中的算法实现基本没什么差异。但是，对于双向循环链表的插入和删除操作，因为涉及前驱结点指针和后继结点指针，所以需要修改两个方向的指针。

1）插入操作

插入操作就是在双向循环链表的第 i 个位置插入一个元素值为 e 的结点。若插入成功，则返回 true，否则返回 false。

【算法思想】首先找到第 i 个结点，用 p 指向该结点。再申请一个新结点，由 s 指向该结点，将 e 放入到据域。然后开始修改 p 和 s 指向的结点的指针域：修改 s 的 prior 域，使其指向 p 的直接前驱结点，即 s.prior=p.prior；将 p 的直接前驱结点的 next 域指向 s 指向的结点，即 p.prior.next=s；修改 s 的 next 域，使其指向 p 指向的结点，即 s.next=p；修改 p 的 prior 域，使其指向 s 指向的结点，即 p.prior=s。插入操作指针修改情况如图 2-27 所示。

图 2-27 双向循环链表的插入操作过程

插入操作的算法实现如下：

```java
public boolean InsertDList(int i, int e)
{
    DListNode p = head.next;
    int j = 1;
    while(p != head && j <i) {
        p = p.next;
        j++;
    }
    if(j != i) {
        System.out.println("插入位置不正确!");
        return true;
    }
    DListNode s = new DListNode(e);
    s.prior = p.prior;
    p.prior.next = s;
    s.next = p;
    p.prior = s;
    return false;
}
```

2）删除操作

删除操作就是将带头结点的双向循环链表中的第 i 个结点删除。若删除成功，则返回 true，否则返回 false。

【算法思想】首先找到第 i 个结点，用 p 指向该结点。然后开始修改 p 指向的结点的直接前驱结点和直接后继结点的指针域，从而将 p 与链表断开。将 p 指向的结点与链表断开需要两步：

（1）修改 p 的前驱结点的 next 域，使其指向 p 的直接后继结点，即 p.prior.next=p.next。

（2）修改 p 的直接后继结点的 prior 域，使其指向 p 的直接前驱结点，即 p.next.prior=p.prior。

删除操作指针修改情况如图 2-28 所示。

图 2-28 双向循环链表删除操作过程

删除操作的算法实现如下：

```
public boolean DeleteDList(int i)
{
    DListNode p = head.next;
    int j = 1;
    while(p != head && j <i) {
        p = p.next;
        j++;
    }
    if(j != i) {
        System.out.println("删除位置不正确!");
        return false;
    }
    p.prior.next = p.next;
    p.next.prior = p.prior;
    return true;
}
```

插入和删除操作的时间主要耗费在查找结点上，两者的时间复杂度都为 O(n)。

注意：双向链表的插入和删除操作需要修改结点的 prior 域和 next 域，因此要注意修改结点指针域的顺序。

2.4　一元多项式的表示与相乘

一元多项式的相乘是线性表在日常生活中的一个典型应用，它的各种操作集中了线性表的各种基本操作。

2.4.1　一元多项式的表示

一元多项式 $A_n(x)$可以写成降幂的形式：

$A_n(x)=a_nx^n+a_{n-1}x^{n-1}+\cdots+a_1x+a_0$

若 $a_n\neq0$，则 $A_n(x)$被称为 n 阶多项式。一个 n 阶多项式由 n+1 个系数构成，它的系数可以用线性表$(a_n,a_{n-1},\cdots,a_1,a_0)$表示。

线性表的存储可以采用顺序存储结构，这样使多项式的一些操作变得更加简单。可以定义一个维数为 n+1 的数组 a[n+1]，a[n]存放系数 a_n，a[n-1]存放系数 a_{n-1}，…，a[0]存放系数 a_0。但是，实际情况是，多项式的阶数（最高的指数项）可能会很高，多项式的每个项的指数差别很大，这可能会浪费很多存储空间。例如，一个多项式：

$P(x)=10x^{2001}+x+1$

若采用顺序存储，则存放系数需要 2002 个存储空间，但是存储的有用数据只有 3 个。若只存储非零系数项，则必须存储相应的指数信息。

一元多项式 $A_n(x)=a_nx^n+a_{n-1}x^{n-1}+\cdots+a_1x+a_0$ 的系数和指数同时存放，可以表示成一个线性表，线性表的每一个数据元素由一个二元组构成。因此，多项式 $A_n(x)$ 可以表示成线性表 $((a_n,n),(a_{n-1},n-1),\cdots,(a_1,1),(a_0,0))$ 多项式 P(x)可以表示成((10,2001),(1,1),(1,0))的形式。

多项式可以采用链式存储的方式表示，每一项可以表示成一个结点，结点的结构由 3 个域组成：存放系数的 coef 域，存放指数的 expn 域和指向下一个结点的 next 指针域，如图 2-29 所示。

图 2-29　多项式的结点结构

结点结构类型描述如下：

```
class PolyNode {
    float coef;
    int expn;
    PolyNode next;

    PolyNode(float coef, int expn) {
        this.coef = coef;
        this.expn = expn;
        next = null;
    }
}
```

例如，多项式 $S(x)=7x^6+3x^4-3x^2+6$ 可以表示成链表，如图 2-30 所示。

图 2-30　一元多项式的链表表示

2.4.2　一元多项式相乘

两个一元多项式相乘，需要将一个多项式的每一项的指数与另一个多项式的每一项的指数相加，并将其系数相乘。假设两个多项式 $A_n(x)=a_nx^n+a_{n-1}x^{n-1}+\cdots+a_1x+a_0$ 和 $B_m(x)=b_mx^m+b_{m-1}x^{m-1}+\cdots+b_1x+b_0$，要将这两个多项式相乘，就是将多项式 $A_n(x)$ 中的每一项与 $B_m(x)$ 相乘，相乘的结果用线性表表示为 $((a_nb_m,n+m),(a_{n-1}b_m,n+m-1),\cdots,(a_1,1),(a_0,0))$。

例如，两个多项式 A(x)和 B(x)相乘后得到 C(x)。

$A(x)=7x^4+2x^2+3x$

$B(x)=6x^3+5x^2+6x$

$C(x)=42x^7+49x^6+74x^5+51x^4+59x^3+40x^2$

以上多项式可以表示成链式存储结构，如图 2-31 所示。

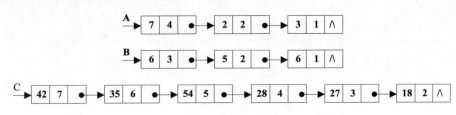

图 2-31　多项式的链表表示

　　A、B 和 C 分别是多项式 A(x)、B(x)和 C(x)对应链表的头指针，A(x)和 B(x)两个多项式相乘，首先计算出 A(x)和 B(x)的最高指数和，即 4+3=7，则 A(x)和 B(x)的乘积 C(x)的指数范围在 0~7。然后将 A(x)按照指数降序排列，将 B(x)按照指数升序排列，分别设两个指针 pa 和 pb，pa 用来指向链表 A，pb 用来指向链表 B，从第一个结点开始计算两个链表的 expn 域的和，并将其与 k 比较（k 为指数和的范围，从 7~0 递减），使链表的和呈递减排列。若和小于 k，则 pb=pb.next；若和等于 k，则计算二项式的系数的乘积，并将其值赋给新生成的结点；若和大于 k，则 pa=pa.next。这样得到多项式 A(x)和 B(x)的乘积 C(x)。最后将链表 B 重新逆置。

```java
class PNode {
    float coef;
    int expn;
    PNode next;
    PNode(float coef, int expn) {
        this.coef = coef;
        this.expn = expn;
        next = null;
    }

    public void DispLinkList() {
        PNode p;
        if(next == null)
            return;
        p = this.next;
        while(p != null)
        {
            System.out.print(p.coef+" ");
            if(p.expn!=0)
                System.out.print("*x^"+p.expn);
            if(p.next!=null && p.next.coef > 0)
                System.out.print("+");
            p = p.next;
        }
    }
}
```

1. 一元多项式的创建

```java
public void CreatePolyn() {
    //创建一元多项式，使一元多项式呈指数递减
    PNode h = head, s, q, p;
    Scanner sc=new Scanner(System.in);
    while (true) {
        System.out.print("输入系数 coef(系数和指数都为 0 时，表示结束)");
        float coef2 = sc.nextFloat();
        System.out.print("输入指数 exp(系数和指数都为 0 时，表示结束)");
        int expn2 = sc.nextInt();
        if ((int) (coef2) == 0 && expn2 == 0)
            break;
        s = new PNode(coef2, expn2);
```

```
        q = h.next;        //q 指向链表的第一个结点，即表尾
        p = h;             //p 指向 q 的前驱结点
        while (q!=null && expn2 < q.expn) //将新输入的指数与 q 指向的结点指数比较
        {
            p = q;
            q = q.next;
        }
        if (q == null || expn2 >q.expn) //q 指向要插入结点的位置，p 指向要插入结点的
前驱
        {
            p.next = s;  //将 s 结点插入链表中
            s.next = q;
        }
        else
            q.coef += coef2;    //若指数与链表中的结点指数相同，则将系数相加即可
    }
}
```

2. 两个一元多项式的相乘

```
public static PNode MultiplyPolyn(PolyLinkList A, PolyLinkList B)
//计算两个多项式 A(x) 和 B(x) 的乘积
{
    PNode h = new PNode(0.0f, 0);   //构造头结点
    int maxExp;
    if(A.head.next != null && B.head.next != null)
        maxExp = A.head.next.expn + B.head.next.expn; //maxExp 为两个链表指数的和
的最大值
    else
        return h;
    PNode pc = h;
    B.Reverse();                     //使多项式 B(x) 呈指数递增
    for(int k=maxExp;k>-1;k--)        //多项式的乘积指数范围为 0~maxExp
    {
        PNode pa = A.head.next;
        while(pa != null && pa.expn > k) //找到 pa 的位置
            pa = pa.next;
        PNode pb = B.head.next;
        while (pb != null && pa != null && pa.expn + pb.expn < k) //若和小于 k,
则使 pb 移到下一个结点
            pb = pb.next;
        float coef = 0.0f;
        while (pa != null && pb != null) {
            if (pa.expn + pb.expn == k) //若在链表中找到对应的结点，即和等于 k, 则求相
应的系数
            {
                coef += pa.coef * pb.coef;
                pa = pa.next;
                pb = pb.next;
            }
            else if (pa.expn + pb.expn > k) //若和大于 k, 则使 pa 移到下一个结点
```

```
            {
                pa = pa.next;
            }
            else
                pb = pb.next;  //若和小于 k，则使 pb 移到下一个结点
        }
        if (coef != 0.0)
        //若系数不为 0，则根据系数和指数构造新结点，并将结点插入链表中
        {
            PNode u = new PNode(coef, k);
            u.next = pc.next;
            pc.next = u;
            pc = u;
        }
    }
    B.Reverse();              //完成多项式乘积后，将 B(x) 呈指数递减
    return h;
}
public void Reverse()
 //将链表逆置，使一元多项式呈指数递增
{
    PNode p = null;
    PNode q = head.next;
    while(q != null) {
        PNode r = q.next;  //r 指向链表的待处理结点
        q.next = p;        //将链表结点逆置
        p = q;             //p 指向刚逆置后的链表结点
        q = r;             //q 指向下一个准备逆置的结点
    }
    head.next = p;         //将头结点的指针指向已经逆置的链表
}
```

3. 测试程序

```
public static void main(String args[]) {
    PolyLinkList A = new PolyLinkList();
    A.CreatePolyn();
    System.out.print("一元多项式 A(x)=");
    A.OutPut();
    PolyLinkList B = new PolyLinkList();
    B.CreatePolyn();
    System.out.print("一元多项式 B(x)=");
    B.OutPut();
    PNode C=MultiplyPolyn(A,B);
    System.out.print("两个多项式的乘积：C(x)=A(x)*B(x)=");
    C.DispLinkList();        //输出结果
}
```

程序运行结果如下。

输入系数 coef（系数和指数都为 0 时，表示结束）7

```
输入指数 exp(系数和指数都为 0 时，表示结束)4
输入系数 coef(系数和指数都为 0 时，表示结束)2
输入指数 exp(系数和指数都为 0 时，表示结束)2
输入系数 coef(系数和指数都为 0 时，表示结束)3
输入指数 exp(系数和指数都为 0 时，表示结束)1
输入系数 coef(系数和指数都为 0 时，表示结束)0
输入指数 exp(系数和指数都为 0 时，表示结束)0
一元多项式 A(x)=7.0*x^4+2.0*x^2+3.0*x^1
输入系数 coef(系数和指数都为 0 时，表示结束)6
输入指数 exp(系数和指数都为 0 时，表示结束)3
输入系数 coef(系数和指数都为 0 时，表示结束)5
输入指数 exp(系数和指数都为 0 时，表示结束)2
输入系数 coef(系数和指数都为 0 时，表示结束)6
输入指数 exp(系数和指数都为 0 时，表示结束)1
输入系数 coef(系数和指数都为 0 时，表示结束)0
输入指数 exp(系数和指数都为 0 时，表示结束)0
一元多项式 B(x)=6.0*x^3+5.0*x^2+6.0*x^1
两个多项式的乘积：C(x)=A(x)*B(x)=42.0 *x^7+35.0 *x^6+54.0 *x^5+28.0 *x^4+27.0
*x^3+18.0 *x^2
```

思政元素： 在利用数据结构描述数据对象、设计算法时，要根据实际问题选择合适的存储结构来设计算法。例如，实现一元多项式的相加、相乘运算以及关于学生信息表的构造与操作，选择使用顺序存储还是链式存储呢？这就是我们需要考虑的问题。也就是在学习数据结构的过程中，不仅要学习算法思想、实现算法，还要养成正确认识事物、分析事物特点的能力，了解到凡事都具有两面性，在对立统一中不断发展变化，不能仅看到事物的一面而忽视了另一面。

2.5 小 结

线性表是最常用的，也是最简单的线性数据结构。线性表通常有两种存储方式：顺序存储和链式存储。采用顺序存储结构的线性表称为顺序表，采用链式存储结构的线性表称为链表。

顺序表中的数据元素的逻辑顺序与物理顺序一致，因此可以随机存取。

为了链表操作方便，往往在链表的第一个结点之前增加一个结点，称为头结点。头结点的设置，使得进行插入和删除操作时不需要改变头指针的指向，头指针始终指向头结点。

顺序表的算法实现比较简单，存储空间利用率高，但是需要预先分配好存储空间，插入和删除操作需要移动大量元素。而链表不需要事先确定存储空间的大小，插入和删除操作不需要移动大量元素，实现较为复杂。

第3章

栈 与 队 列

栈和队列是操作受限的线性结构。栈具有线性表的特点：每个元素只有一个前驱元素和一个后继元素（除第一个元素和最后一个元素外），但在操作上与线性表不同，栈只允许在表的一端进行插入和删除操作。栈的应用十分广泛，在表达式求值、括号匹配时经常用到栈的设计思想。队列的特殊性在于只能在表的一端进行插入操作，另一端进行删除操作。队列在操作系统和事务管理等软件设计中应用广泛，如键盘输入缓冲区问题就是利用队列的思想实现的。

重点内容：

- 栈和队列的概念及特性
- 栈的顺序存储结构、链式存储结构及基本运算
- 队列的顺序存储结构、链式存储结构及基本运算
- 利用栈将递归转换为非递归
- 栈和队列在实际生活中的应用

3.1 栈的表示与实现

栈作为一种限定性线性表，只允许在表的一端进行插入和删除操作。

3.1.1 栈的定义

栈（Stack）也称为堆栈，它是一种特殊的线性表，只允许在表的一端进行插入和删除操作。允许进行插入和删除操作的一端称为栈顶（Top），另一端称为栈底（Bottom）。栈顶是动态变化的，它由一个称为栈顶指针（top）的变量指示。当表中没有元素时，称为空栈。

栈的插入操作称为入栈或进栈，删除操作称为出栈或退栈。

在栈 $S=(a_1,a_2,\cdots,a_n)$ 中，a_1 称为栈底元素，a_n 称为栈顶元素。栈中的元素按照 $a_1,a_2,\cdots,a_n$ 的顺序依次进栈，当前的栈顶元素为 a_n。最先进栈的元素一定在栈底，最后进栈的元素一定在栈顶。每次删除的元素是栈顶元素，也就是最后进栈的元素。因此，栈是一种后进先出的线性表，如图 3-1 所示。

图 3-1 栈的结构

在图 3-1 中，a_1 是栈底元素，a_n 是栈顶元素，由栈顶指针 Top 指示。最先出栈的元素是 a_n，最后出栈的元素是 a_1。

可以把栈想象成一个木桶，先放进去的物品在下面，后放进去的物品在上面，最先取出来的是最后放进去的，最后取出来的是最先放进去的。

图 3-2 演示了元素 A、B、C、D、E 依次进栈和出栈的过程。

图 3-2 元素 A、B、C、D、E 进栈和出栈的过程

如果一个进栈的序列由 A、B、C 组成，它的出栈序列有 ABC、ACB、BAC、BCA 和 CBA 五种可能，只有 CAB 是不可能的输出序列。因为 A、B、C 进栈后，C 出栈，接着就是 B 要出栈，C 不可能在 A 和 B 之前出栈，所以 CAB 是不可能出现的序列。

3.1.2 栈的抽象数据类型

栈的抽象数据类型定义了栈中的数据对象、数据关系及基本操作。栈的抽象数据类型定义如下：

```
ADT Stack
{
    数据对象: D={a_i|a_i∈ElemSet, i=1, 2, ···, n, n≥0}
    数据关系: R={<a_{i-1}, a_i>|a_{i-1}, a_i∈D, i=2, 3, ···, n}
            约定 a_1 端为栈底，a_n 端为栈顶。
    基本操作:
    (1) InitStack(&S)
    初始条件: 栈 S 不存在。
    操作结果: 建立一个空栈 S。
    这就像盖房子前，先打了地基，建好框架结构，准备砌墙。
    (2) StackEmpty(S)
```

初始条件：栈 S 已存在。

操作结果：若栈 S 为空，则返回 1，否则返回 0。

栈为空就类似于打好了地基，还没有开始砌墙。栈不为空就类似于开始砌墙。

（3）GetTop(S,&e)

初始条件：栈 S 存在且非空。

操作结果：返回栈 S 的栈顶元素给 e。

栈顶就像刚砌好的墙的最上面一层砖。

（4）PushStack(&S,x)

初始条件：栈 S 已存在。

操作结果：将元素 x 插入栈 S 中，使其成为新的栈顶元素。

这就像在墙上放置了一层砖，成为墙的最上面一层。

（5）PopStack(&S,&e)

初始条件：栈 S 存在且非空。

操作结果：删除栈 S 的栈顶元素，并用 e 返回其值。

这就像拆墙，需要把墙的最上面一层砖从墙上取下来。

（6）StackLength(S)

初始条件：栈 S 已存在。

操作结果：返回栈 S 的元素个数。

这就像整个墙由多少层组成。

（7）ClearStack(S)

初始条件：栈 S 已存在。

操作结果：将栈 S 清为空栈。

这就像把墙全部拆除。

}ADT Stack

与线性表一样，栈也有两种存储表示：顺序存储和链式存储。接下来主要介绍栈的顺序存储结构及其基本运算。

3.1.3 顺序栈

1. 栈的顺序存储结构

采用顺序存储结构的栈称为顺序栈。顺序栈利用一组连续的存储单元存放栈中的元素，存放顺序依次从栈底到栈顶。由于栈中的元素之间的存放地址的连续性，因此 Java 语言中同样采用数组实现栈的顺序存储。另外，增加一个栈顶指针 top，用于指向顺序栈的栈顶元素。

栈的顺序存储结构类型描述如下：

```java
public class SeqStack {
    private static java.lang.Object String;
    int top;
    final int StackSize = 50;
    char stack[];
    public SeqStack() {
        top = 0;
        stack = new char [StackSize];
    }
}
```

用数组表示的顺序栈如图 3-3 所示。将元素 A、B、C、D、E、F、G、H 依次进栈，栈底元素为 A，栈顶元素为 H。在本小节中，约定栈顶指针 top 指向栈顶元素的下一个位置（而不是栈顶元素）。

图 3-3　顺序栈结构

说明：

（1）初始时，栈为空，栈顶指针为 0，即 S.top=0。

（2）栈空条件为 S.top==0，栈满条件为 S.top==StackSize。

（3）进栈操作时，先将元素压入栈中，即 S.stack[S.top]=e，然后使栈顶指针加 1，即 S.top+=1。出栈操作时，先使栈顶指针减 1，即 S.top-=1，然后元素出栈，即 e=S.stack[S.top]。

（4）栈的长度，即栈中元素的个数为 S.top。

注意：当栈中的元素个数为 StackSize 时，称为栈满。当栈满时进行入栈操作，将产生上溢错误。若对空栈进行删除操作，则产生下溢错误。因此，在对栈进行进栈或出栈操作前，要判断栈是否已满或已空。

2. 顺序栈的基本运算

顺序栈的基本运算如下：

（1）栈的初始化。

```
public SeqStack() {
    top = 0;
    stack = new char [StackSize];
}
```

（2）判断栈是否为空。

```
public boolean StackEmpty() {
    if (top == 0)
        return true;
    else
        return false;
}
```

（3）取栈顶元素。

```
public char GetTop() throws Exception {
    if (StackEmpty()) {

        throw new Exception("栈为空! ");
    } else
        return stack[top - 1];
}
```

（4）入栈操作。

```java
public boolean PushStack(char e)
{
    if(top>= StackSize) {
        System.out.println("栈已满！");
        return false;
    }
    else {
        stack[top] = e;
        top++;
        return true;
    }
}
```

（5）出栈操作。

```java
public char PopStack() throws Exception {
    if (StackEmpty()) {

        throw new Exception("栈为空!");
    }
    else
    {
        top--;
        char x = stack[top];
        return x;
    }
}
```

（6）返回栈的长度。

```java
public int StackLength()
{
    return top;
}
```

（7）清空栈。

```java
public void ClearStack()
{
    top = 0;
}
```

3. 共享栈

栈的应用非常广泛，经常会出现一个程序需要同时使用多个栈的情况。使用顺序栈会因为栈空间的大小难以准确估计，从而造成有的栈溢出，有的栈还有空闲。为了解决这个问题，可以让多个栈共享一个足够大的连续存储空间，利用栈的动态特性使栈空间能够互相补充，存储空间得到有效利用，这就是栈的共享，这些栈被称为共享栈。

在栈的共享问题中，最常用的是两个栈的共享。共享栈主要通过栈底固定、栈顶迎面增长的方式实现。让两个栈共享一个一维数组 S[StackSize]，两个栈底设置在数组的两端，当有元素进栈时，栈顶位置从栈的两端向中间迎面增长，当两个栈顶相遇时，栈满。

共享栈（两个栈共享一个连续的存储空间）的数据结构类型描述如下：

```
public class SSeqStack<T>
{
    int top[];
    T stack[];
    final int StackSize =50;
}
```

其中，top[0]和 top[1]分别是两个栈的栈顶指针。

例如，共享栈的存储表示如图 3-4 所示。

图 3-4　共享栈示意图

共享栈的算法操作如下：

（1）初始化操作。

```
SSeqStack()
//共享栈的初始化操作
{
    top =new int[2];
    top[0] = 0;
    top[1] = StackSize - 1;
    stack = (T[])new Object[StackSize];
}
```

（2）进栈操作。

```
public boolean PushStack(T e, int flag)
//共享栈进栈操作。若入栈成功，则返回 true，否则返回 false
{
    if(top[0] == top[1])        //在执行进栈操作之前，判断共享栈是否已满
        return false;
    if(flag == 0)               //当 flag 为 0 时，表示元素要进左端的栈
    {
        stack[top[0]] = e;      //元素进栈
        top[0]++;               //修改栈顶指针
    }
    else if(flag==1)            //当 flag 为 1 时，表示元素要进右端的栈
    {
        stack[top[1]] = e;      //元素进栈
        top[1]--;               //修改栈顶指针
    }
```

```
        else
            return false;
        return true;
}
```

（3）出栈操作。

```
public T PopStack(int flag) throws Exception
//共享栈出栈操作。若出栈成功，则返回出栈元素
{
    if(flag == 0)                    //在执行出栈操作之前，判断是哪个栈要进行出栈操作
    {
        if (top[0] == 0)             //若左端的栈为空，则抛出异常，表示出栈操作失败
            throw new Exception("栈 1 为空，不能出栈操作!");
        top[0]--;                    //修改栈顶指针
        T e = stack[top[0]];         //将出栈的元素赋值给 e
    }
    else if(flag==1) {
        if (top[1] == StackSize - 1) //若右端的栈为空，则抛出异常，表示出栈操作失败
            throw new Exception("栈 2 为空，不能出栈操作!");
        top[1]++;                    //修改栈顶指针
        T e = stack[top[1]];         //将出栈的元素赋值给 e
    }
    else
        throw new Exception("参数 flag 错误!");
    return e;
}
```

3.1.4 链栈

1. 栈的链式存储结构

采用链式存储方式的栈称为链栈或链式栈。链栈可采用单链表实现。由于栈的插入与删除操作仅限在表头的位置进行，对于带头结点的链栈来说，因此链表的表头指针就作为栈顶指针，带头结点的链栈如图 3-5 所示。

图 3-5 链栈示意图

在图 3-5 中，top 为栈顶指针，始终指向栈顶元素前面的头结点。链栈的基本操作与链表类似，在使用完链栈时，应释放其空间。

链栈结点的类描述如下：

```
class LStackNode
{
    char data;
    LStackNode next;
    LStackNode(char data)
    {
        this.data = data;
        this.next = null;
```

```
    }
}
```

链栈的进栈操作与链表的插入操作类似,出栈操作与链表的删除操作类似。关于链栈的操作说明如下:

(1)链栈通过链表实现,链表的第一个结点位于栈顶,最后一个结点位于栈底。

(2)设栈顶指针为 top,初始化时,对于不带头结点的链栈,top=null;对于带头结点的链栈,top.next =null。

(3)不带头结点的栈空条件为 top==null,带头结点的栈空条件为 top.next ==null。

2. 链栈的基本运算

链栈的基本运算具体实现如下:

(1)链栈的初始化。

```
public class LinkStack {
    LStackNode top;
    LinkStack()
    {
        top=new LStackNode('0');
    }
}
```

(2)判断链栈是否为空。

```
public boolean StackEmpty()
{
    if(top.next==null)
        return true;
    else
        return false;
}
```

(3)入栈操作。入栈操作就是将新元素结点插入链表的第一个结点之前,分为两个步骤:①
p.next=top.next; ② top.next=p。入栈操作如图 3-6 所示。

图 3-6 入栈操作

```
public void PushStack(char e)
{
    LStackNode p = new LStackNode(e);
    p.next = top.next;
    top.next = p;
}
```

（4）出栈操作。出栈操作就是将单链表中的第一个结点删除，将结点的元素赋值给 e，并释放结点空间。在元素出栈前，要判断栈是否为空。出栈操作如图 3-7 所示。

图 3-7　出栈操作

```java
public char PopStack() throws Exception {
    if(StackEmpty()) {
        throw new Exception("栈为空，不能进行出栈操作！");
    }
    else {
        LStackNode p = top.next;
        top.next = p.next;
        return p.data;
    }
}
```

（5）取栈顶元素。

```java
public char GetTop() throws Exception {
    if (StackEmpty()) {
        throw new Exception("栈为空！");
    } else
        return top.next.data;
}
```

（6）求栈的长度。

```java
public int StackLength() {
    LStackNode p = top.next;
    int len = 0;
    while(p!=null) {
        p = p.next;
        len++;
    }
    return len;
}
```

求栈的长度就是求链栈中的元素个数，必须从栈顶指针，即从链表的头指针开始，依次访问每个结点，并利用计数器计数，直到栈底为止。求栈长度的时间复杂度为 O(n)。

（7）创建链栈。创建链栈主要是利用链栈的插入操作思想实现的，根据用户输入的元素序列，将该元素序列存入 s[] 中，然后依次取出每个元素，将其插入链栈中，即将元素依次入栈。创建链栈的算法实现如下：

```java
public void CreateStack() {
    System.out.print("请输入要入栈的字符（以空格分隔）：");
    Scanner input=new Scanner(System.in);
    String s=input.nextLine();
```

```
    String[] arr=s.split(" ");
    for(int i=0;i<arr.length;i++) {
        LStackNode p = new LStackNode(s.charAt(i));
        p.next = top.next;
        top.next = p;
    }
}
```

3.2 栈 的 应 用

由于栈结构的后进先出的特性，使它成为一种重要的数据结构，它在计算机中的应用也非常广泛。在程序的编译和运行过程中，需要利用栈对程序的语法进行检查，如括号的配对、表达式求值和函数的递归调用。

3.2.1 数制转换

将十进制数 N 转换为 x 进制数，可用辗转相除法。该算法的步骤如下：

（1）将 N 除以 x，取其余数。

（2）判断商是否为零，若为零，则结束程序；否则，将商送 N，转步骤（1）继续执行。

上面的算法所得到的余数序列正好与 x 进制数的数字序列相反，因此利用栈的后进先出特性，先把得到的余数序列放入栈保存，最后依次出栈得到 x 进制的数字序列。

例如$(1568)_{10}=(3040)_8$，其运算过程如下：

```
N            N/8          N%8
1568         196          0
196          24           4
24           3            0
3            0            3
```

十进制数转换为八进制数的算法描述如下：

```
class LinkStackNode
{
    int data;
    LinkStackNode next;
    LinkStackNode(int data)
    {
        this.data = data;
        this.next = null;
    }
}
public class LinkStack {
    LinkStackNode top;
    LinkStack()
    {
```

```
            top=new LinkStackNode(0);
    }
}
public static int covert10to8(int x,int num[]) {
    LinkStackNode top = null,p;
    while(x != 0) {
        p = new LinkStackNode(x % 8);
        p.next = top;
        top = p;
        x = x / 8;
    }
    int k=0;
    while(top!=null)
    {
        p=top;
        num[k++]=p.data;
        top=top.next;
    }
    return k;
}
```

3.2.2　行编辑程序

　　一个简单的行编辑程序的功能是：接收用户输入的程序或数据，并存入数据区。由于用户进行输入时，有可能出现差错，因此，在编辑程序时，每接收一个字符就存入数据区的做法显然是不恰当的。比较好的做法是，设立一个输入缓冲区，用来接收用户输入的一行字符，然后逐行存入数据区。如果用户输入出现错误，就要在发现输入有误时及时更正。例如，当用户发现刚刚输入的一个字符有误的时候，可以输入一个退格符"#"，以表示前一个字符无效；若发现当前输入的行内差错较多，则可以输入一个退行符"@"，以表示当前行中的字符均无效。

　　例如，假设从终端接收了这样两行字符：

```
whl#ike##le(s#*s)
opintf@putchar(*s==##++)
whl#ike##le(*#s#i<s.length)
{
    priintf@System.out.println##(s[i]);
    i++;
}
```

则实际有效的是下面的两行：

```
i=0;
while(i<s.length)
{
    System.out.print(s[i]);
    i++;
}
```

　　为了纠正以上的输入错误，可以设置一个栈，每读入一个字符，如果这个字符不是"#"或"@"，就将该字符入栈。如果读入的字符是"#"，就将栈顶的字符出栈。如果读入的字符是"@"，就将栈清空。

【例 3-1】试利用栈的"后进先出"思想，编写一个行编辑程序，要求：当前一个字符输入有误时，输入"#"消除；当输入的一行有误时，输入"@"消除当前行的字符序列。

【分析】逐个检查输入的字符序列，如果当前的字符不是"#"和"@"，就将该字符入栈。如果当前的字符是"#"，就将栈顶的字符出栈。如果当前的字符是"@"，就清空栈。

行编辑程序的算法实现如下：

```java
public void LineEdit() throws Exception
//行编辑程序
{
    SeqStack<String> S = new SeqStack<String>();
    String a = new String(),str=new String();
    int j = 0, i;
    Scanner sc = new Scanner(System.in);
    System.out.println("输入字符序列('#'使前一个字符无效, '@'使当前行的字符无效).");
    str = sc.nextLine();
    i = 0;
    while (i < str.length()) {
        if (String.valueOf(str.charAt(i)).equals("#"))        //如果当前输入的字符
是'#', 且栈不为空, 就将栈顶字符出栈
        {
            if (!S.StackEmpty())
                S.PopStack();
        }
    else if (String.valueOf(str.charAt(i)).equals("@")) //如果当前输入的字符是'@',
就将栈清空
            S.ClearStack();
        else            //如果当前输入的字符不是'#'和'@', 就将字符入栈
            S.PushStack(String.valueOf(str.charAt(i)));
        i++;
    }
    while (!S.StackEmpty()) {
        String e = S.PopStack();        //将字符出栈，并存入 a 中
        a = e + a;
    }
    System.out.println(a);
}
```

程序运行结果如下。

```
输入字符序列('#'使前一个字符无效, '@'使当前行的字符无效)
whl#ike##le
while
```

3.2.3 算术表达式求值

表达式求值是程序设计语言编译中的一个基本问题。在编译系统中，需要把便于人们理解的表

达式翻译成便于计算机理解的表示序列，这样就可以利用栈的"后进先出"特性实现表达式的转换。

一个表达式由操作数（Operand）、运算符（Operator）和分界符（Delimiter）组成。一般情况下，操作数可以是常数，也可以是变量；运算符可以是算术运算符、关系运算符和逻辑运算符；分界符包括左、右括号和表达式的结束符等。为了简化问题的描述，我们仅讨论简单算术表达式的求值问题。这种表达式只包含加、减、乘、除 4 种运算符和左、右圆括号。

计算机编译系统在计算算术表达式的值时，需要先将中缀表达式转换为后缀表达式，然后求解表达式的值。

1. 将中缀表达式转换为后缀表达式

例如，一个算术表达式为：a-(b+c*d)/e。

这种算术表达式中的运算符总是出现在两个操作数之间，这种算术表达式被称为中缀表达式。编译系统在计算一个算术表达式之前，要将中缀表达式转换为后缀表达式，然后对后缀表达式进行计算。在后缀表达式中，算术运算符出现在操作数之后，并且不含括号。

上面的算术表达式对应的后缀表达式为：abcd*+e/-。

中缀表达式与后缀表达式相比，具有以下两个特点：

（1）后缀表达式与中缀表达式的操作数出现顺序相同，只是运算符先后顺序改变了。
（2）后缀表达式不出现括号。

说明： 由于后缀表达式具有以上特点，因此编译系统在处理时不必考虑运算符的优先关系。只要从左到右依次扫描后缀表达式的各个字符，当读到的字符为运算符时，对运算符前面的两个操作数利用该运算符运算，并将运算结果作为新的操作对象替换两个操作数和运算符，继续扫描后缀表达式，直到处理完毕。

综上所述，表达式的运算分为两个步骤：

（1）将中缀表达式转换为后缀表达式。
（2）依据后缀表达式计算表达式的值。

将一个算术表达式的中缀形式转换为相应的后缀形式前，需要先了解算术四则运算的规则。算术四则运算的规则是：

（1）先计算乘除，后计算加减。
（2）先计算括号内的表达式，后计算括号外的表达式。
（3）同级别的运算从左到右进行计算。

如何将中缀表达式转换为后缀表达式呢？设置一个栈，用于存放运算符。依次读入表达式中的每个字符，若是操作数，则直接输出。若是运算符，则比较栈顶元素符与当前运算符的优先级，然后进行处理，直到整个表达式处理完毕。这里约定"#"作为后缀表达式的结束标志，假设栈顶运算符为 θ_1，当前扫描的运算符为 θ_2。

中缀表达式转换为后缀表达式的算法如下：

（1）初始化栈，将"#"入栈。

（2）若当前读入的字符是操作数，则将该操作数输出，并读入下一个字符。

（3）若当前字符是运算符，记作 θ_2，则将 θ_2 与栈顶的运算符 θ_1 比较。若栈顶的运算符 θ_1 的优先级小于当前运算符 θ_2，则将当前运算符 θ_2 进栈；若栈顶的运算符 θ_1 的优先级大于当前运算符 θ_2，则将栈顶运算符 θ_1 出栈并将其作为后缀表达式输出。然后继续比较新的栈顶运算符 θ_1 与当前运算符 θ_2 的优先级，若栈顶运算符 θ_1 的优先级与当前运算符 θ_2 相等，且 θ_1 为"（"，θ_2 为"）"，则将 θ_1 出栈，继续读入下一个字符。

（4）若当前运算符 θ_2 的优先级与栈顶运算符 θ_1 相等，且 θ_1 和 θ_2 都为"#"，则将 θ_1 出栈，栈为空。中缀表达式转换为后缀表达式，算法结束。

运算符优先级关系如表 3-1 所示。

表3-1　运算符优先级关系表

θ_1 ＼ θ_2	+	−	*	/	(	)	#
+	>	>	<	<	<	>	>
−	>	>	<	<	<	>	>
*	>	>	>	>	<	>	>
/	>	>	>	>	<	>	>
(	<	<	<	<	<	=	
)	>	>	>	>		>	>
#	<	<	<	<	<		=

例如，中缀表达式(8*(15−9)+6)/3 转换为后缀表达式的输出过程如表 3-2 所示。

表3-2　中缀表达式(8*(15−9)+6)/3转换为后缀表达式的过程

步　骤	中缀表达式	栈	输出后缀表达式	步　骤	中缀表达式	栈	输出后缀表达式
1	(8*(15−9)+6)/3#	#		10	+6)/3#	#(*	8 15 9 −
2	(8*(15−9)+6)/3#	#(		11	+6)/3#	#(	8 15 9 − *
3	*(15−9)+6)/3#	#(	8	12	6)/3#	#(+	8 15 9 − *
4	(15−9)+6)/3#	#(*	8	13	)/3#	#(+	8 15 9 − * 6
5	15−9)+6)/3#	#(*(	8	14	/3#	#(	8 15 9 − * 6 +
6	−9)+6)/3#	#(*(	8 15	15	/3#	#	8 15 9 − * 6 +
7	9)+6)/3#	#(*(−	8 15	16	3#	#/	8 15 9 − * 6 +
8	)+6)/3#	#(*(−	8 15 9	17	#	#/	8 15 9 − * 6 + 3
9	+6)/3#	#(*(	8 15 9 −	18	#	#	8 15 9 − * 6 + 3 /

2. 后缀表达式的计算

计算后缀表达式的值需要设置一个操作数栈：S 栈，用于存放操作数和中间运算结果。依次读入后缀表达式中的每个字符，若是操作数，则使操作数进入 S 栈。若是运算符，则将操作数出栈两次，然后对操作数进行当前操作符的运算，直到整个表达式处理完毕。

后缀表达式的求值算法如下（假设栈顶运算符为 θ_1，当前扫描的运算符为 θ_2）：

（1）初始化 S 栈。

（2）若当前读入的字符是操作数，则使该操作数进入 S 栈。

（3）若当前字符是运算符 θ，则将 S 栈出栈两次，分别得到操作数 x 和 y，对 x 和 y 进行 θ 运算，即 yθ x，得到中间结果 z，使 z 进入 S 栈。

（4）重复执行步骤（2）和步骤（3），直到所有的字符都扫描处理完毕，此时栈顶元素即为所求表达式的值。

根据得到的后缀表达式 8 15 9 - * 6 + 3 /，利用栈求解表达式的值，其过程如图 3-8 所示。

图 3-8　利用栈求解后缀表达式的值

3. 表达式的运算举例

【例 3-2】利用栈将中缀表达式(8*(9-3)+6)/3 转换为后缀表达式，并计算后缀表达式的值。

【分析】设置两个数组 str 和 exp，str 用来存放中缀表达式的字符串，exp 用来存放后缀表达式的字符串。将中缀表达式转换为后缀表达式的方法是：依次扫描中缀表达式，若遇到数字，则将其存入 exp 中。若遇到运算符，则将栈顶运算符与当前运算符进行比较。若当前运算符的优先级大于栈顶运算符的优先级，则将当前运算符入栈。若栈顶运算符的优先级大于当前运算符的优先级，则将栈顶运算符出栈，并保存到 exp 中。

为了处理方便，在遇到数字字符时，需要在其后补一个空格，作为分隔符。在计算后缀表达式的值时，需要对两位数以上的字符进行处理，然后将处理后的数字入栈。

中缀表达式转换为后缀表达式的算法如下：

```
public static void TranslateExpress(char str[],char exp[]) throws Exception
//中缀表达式转换为后缀表达式
{
```

```
    int i,j;
    i = 0;
    j = 0;
    boolean end = false;
    char ch = str[i],e;
    SeqStack S=new SeqStack();
    i = i + 1;
    while (i <= str.length && !end)
    {
        if (ch == '(')          //若当前字符是左括号,则将其入栈
            S.PushStack(ch);
        else if(ch == ')')      //当前字符是右括号,则将栈中的运算符出栈,并将其存入数组 exp 中
        {
            while (S.GetTop() != '(') {
                e = S.PopStack();
                exp[j] = e;
                j = j + 1;
            }
            e = S.PopStack(); //将左括号出栈
        }
        else if(ch == '+'|| ch == '-') //如果遇到的是 '+' 和 '-',因为其优先级低于
栈顶运算符的优先级,所以先将栈顶字符出栈,并将其存入数组 exp 中,然后将当前运算符入栈
        {
            while (!S.StackEmpty()&& S.GetTop() != '(') {
                e = S.PopStack();
                exp[j] = e;
                j = j + 1;
            }
            S.PushStack(ch); //当前运算符进栈
        }
        else if(ch == '*'|| ch == '/')//若遇到 '*' 和 '/',则先将同级运算符出栈,并
存入数组 exp 中,然后将当前的运算符入栈
        {
            while(!S.StackEmpty()&&(S.GetTop()=='/' || S.GetTop()=='*')){
                e = S.PopStack();
                exp[j] = e;
                j = j + 1;
            }
            S.PushStack(ch); //当前运算符入栈
        }
        else if(ch == ' ')    //若遇到空格,则忽略
            break;
        else                  //若遇到操作数,则将操作数直接送入数组 exp 中
        {
            while (ch >= '0' && ch <= '9') {
                exp[j] = ch;
                j = j + 1;
                if (i < str.length)
                    ch = str[i];
                else {
```

```
                        end = true;
                        break;
                    }
                    i = i + 1;
                }
                i = i - 1;
            }
            ch = str[i];             //读入下一个字符，准备处理
            i = i + 1;
        }
        while (!S.StackEmpty()) //将栈中所有剩余的运算符出栈，送入数组 exp 中
        {
            e = S.PopStack();
            exp[j] = e;
            j = j + 1;
        }
}
```

表达式(8*(9-3)+6)/3 经过转换后，后缀表达式为 8 9 3 - * 6 + 3 /。

计算后缀表达式的值的算法如下：

```
public static float ComputeExpress(char a[]) throws Exception {
    int i = 0;
    float x1=0.0f,x2=0.0f,result=0.0f;
    LinkStack S=new LinkStack();
    while (i < a.length) {
        if (a[i] >= '0' && a[i] <= '9') {
            S.PushStack(a[i]-'0');   //处理之后将数字入栈
        }
        else {
            if (a[i] == '+') {
                x1 = S.PopStack();
                x2 = S.PopStack();
                result = x1 + x2;
                S.PushStack(result);
            } else if (a[i] == '-') {
                x1 = S.PopStack();
                x2 = S.PopStack();
                result = x2 - x1;
                S.PushStack(result);
            } else if (a[i] == '*') {
                x1 = S.PopStack();
                x2 = S.PopStack();
                result = x1 * x2;
                S.PushStack(result);
            } else if (a[i] == '/') {
                x1 = S.PopStack();
                x2 = S.PopStack();
                result = x2 / x1;
                S.PushStack(result);
            }
```

```
        }
        i = i + 1;
    }
    if (!S.StackEmpty())              //若栈不为空，则将结果出栈，并返回
        result = S.PopStack();
    if (S.StackEmpty())
        return result;
    else
        System.out.println("表达式错误");
    return result;
}
```

测试程序如下：

```
public static void main(String args[]) throws Exception {
    SeqStack S= new SeqStack();
    Scanner sc=new Scanner(System.in);
    System.out.println("请输入一个算术表达式: ");
    String inputstring=sc.nextLine();
    char str[]=inputstring.toCharArray();
    char exp[] = new char[str.length];
    TranslateExpress(str, exp);
    System.out.println("后缀表达式: ");
    for(int i=0;i<exp.length;i++)
        System.out.print(exp[i]+" ");
    System.out.print("\n 表达式的值="+ComputeExpress(exp));
}
```

程序运行结果如下。

```
请输入一个算术表达式:
(8*(9-3)+6)/3
后缀表达式:
8 9 3 - * 6 + 3 /
表达式的值=18.0
```

【想一想】能否在求解算术表达式的值时，不输出转换的后缀表达式而直接进行求值？

求解算术表达式的值也可以将中缀表达式转换为后缀表达式和利用后缀表达式求值同时进行，这需要定义两个栈：运算符栈和操作数栈，只是将原来操作数的输出变成入操作数栈操作，在运算符出栈时，需要将操作数栈中的元素输出并进行相应运算后，将运算后的操作数入操作数栈。

3.3 栈 与 递 归

在程序设计中，递归的设计就是利用了栈的"后进先出"的思想。利用栈可以将递归程序转换为非递归程序。

3.3.1 递归

递归是指在函数的定义中，在定义自己的同时又出现了对自身的调用。如果一个函数在函数体中直接调用自己，就称为直接递归函数。如果经过一系列的中间调用，间接调用自己的函数就称为间接递归调用。

1. 递归函数

例如，n 的阶乘递归定义如下：

$$fact(n) = \begin{cases} 1 & \text{当n} = 1\text{时} \\ n * fact(n-1) & \text{当n} > 0\text{时} \end{cases}$$

n 的阶乘算法如下：

```
public static long fact(int n)
//n 的阶乘的非递归算法实现
{
    long f = 1;
    int i;
    for(i=1;i<n+1;i++)  //直接利用迭代消除递归
        f = f * i;
    return f;
}
```

Ackerman 函数定义如下：

$$Ack(m,n) = \begin{cases} n+1 & \text{当m=0时} \\ Ack(m-1,1) & \text{当m} \neq 0, n=0\text{时} \\ Ack(m-1, Ack(m,n-1)) & \text{当m} \neq 0, n \neq 0\text{时} \end{cases}$$

Ackerman 函数相应算法如下：

```
public static long Ack(long m,long n)
//Ackerman 递归算法实现
{
    if(m == 0)
        return n + 1;
    else if(n==0)
        return Ack(m - 1, 1);
    else
        return Ack(m - 1, Ack(m, n - 1));
}
```

2. 递归调用过程

递归问题可以分解成规模小且性质相同的问题加以解决。下面我们以著名的汉诺塔问题为例来说明递归的调用过程。

n 阶汉诺塔问题。假设有 3 个塔座 X、Y、Z，在塔座 X 上放置 n 个直径大小各不相同、从小到大编号为 1，2，…，n 的圆盘，如图 3-9 所示。要求将 X 轴上的 n 个圆盘移动到塔座 Z 上并要求按照同样的叠放顺序排列，圆盘移动时必须遵循以下规则：

（1）每次只能移动一个圆盘。

（2）圆盘可以放置在 X、Y 和 Z 中的任何一个塔座。

（3）任何时候都不能将一个较大的圆盘放在较小的圆盘上。

图 3-9　3 阶汉诺塔的初始状态

如何实现将放在 X 上的圆盘按照规则移动到 Z 上呢？当 n=1 时，问题比较简单，直接将编号为 1 的圆盘从塔座 X 移动到 Z 上即可。当 n>1 时，需要利用塔座 Y 作为辅助塔座，若能将放置在编号为 n 上的 n-1 个圆盘从塔座 X 上移动到 Y 上，则可以先将编号为 n 的圆盘从塔座 X 移动到 Z 上，然后将塔座 Y 上的 n-1 个圆盘移动到塔座 Z 上。而如何将 n-1 个圆盘从一个塔座移动到另一个塔座又成为与原问题类似的问题，只是规模减小了 1，因此可以用同样的方法解决。这是一个递归问题，汉诺塔的算法描述如下：

```
public static void Hanoi(int n,String A,String B,String C)
//将塔座 A 上从小到大自上而下编号为 1 到 n 的圆盘按照规则搬到塔座 C 上，B 可以作为辅助塔座
{
    if(n == 1)
        move(1, A, C);  //将编号为 1 的圆盘从 A 移动到 C
    else {
        Hanoi(n - 1, A, C, B);  //将编号为 1 到 n-1 的圆盘从 A 移动到 B，C 作为辅助塔座
        move(n, A, C);          //将编号为 n 的圆盘从 A 移动到 C
        Hanoi(n - 1, B, A, C);  //将编号为 1 到 n-1 的圆盘从 B 移动到 C，A 作为辅助塔座
    }
}
public static void move (int n, String tempA, String tempB) {
    System.out.println("move plate"+n+" from column "+tempA+" to column "+
tempB);
    }
```

下面以 n=3 为例，来说明汉诺塔的递归调用过程，如图 3-10 所示。当 n>1 时，需要 3 个过程移动圆盘。

第 1 个过程，将编号为 1 和 2 的圆盘从塔座 X 移动到塔座 Y。

第 2 个过程，将编号为 3 的圆盘从塔座 X 移动到塔座 Z。

第 3 个过程，将编号为 1 和 2 的圆盘从塔座 Y 移动到塔座 Z。

图 3-10　汉诺塔的递归调用过程

第 1 个过程，通过调用 Hanoi(2,X,Z,Y) 来实现。Hanoi(2,X,Z,Y) 又调用自己，完成将编号为 1 的圆盘从塔座 X 移动到塔座 Z，如图 3-11 所示。编号为 2 的圆盘从塔座 X 移动到塔座 Y，编号为 1 的圆盘从塔座 Z 移动到塔座 Y，如图 3-12 所示。

图 3-11　将编号为 1 的圆盘从塔座 X 移动到塔座 Z

图 3-12　将编号为 2 的圆盘从塔座 X 移动到塔座 Y，编号为 1 的圆盘从塔座 Z 移动到塔座 Y

第 2 个过程完成将编号为 3 的圆盘从塔座 X 移动到塔座 Z，如图 3-13 所示。

第 3 个过程通过调用 Hanoi(2,Y,X,Z) 来实现圆盘移动。通过再次递归完成将编号为 1 的圆盘从塔座 Y 移动到塔座 X，如图 3-14 所示。将编号为 2 的圆盘从塔座 Y 移动到塔座 Z，将编号为 1 的圆盘从塔座 X 移动到塔座 Z，如图 3-15 所示。

图 3-13　将编号为 3 的圆盘从塔座 X 移动到塔座 Z　　图 3-14　将编号为 1 的圆盘从塔座 Y 移动到塔座 X

图 3-15　将编号为 2 的圆盘从塔座 Y 移动到塔座 Z，编号为 1 的圆盘从塔座 X 移动到塔座 Z

3.3.2　消除递归

用递归编制的算法具有结构清晰、易读、容易实现的特点，并且递归算法的正确性很容易得到证明。但是，递归算法的执行效率比较低，因为递归需要反复入栈，时间和空间开销较大。

递归算法完全可以转换为非递归实现，这就是递归的消除。消除递归有两种方法：一种方法是对于简单的递归直接进行迭代，通过循环结构进行消除；另一种方法是利用栈的方式实现。例如，n 的阶乘就是一个简单的递归，可以直接利用迭代消除递归。n 的阶乘的非递归算法如下：

```
public static int fact(int n)
// n 的阶乘的非递归算法实现
{
    if(n == 1)
        return 1;
    else                        //直接利用迭代消除递归
        return n * fact(n - 1);
}
```

n 的阶乘的递归算法可以转换为利用栈实现的非递归算法。当 n=3 时，递归调用过程如图 3-16 所示。

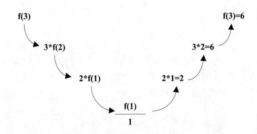

图 3-16　递归调用过程

递归函数调用的参数入栈情况如图 3-17 所示（在图 3-17 中，为了叙述方便，用 f 代表 fact 函数）。当 n=1 时，递归调用开始逐层返回，其参数出栈情况如图 3-18 所示。

图 3-17　递归调用入栈

图 3-18　递归调用出栈

利用栈模拟递归过程可以通过以下步骤实现：

（1）设置一个工作栈，用于保存递归工作记录，包括实参、返回地址等。

（2）将调用函数传递过来的参数和返回地址入栈。

（3）利用循环模拟递归分解过程，逐层将递归过程的参数和返回地址入栈。当满足递归结束条件时，依次逐层出栈，并将结果返回给上一层，直到栈中只存在栈顶元素为止。

【例 3-3】编写求 n!的递归算法与利用栈实现的非递归算法。

【分析】利用栈模拟在 n!的递归实现中，递归过程中的工作记录的入栈过程与出栈过程，实现非递归算法。定义一个二维数组，第一维用于存放本层参数 n，第二维用于存放本层要返回的结果。

```java
public static long fact2(int n)
//n!的非递归实现
{
    final int MAXSIZE=50;
    long s[][] =new long[MAXSIZE][2];    //用于存储临时变量及返回结果
    int top = -1;                         //并将栈顶指针置为-1
    top = top + 1;                        //栈顶指针加 1，将工作记录入栈
    s[top][0] = n;                        //记录每一层的参数
    s[top][1] = 0;                        //记录每一层的结果返回值
    do{
        if (s[top][0] == 1)               //递归出口
        {
            s[top][1] = 1;
            System.out.println("n=" + s[top][0] + ",fact=" + s[top][1]);
        }
        if (s[top][0] > 1 && s[top][1] == 0)    //通过栈模拟递归的递推过程，将问题依次入栈
        {
            top = top + 1;
            s[top][0] = s[top - 1][0] - 1;
            s[top][1] = 0;                //将结果置为 0，还没有返回结果
            System.out.println("n="+s[top][0] + ",fact=" + s[top][1]);
        }
        if (s[top][1] != 0)              //模拟递归的返回过程，将每一层调用的结果返回
        {
            s[top - 1][1] = s[top][1] * s[top - 1][0];
            System.out.println("n=" + s[top - 1][0] + ", fact=" + s[top - 1][1]);
            top = top - 1;
        }
    }while(top>0);
    return s[0][1];                //返回计算的阶乘结果
```

```
}
```

程序运行结果如下。

```
请输入一个正整数(n<15)：
4
利用栈非递归实现 n 的阶乘：
n=3,fact=0
n=2,fact=0
n=1,fact=0
n=1,fact=1
n=2, fact=2
n=3, fact=6
n=4, fact=24
n!=24
```

思考题：利用栈，试着将 n 阶汉诺塔的递归转换为非递归算法。

3.4　队列的表示与实现

队列是一种限定性线性表，允许在表的一端进行插入操作，在表的另一端进行删除操作。

3.4.1　队列的定义

队列（Queue）是一种先进先出（First In First Out，FIFO）的线性表，它只允许在表的一端插入元素，而在另一端删除元素。其中，允许插入的一端叫作队尾（Rear），允许删除的一端称为队头（Front）。

假设队列为 $q=(a_1,a_2,\cdots,a_i,\cdots,a_n)$，那么 a_1 就是队头元素，a_n 则是队尾元素。进入队列时，是按照 a_1，a_2，$\cdots$，a_n 的顺序依次进入的，退出队列时也是按照这个顺序退出的。也就是出队列时，只有当前面的元素都退出之后，后面的元素才能退出。因此，只有当 a_1，a_2，$\cdots$，a_{n-1} 都退出队列以后，a_n 才能退出队列。队列的示意图如图 3-19 所示。

图 3-19　队列示意图

在日常生活中，人们买票排队就是一个队列。新来买票的人到队尾排队，形成新的队尾，即入队，在队头的人买完票离开，即出队。操作系统中的多任务处理也是队列的应用。

3.4.2　队列的抽象数据类型

队列的抽象数据类型定义了队列的数据对象、数据关系及基本操作。队列的抽象数据类型定义如下：

```
ADT Queue
{
    数据对象：D={a_i|a_i∈ElemSet, i=1, 2, …, n, n≥0}
    数据关系：R={<a_{i-1},a_i>|a_{i-1}, a_i∈D, i=2, 3, …, n}
    约定 a_1 端为队列头，a_n 端为队列尾。
    基本操作：
    （1）InitQueue(&Q)
    初始条件：队列 Q 不存在。
    操作结果：建立一个空队列 Q。
    这就像日常生活中，火车站售票处新增加了一个售票窗口，这样就可以新增一队用来排队买票。
    （2）QueueEmpty(Q)
    初始条件：队列 Q 已存在。
    操作结果：若 Q 为空队列，则返回 1，否则返回 0。
    这就像售票员查看火车窗口前是否还有人排队买票。
    （3）EnQueue(&Q,e)
    初始条件：队列 Q 已存在。
    操作结果：插入元素 e 到队列 Q 的队尾。
    这就像排队买票时，新来买票的人要排在队列的最后。
    （4）DeQueue(&Q,&e)
    初始条件：队列 Q 已存在且为非空。
    操作结果：删除 Q 的队头元素，并用 e 返回其值。
    这就像排在队头的人买过票后离开队列。
    （5）Gethead(Q,&e)
    初始条件：队列 Q 已存在且为非空。
    操作结果：用 e 返回 Q 的队头元素。
    这就像询问排队买票的人是谁。
    （6）ClearQueue(&Q)
    初始条件：队列 Q 已存在。
    操作结果：将队列 Q 清为空队列。
    这就像排队买票的人全部买完了票，离开队列。
}ADT Queue
```

3.4.3　顺序队列

队列有两种存储表示：顺序存储和链式存储。采用顺序存储结构的队列称为顺序队列。

1. 顺序队列的表示

顺序队列通常采用数组作为存储结构。同时，用两个指针分别指向数组中的第一个元素和最后一个元素。其中，指向第一个元素的指针称为队头指针（front），指向最后一个元素的位置的指针称为队尾指针（rear）。顺序队列的表示如图 3-20 所示。

图 3-20　顺序队列

为了方便描述，我们约定：初始化时，队列为空，有 front=rear=0，队头指针 front 和队尾指针 rear 都指向队列的第一个位置，如图 3-21 所示。

图 3-21 初始时，顺序队列为空的情况

插入新元素时，队尾指针 rear 增加 1，在空队列中插入 4 个元素 a、b、c、d 之后，如图 3-22 所示。

图 3-22 顺序队列插入 4 个元素之后的情况

删除元素时，队头指针 front 增加 1。删除 2 个元素 a、b 之后，队头指针和队尾指针的状态如图 3-23 所示。

图 3-23 顺序队列删除 2 个元素之后的情况

顺序队列的类型描述如下：

```
public class SeQueue<T> {
    final int QUEUESIZE = 20;
    T s[];
    int front, rear;
    SeQueue() {
    //顺序循环队列的初始化
        s =(T[]) new Object[QUEUESIZE];
        front = 0;       //把队头指针置为0
        rear = 0;        //把队尾指针置为0
    }
}
```

假设 Q 是一个队列，若不考虑队满，则入队操作语句为 Q.s[rear]=x、rear++；若不考虑队空，则出队操作语句为 x=Q.s[front]、front++。

说明：在队列中，队满指的是元素占据了队列中的所有存储空间，没有空闲的存储空间可以插入元素。队空指的是队列中没有一个元素，也称为空队列。

2. 顺序队列的"假溢出"

如果在如图 3-24 所示的队列中插入 3 个元素 j、k 和 l，然后删除 2 个元素 a、b，就会出现如图 3-25 所示的情况，即队尾指针已经到达数组的末尾，如果继续插入元素 m，队尾指针将越出数组的下界而造成"溢出"。从图 3-25 可以看出，这种"溢出"不是因为存储空间不够，而是经过多次插入和删除操作产生的，我们将这种"溢出"称为"假溢出"。

图 3-24 在插入元素 j、k、1 和删除元素 a、b 前

图 3-25 在顺序队列中插入 j、k、1 和删除 a、b 后的"假溢出"

3.4.4 顺序循环队列

为了避免顺序队列的"假溢出"，通常采用顺序循环队列来实现队列的顺序存储。

1. 顺序循环队列的构造

为了充分利用存储空间，消除这种"假溢出"，当队尾指针 rear（或队头指针 front）到达存储空间的最大值 QUEUESIZE 的时候，让队尾指针 rear（或队头指针 front）自动转化为存储空间的最小值 0。这样，顺序队列的存储空间就构成一个逻辑上首尾相连的循环队列。

当队尾指针 rear 达到最大值 QUEUESIZE -1 时，若要插入新的元素，则队尾指针 rear 自动变为 0；当队头指针 front 达到最大值 QUEUESIZE -1 时，若要删除一个元素，则队头指针 front 自动变为 0。可通过取余操作实现循环队列的首尾相连。例如，若 QUEUESIZE=10，当队尾指针 rear=9 时，若要插入一个新的元素，则有 rear=(rear+1)%10=0，即实现了逻辑上队列的首尾相连。

2. 顺序循环队列的队空和队满

顺序循环队列在队空状态和队满状态时，队头指针 front 和队尾指针 rear 同时指向一个位置，即 front==rear，顺序循环队列的队空状态和队满状态如图 3-26 所示。队空状态时，有 front=0、rear=0，因此 front==rear。队满状态时，也有 front=0、rear=0，因此 front==rear。

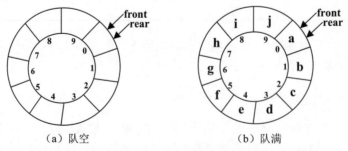

（a）队空　　　　　（b）队满

图 3-26 队空和队满

因此，为了区分这两种情况，通常有如下两种方法：

（1）增加一个标志位。设这个标志位为 flag，初始化为 flag=false，当入队成功时，有 flag=true；

当出队成功时，有 flag=false，则队空的判断条件为 front==rear&&flag==false，队满的判断条件为 front==rear&&flag==true。

（2）少用一个存储空间。队空的判断条件不变，以队尾指针 rear 加 1 等于 front 为队满的判断条件。因此，front==rear 表示队空，front==(rear+1)% QUEUESIZE 表示队满。那么，入队的操作语句为 rear=(rear+1)% QUEUESIZE，Q[rear]=x。出队的操作语句为 front=(front+1)% QUEUESIZE。少用一个存储空间时，队满情况如图 3-27 所示。

图 3-27　顺序循环队列的队满情况

注意：顺序循环队列中的入队操作和出队操作都要取模，以确保操作不出界。循环队列长度，即元素个数为(SQ.rear+ QUEUESIZE-SQ.front)% QUEUESIZE。

3. 顺序循环队列的实现

（1）初始化。

```
SeQueue() {
//顺序循环队列的初始化
    s =(T[]) new Object[QUEUESIZE];
    front = 0;        //把队头指针置为 0
    rear = 0;         //把队尾指针置为 0
}
```

（2）判断队列是否为空。

```
public boolean IsEmpty()
//判断顺序循环队列是否为空
{
    if (front == rear)      //当顺序循环队列为空时
        return true;        //返回 true
    else                    //否则
        return false;       //返回 false
}
```

（3）入队操作。

```
public boolean EnQueue(T x)
//元素 e 插入顺序循环队列中，若插入成功，则返回 true，否则返回 false
{
    if ((rear + 1) % QUEUESIZE != front)  //若队列未满
    {
        s[rear] = x;                       //在队尾插入元素 e
```

```
        rear = (rear + 1) % QUEUESIZE;        //将队尾指针向后移动一个位置
        return true;
    } else {
        System.out.println("当前队列已满!");
        return false;
    }
}
```

（4）出队操作。

```
public T DeQueue() throws Exception {
//将队头元素出队，并将该元素赋值给e，若删除成功，则返回出队元素
    if (front == rear)          //若队列为空
    {
        throw new Exception("队列为空，不能进行出队操作");
    }
    else
    {
        T e = s[front];              //将待出队的元素赋值给e
        front = (front + 1) % QUEUESIZE; //将队头指针向后移动一个位置，指向新的队头
        return e;                    //返回出队的元素
    }
}
```

（5）取队头元素。

```
public T GetHead() throws Exception {
//取队头元素，并将该元素返回，若队列为空，则返回False
    if(!IsEmpty())                   //若顺序循环队列不为空
        return (T)s[front];  //返回队头元素
    else                     //否则
    {
        throw new Exception("队列为空");
    }
}
```

（6）求队列的长度。

```
public int SeqLength() {
    return (rear - front + QUEUESIZE) % QUEUESIZE;
}
```

（7）创建队列。

```
public void CreateSeqQueue()
{
    System.out.println("请输入元素（#作为输入结束）:");
    Scanner sc=new Scanner(System.in);
    Integer data=sc.nextInt();
    while(data!=-1) {
        EnQueue(data);
        data=sc.nextInt();
    }
```

}

3.4.5 双端队列

双端队列是一种特殊的队列，它是在线性表的两端对插入和删除操作进行限制的线性表。双端队列可以在队列的任何一端进行插入和删除操作，而一般的队列要求在一端插入元素，在另一端删除元素，如图 3-28 所示。

图 3-28　双端队列

其中，end1 和 end2 分别是双端队列的指针。

在实际应用中，还有输入受限和输出受限的双端队列。输入受限的双端队列指的是只允许在队列的一端插入元素，两端都可以删除元素的队列。输出受限的双端队列指的是只允许在队列的一端删除元素，两端都可以插入元素的队列。

双端队列是一个可以在任何一端进行插入和删除的线性表，先采用一个数组作为双端队列的数据存储结构，双端队列为空的状态如图 3-29 所示，在队列左端的元素 a、b、c 依次入队，在队列右端的元素 d、e 依次入队之后，双端队列的状态如图 3-30 所示。

图 3-29　双端队列的初始状态

图 3-30　双端队列插入元素之后

3.4.6 链式队列

为了避免顺序队列在进行插入和删除操作时大量移动元素，造成效率低下，我们可以采用链式存储结构表示队列。采用链式存储结构的队列被称为链式队列或链队列。

1. 链式队列

一个链式队列通常用链表实现。同时，使用两个指针分别指向链表中存放的第一个元素的位置和最后一个元素的位置。其中指向第一个元素的位置的指针被称为队头指针 front，指向最后一个元素的指针被称为队尾指针 rear。链式队列的表示如图 3-31 所示。

有时，为了操作方便，我们在链式队列的第一个结点之前添加一个头结点，并让队头指针指向头结点。其中，头结点的数据域可以存放队列的元素个数信息，指针域指向链式队列的第一个结点。带头结点的链式队列如图 3-32 所示。

图 3-31　不带头结点的链式队列　　图 3-32　带头结点的链式队列

在带头结点的链式队列中，当队列为空时，队头指针 front 和队尾指针 rear 都指向头结点，如图 3-33 所示。

图 3-33　带头结点的链式队列为空时的情况

在链式队列中，最基本的操作是插入和删除操作。链式队列的插入和删除操作只需要移动队头指针和队尾指针，图 3-34 表示在队列中插入元素 a 的情况，图 3-35 表示在队列中插入元素 b、c 的情况，图 3-36 表示元素 a 出队的情况。

图 3-34　插入元素 a 的情况　　　图 3-35　插入元素 b、c 的情况

图 3-36　元素 a 出队列的情况

链式队列的结点类型描述如下：

```java
class QueueNode
{
    char data;
    QueueNode next;
    QueueNode(char data)
    {
        this.data = data;
        this.next = null;
    }
}
```

对于带头结点的链式队列，初始时需要生成一个结点：

```java
QueueNode QNode = new QueueNode('0');
```

然后令 front 和 rear 分别指向该结点，即：

```
front = QNode;
rear = QNode;
```

2. 链式循环队列

链式队列也可以构成循环队列，如图 3-37 所示。在这种链式循环队列中，可以只设置队尾指针，在这种情况下，队列 LQ 为空的判断条件为 LQ.rear.next==LQ.rear，链式循环队列为空时的情况如图 3-38 所示。

图 3-37 链式循环队列

图 3-38 链式循环队列为空时的情况

3.4.7 链式队列的实现

（1）队列的初始化。

```
public class LinkQueue
{
    QueueNode front,rear;
    LinkQueue()                    //初始化队列
    {
        QueueNode QNode = new QueueNode('0');
        front = QNode;
        rear = QNode;
    }
}
```

（2）判断队列是否为空。

```
public boolean QueueEmpty()
//判断链式队列是否为空，若队列为空，则返回true，否则返回false
{
    if(front == rear)        //若链式队列为空
        return true;         //则返回true
    else                     //否则
        return false;        //返回false
}
```

（3）入队操作。

```
public void EnQueue(char e)
//将元素e入队
{
    QueueNode pNode = new QueueNode(e);   //生成一个新结点，将元素值赋给结点的数据域
```

```
    rear.next = pNode;      //将原队列的队尾结点的指针指向新结点
    rear = pNode;           //将队尾指针指向新结点
}
```

（4）出队操作。

```
public char DeQueue() throws Exception
//将链式队列中的队头元素出队，返回该元素，若队列为空，则抛出异常
{
    if(QueueEmpty())            //在出队前，判断链式队列是否为空
    {
        throw new Exception("队列为空，不能出队操作");
    }
    else
    {
        QueueNode pNode = front.next;   //使 pNode 指向队头元素
        front.next = pNode.next;        //使头结点的 next 指向 pNode 的下一个结点
        if(pNode == rear)               //若要删除的是队尾结点，则使队尾指针指向队头
            rear = front;
        return pNode.data;              //返回出队元素
    }
}
```

（5）取队头元素。

```
public int getHead()
//取链式队列中的队头元素
{
    if (!QueueEmpty())              //若链式队列不为空
        return front.next.data;     //则返回队头元素
}
```

3.5 队列在杨辉三角中的应用

3.5.1 什么是杨辉三角

杨辉三角是一个由数字排列成的三角形数表，一个 8 阶的杨辉三角图形如图 3-39 所示。

```
              1
            1   1
          1   2   1
        1   3   3   1
      1   4   6   4   1
    1   5  10  10   5   1
  1   6  15  20  15   6   1
1   7  21  35  35  21   7   1
```

图 3-39 8 阶的杨辉三角

从上图可以看出，杨辉三角具有以下性质：

（1）第一行只有一个元素。

（2）第 i 行有 i 个元素。

（3）第 i 行最左端和最右端的元素为 1。

（4）第 i 行中间的元素是它上一行 i-1 行对应位置的元素与对应位置的前一个元素之和。

3.5.2　构造队列

杨辉三角的第 i 行元素是根据第 i-1 行元素得到的，杨辉三角的形成序列是具有先后顺序的，因此杨辉三角可以通过队列来构造。可以把杨辉三角分为 2 个部分来构造队列：所有的两端元素 1 作为已知部分，剩下的元素作为要构造的部分。我们可以通过循环队列来实现杨辉三角的打印，在循环队列中依次存入第 i-1 行元素，再利用第 i-1 行元素得到第 i 行元素，然后依次入队，同时第 i-1 行元素出队并打印输出。

从整体来考虑，利用队列构造杨辉三角的过程，其实就是利用上一层元素序列产生下一层元素序列并入队，然后将上一层元素出队并输出，接着由队列中的元素生成下一层元素，以此类推，直到生成最后一层元素并输出。我们以第 8 行元素为例来理解杨辉三角的具体构造过程。

（1）在第 8 行中，第一个元素先入队。假设队列为 Q，Q.queue[rear]=1，Q.rear=(Q.rear+1)% QUEUESIZE。

（2）第 8 行的中间 6 个元素通过第 7 行元素（已经入队）得到并入队。Q.queue[rear]= Q.queue[front]+Q.queue[front+1]，Q.rear=(Q.rear+1)% QUEUESIZ，Q.front=(Q.front+1)% QUEUESIZE。

（3）第 7 行最后一个元素出队，Q.front=(Q.front+1)% QUEUESIZE。

（4）第 8 行最后一个元素入队，Q.queue[rear]=1，Q.rear=(Q.rear+1)% QUEUESIZE。

至此，第 8 行的所有元素都已经入队。其他行的入队操作类似。

3.5.3　杨辉三角队列的实现

【例 3-4】打印杨辉三角。

【分析】注意在循环结束后，还有最后一行在队列中。在最后一行元素入队之后，要将其输出。打印杨辉三角可以利用两种方法实现，分别是利用顺序队列的基本算法实现和直接利用数组模拟队列实现。为了能够按照图 3-39 所示的形式正确输出杨辉三角的元素，设置一个临时数组 temp[QUEUESIZE]用来存储每一行的元素，利用函数将其输出。

打印杨辉三角可以使用顺序队列或链式队列的基本算法实现，也可以直接使用数组模拟队列实现。下面只给出打印杨辉三角的顺序队列实现，使用数组模拟队列实现留给读者自行完成。

```
public class YangHuiTriangleTest {
    int count;        //记录输出的行
    public void YangHuiTriangle(int N) throws Exception
    //顺序队列实现打印杨辉三角
    {
        int QUEUESIZE = 20;
```

```
        Integer temp[] = new Integer[QUEUESIZE];  //用于存放每一行的元素
        int k = 0;
        SeqQueue Q = new SeqQueue();        //初始化顺序队列
        Q.EnQueue(1);                       //第一行元素入队
        for (int i = 2; i < N + 1; i++)  //产生第 i 行元素并入队,同时将第 i-1 行元素保
存在临时数组中
        {
            k = 0;
            Q.EnQueue(1);                   //第 i 行的第一个元素入队
            for (int j = 1; j < i - 1; j++)  //利用队列中第 i - 1 行元素产生第 i 行的
中间 i - 2 个元素并入队
            {
                Integer t = Q.DeQueue();
                temp[k++] = t;              //将第 i - 1 行元素存入临时数组
                Integer e = Q.GetHead();  //取队头元素
                t = t + e;                  //利用队列中第 i - 1 行元素产生第 i 行元素
                Q.EnQueue(t);
            }
            Integer t = Q.DeQueue();
            temp[k++] = t;                  //将第 i - 1 行的最后一个元素存入临时数组
            PrintArray(temp, k, N);
            Q.EnQueue(1);                   //第 i 行的最后一个元素入队
        }
        k = 0;                              //将最后一行元素存入数组之前，要将下标 k 置为 0
        while (!Q.IsEmpty())                //将最后一行元素存入临时数组
        {
            Integer t = Q.DeQueue();
            temp[k++] = t;
            if (Q.IsEmpty())
                PrintArray(temp, k, N);
        }
    }
    public void PrintArray(Integer a[], int n, int N)
    //打印数组中的元素，使其以正确的形式输出
    {
        for(int i=0;i<N-count;i++)    //打印空格
            System.out.print("  ");
        count++;
        for(int i=0;i<n;i++)              //打印数组中的元素
            System.out.print(a[i]+"   ");
        System.out.println();
    }
    public static void main(String args[]) throws Exception {
        YangHuiTriangleTest Yanghui=new YangHuiTriangleTest();
        System.out.print("请输入要打印的行数: n=");
        Scanner sc=new Scanner(System.in);
        int n =sc.nextInt();
        Yanghui.YangHuiTriangle(n);
    }
}
```

程序运行结果如下。

```
请输入要打印的行数：n=8
                          1
                      1       1
                  1       2       1
              1       3       3       1
          1       4       6       4       1
      1       5      10      10       5       1
  1       6      15      20      15       6       1
1       7      21      35      35      21       7       1
```

思政元素： 栈和队列属于操作受限的线性表，栈和队列分别具有"后进先出"和"先进先出"的特性，这种特性也体现在我们的日常生活中，例如铁路调度、排队买票、排队买饭等。这就要求我们养成良好的规则意识，遵守法律法规、社会公德和职业道德，无规矩不成方圆，规则意识有助于我们养成良好的习惯。利用栈和队列的特点，可以很好地解决迷宫、图的拓扑排序、递归转换为非递归、算术表达式求值、进制转换等问题。一名合格的程序员不仅要熟知国家各项法律法规，还要严格遵守法律法规，恪守职业道德和职业规范。

3.6 小　　结

栈是一种只允许在线性表的一端进行插入和删除操作的线性表。

栈有两种存储方式：顺序存储和链式存储。栈的特点是后进先出，使栈在程序设计、编译处理中得到有效的利用。数制转换、括号匹配、表达式求值等问题都是利用栈的后进先出特性解决的。

在程序设计中，递归的实现是系统借助栈的特性来实现递归调用过程。由于递归的调用过程是借助栈的工作原理实现的，因此递归算法可利用栈进行模拟，从而消除递归。

队列只允许在线性表的一端进行插入操作，而在线性表的另一端进行删除操作。

队列也有两种存储方式：顺序存储和链式存储。采用顺序存储结构时，队列容易出现"假溢出"。为了解决所谓"假溢出"的现象，通过将顺序队列构造成循环队列，这样就可以充分利用顺序队列中的存储单元。

在关于树和图的遍历及应用中，经常会用到栈和队列，如二叉树的后序遍历、图的深度和广度优先遍历等。

第4章

串、数组与广义表

计算机上的非数值处理对象基本上都是字符串数据。字符串一般简称为串，它是一种重要的线性结构。数组与广义表都可以看作是线性数据结构的扩展。线性表、栈、队列、串的数据元素都是不可再分的原子类型，而数组中的数据元素是可以再分的。在进销存等事务处理中，顾客的姓名和地址、货物的名称、产地和规格都是字符串数据，信息管理系统、信息检索系统、问答系统、自然语言翻译程序等都是以字符串数据作为处理对象的。广义表被广泛地应用于人工智能等领域的表处理语言中。

重点内容：

- 串的存储表示与实现
- 串的模式匹配算法 —— Brute-Force 和 KMP
- 特殊矩阵、稀疏矩阵的压缩存储
- 稀疏矩阵的三元组表示及典型应用 —— 两个稀疏矩阵的相加
- 广义表的存储表示

4.1　串的定义及抽象数据类型

串（String）是仅由字符组成的一种特殊的线性表。

4.1.1　什么是串

串也称为字符串，是由零个或多个字符组成的有限序列。串是一种特殊的线性表，仅由字符组成。一般记作 S="$a_1a_2\cdots a_n$"。

其中，S 是串名，n 是串的长度。用双引号引起来的字符序列是串的值。a_i（$1 \leq i \leq n$）可以是字母、数字和其他字符。当 n=0 时，串称为空串。

串中任意连续的字符组成的子序列称为该串的子串。相应地，包含子串的串称为主串。通常将字符在串中的序号称为该字符在串中的位置。子串在主串中的位置以子串的第一个字符在主串中的位置来表示。

例如，有 4 个串 a="tinghua university"、b="tinghua"、c="university"、d="tinghuauniversity"。它

们的长度分别为 18、7、10、17，b 和 c 是 a 和 d 的子串，b 在 a 和 d 的位置都为 1，c 在 a 的位置是 9，c 在 d 的位置是 8。

只有当两个串的长度相等，且串中各个对应位置的字符均相等时，两个串才是相等的。也就是说，当且仅当这两个串的值是相等的。例如，上面的 4 个串 a、b、c、d 两两之间都不相等。

需要说明的是，串中的元素必须用一对双引号引起来，但是，双引号并不属于串，双引号的作用只是为了与变量名或常量进行区分。

例如，串 a="tinghua university"中，a 是一个串的变量名，字符序列 tinghua university 是串的值。

由一个或多个空格组成的串称为空格串。空格串的长度是串中空格字符的个数。请注意，空格串不是空串。

由于串是一种特殊的线性表，因此串的逻辑结构与线性表非常相似，区别仅在于串的数据对象为字符集合。

4.1.2　串的抽象数据类型

串的抽象数据类型定义了串中的数据对象、数据关系及基本操作。串的抽象数据类型定义如下：

```
ADT String
{
    数据对象: D={a_i|a_i∈CharacterSet, i=1, 2, …, n, n≥0}
    数据关系: R={<a_{i-1},a_i>|a_{i-1}, a_i∈D, i=2, 3, …, n}
    基本操作:
    (1) StrAssign(&S,cstr)
    初始条件: cstr 是字符串常量。
    操作结果: 生成一个其值等于 cstr 的串 S。
    (2) StrEmpty(S)
    初始条件: 串 S 已存在。
    操作结果: 若是空串, 则返回 1, 否则返回 0。
    (3) StrLength(S)
    初始条件: 串 S 已存在。
    操作结果: 返回串中的字符个数, 即串的长度。
    例如, S="I come from Beijing"
    T="I come from Shanghai"
    R="Beijing"
    V="Chongqing"
    StrLength(S)=19、StrLength(T)=20、StrLength(R)=7、StrLength(V)=9。
    (4) StrCopy(&T,S)
    初始条件: 串 S 已存在。
    操作结果: 由串 S 复制产生一个与 S 完全相同的另一个字符串 T。
    (5) StrCompare(S,T)
    初始条件: 串 S 和 T 已存在。
    操作结果: 比较串 S 和 T 的每个字符的 ASCII 值的大小, 若 S 的值大于 T, 则返回 1; 若 S 的值等
于 T, 则返回 0; 若 S 的值小于 T, 则返回-1。
    例如, StrCompare(S,T)=-1, 因为串 S 和串 T 比较到第 13 个字符时, 字符 B 的 ASCII 值小于
字符 S 的 ASCII 值, 所以返回-1。
    (6) StrInsert(&S,pos,T)
    初始条件: 串 S 和 T 已存在, 且 1≤pos≤StrLength(S)+1。
    操作结果: 在串 S 的 pos 个位置插入串 T, 若插入成功, 则返回 1, 否则返回 0。
```

例如，如果在串 S 中的第 3 个位置插入字符串"don't"后，即 StrInsert(S,3,"don't")，串 S="I don't come from Beijing"。

（7）StrDelete(&S,pos,len)

初始条件：串 S 已存在，且 1≤pos≤StrLength(S)- len+1。

操作结果：若在串 S 中删除第 pos 个字符开始、长度为 len 的字符串。若找到并删除成功，则返回 1，否则返回 0。

例如，若在串 S 中的第 13 个位置删除长度为 7 的字符串后，即 StrDelete(S,13,7)，则 S="I come from"。

（8）StrConcat(&T,S)

初始条件：串 S 和 T 已存在。

操作结果：将串 S 连接在串 T 的后面。若连接成功，则返回 1，否则返回 0。

例如，若将串 S 连接在串 T 的后面、即 StrCat(T,S)，则 T="I come from Shanghai I come from Beijing"。

（9）SubString(&Sub,S,pos,len)

初始条件：串 S 已存在，1≤pos≤StrLength(S)且 0≤len≤StrLength(S)- len+1。

操作结果：从串 S 中截取从第 pos 个字符开始，长度为 len 的连续字符，并赋值给 Sub。若截取成功，则返回 1，否则返回 0。

例如，若将串 S 中的第 8 个字符开始、长度为 4 的字符串赋值给 Sub，即 SubString(Sub,S,8,4)，则 Sub="from"。

（10）StrReplace(&S,T,V)

初始条件：串 S、T 和 V 已存在，且 T 为非空串。

操作结果：若在串 S 中存在子串 T，则用 V 替换串 S 中的所有子串 T。若替换操作成功，则返回 1，否则返回 0。

例如，若将串 S 中的子串 R 替换为串 V，即 StrReplace(S,R,V)，则 S="I come from Chongqing"。

（11）StrIndex(S,pos,T)

初始条件：串 S 和 T 存在，T 是非空串，且 1≤len≤StrLength(S)。

操作结果：若主串 S 中存在与串 T 的值相等的子串，则返回子串 T 在主串 S 中第 pos 个字符之后第一次出现的位置，否则返回 0。

例如，从串 S 中的第 4 个字符开始查找，若串 S 中存在与子串 R 相等的子串，则返回 R 在 S 中第一次出现的位置，即 StrIndex(S,4,R)=13。

（12）StrClear(&S)

初始条件：串 S 已存在。

操作结果：将 S 清为空串。

（13）StrDestroy(&S)

初始条件：串 S 已存在。

操作结果：将串 S 销毁。

}ADT String

4.2 串的存储表示

串有顺序存储和链式存储两种存储方式。最常用的是串的顺序存储结构，操作起来更为方便。

4.2.1 串的顺序存储结构

采用顺序存储结构的串称为顺序串，又称定长顺序串。顺序串可利用 Java 语言中的字符串或数组存放串值。利用数组存储字符串时，为了表示串中的实际元素个数，需要定义一个变量表示串的长度。

在 Java 语言中，可通过一对单引号或双引号引起来的字符表示字符串。例如：

str='Hello World!'

若采用 Java 中的串类型表示串，则确定串的长度有两种方法：一种方法是使用 len()函数求串的长度，另一种方法是增加一个变量 length 记录串的长度。

为了标识串"Hello World!"的长度，可引入变量 length 来存放串的长度。例如串"Hello World!"，在内存中用设置串的长度的方法表示如图 4-1 所示。

length=12

图 4-1　设置串长度的"Hello World!"在内存中的表示

在 Java 中，一旦定义了串，串中的字符就不可改变，因此采用数组存放串中的字符便于串的存取操作。串的顺序存储结构类型定义描述如下：

```
public class SeqString //定义字符串结构类型
{
    final int MAXSIZE=100;
    char str[];
    int length;

    SeqString(char s[]) {
        str=new char[MAXSIZE];
        for (int i = 0; i < s.length; i++)
            str[i] = s[i];
        length = s.length;
    }
}
```

其中，str 是存储串的数组，length 为串的长度。

4.2.2　串的链式存储结构

在顺序串中，对于串的插入操作、串的连接及串的替换操作，如果串的长度超过了 MaxLen，那么串会被截断处理。为了克服这些缺点，可以使用链式存储结构表示的串进行处理。

串的链式存储结构与线性表的链式存储结构类似，通过一个结点实现。结点包含两个域：数据域和指针域。采用链式存储结构的串称为链串。由于串的特殊性——每个元素只包含一个字符，因此每个结点可以存放一个字符，也可以存放多个字符。例如，一个结点包含 4 个字符，即结点大小为 4 的链串如图 4-2 所示。

图 4-2　一个结点包含 4 个字符的链串

由于串长不一定是结点大小的整数倍，因此链串中的最后一个结点不一定被串值占满，可以补上特殊的字符，如"#"。例如一个含有 10 个字符的链串，通过补上两个"#"填满数据域，如图 4-3 所示。

图 4-3　填充两个"#"的链串

一个结点大小为 1 的链串如图 4-4 所示。

图 4-4　结点大小为 1 的链串

为了方便串的操作，除了用链表实现串的存储外，还可以增加一个尾指针和一个表示串长度的变量。其中，尾指针指向链表（链串）的最后一个结点。因为块链的结点的数据域可以包含多个字符，所以串的链式存储结构也称为块链结构。

链串的类型定义如下：

```java
class Chunk            //串的结点类型定义
{
    final int ChunkSize=4;
    char ch[];
    Chunk next;
}
class LinkString    //链串的类型定义
{
    Chunk head,tail;
    int length;
}
```

其中，head 表示头指针，指向链串的第一个结点；tail 表示尾指针，指向链串的最后一个结点；length 表示链串中字符的个数。

4.3　串的模式匹配

串的模式匹配也称为子串的定位操作，即查找子串在主串中出现的位置。串的模式匹配主要有：朴素模式匹配算法——Brute-Force 及改进算法——KMP。

4.3.1　朴素模式匹配算法——Brute-Force

子串的定位操作串通常称为模式匹配，是各种串处理系统中最重要的操作之一。设有主串 S 和子串 T，若在主串 S 中找到一个与子串 T 相等的串，则返回串 T 的第一个字符在串 S 中的位置。其中，主串 S 又称为目标串，子串 T 又称为模式串。

Brute-Force 算法的思想是从主串 $S="s_0s_1\cdots s_{n-1}"$ 的第 pos 个字符开始与模式串 $T="t_0t_1\cdots t_{m-1}"$ 的第一个字符比较，若相等，则继续逐个比较后续字符，否则从主串的下一个字符开始重新与模式串 T

的第一个字符比较,以此类推。若在主串 S 中存在与模式串 T 相等的连续字符序列,则匹配成功,函数返回模式串 T 中第一个字符在主串 S 中的位置,否则函数返回-1 表示匹配失败。

例如,主串 S="abaababaddecab",子串 T="abad",S 的长度为 n=13,T 的长度为 m=4。用变量 i 表示主串 S 中当前正在比较的字符的下标,变量 j 表示子串 T 中当前正在比较的字符的下标。模式匹配的过程如图 4-5 所示。

图 4-5　Brute-Force 模式的匹配过程

假设串采用顺序存储方式存储,则 Brute-Force 匹配算法如下:

```
public int B_FIndex(SeqString S,SeqString T,int pos)
{
//从主串 S 的第 pos 个位置开始查找模式串 T,若找到,则返回子串在主串的位置;否则返回-1
    int i = pos - 1;
    int j = 0;
    count=0;
    while (i < S.length && j < T.length) {
        if (S.str[i] == T.str[j])  //若串 S 和串 T 中的对应位置字符相等,则继续比较下一
个字符
```

```
    {
        i += 1;
        j += 1;
    }
    else      //若当前对应位置的字符不相等，则从串 S 的下一个字符开始，T 的第 0 个字符开
始比较
    {
        i = i - j + 1;
        j = 0;
    }
    count++;
}
if(j >= T.length)        //若在 S 中找到串 T，则返回子串 T 在主串 S 的位置
    return i - j + 1;
else
    return -1;
}
```

Brute-Force 匹配算法简单且容易理解，并且进行某些文本处理时，效率也比较高，如检查" Welcome"
是否存在于主串"Nanjing University is a comprehensive university with a long history. Welcome to
Nanjing University."中时，上述算法中 while 循环次数（进行单个字符比较的次数）为 79（70+1+8），
除了遇到主串中呈黑体的"w"字符，需要比较两次外，其他每个字符均只和模式串比较了一次。在这
种情况下，此算法的时间复杂度为 O(n+m)。其中，n 和 m 分别为主串和模式串的长度。

然而，在有些情况下，该算法的效率却很低。例如设主串 S="aaaaaaaaaaaaaab"，模式串 T="aaab"。
其中，n=14，m=4。因为模式串的前 3 个字符是"aaa"，主串的前 13 个字符是"aaaaaaaaaaaaa"，每趟
比较模式串的最后一个字符与主串中的字符不相等，所以均需要将主串的指针回退，从主串的下一
个字符开始与模式串的第一个字符重新比较。在整个匹配过程中，主串的指针需要回退 9 次，匹配
不成功的比较次数是 10×4，成功匹配的比较次数是 4 次，因此总的比较次数是 10×4+4=11×4，
即(n−m+1)m。

可见，Brute-Force 匹配算法在最好的情况下，主串的前 m 个字符刚好与模式串相等，时间复杂
度为 O(m)；在最坏的情况下，Brute-Force 匹配算法的时间复杂度是 O(n*m)。

在 Brute-Force 算法中，即使主串与模式串已有多个字符经过比较相等，只要有一个字符不相等，
就需要将主串的比较位置回退。

4.3.2　改进算法——KMP 算法

KMP 算法是由 D.E.Knuth、J.H.Morris、V.R.Pratt 共同提出的，因此称为 KMP（Knuth-Morris-Pratt）
算法。KMP 算法在 Brute-Force 算法的基础上有较大改进，可在 O(n+m)时间数量级上完成串的模式
匹配，主要的改进是消除了主串指针的回退，使算法效率有了很大程度的提高。

1. KMP 算法的思想

KMP 算法的基本思想是在每一趟匹配过程中出现字符不等时，不需要回退主串的指针，而是利
用已经得到的前面部分匹配的结果，将模式串向右滑动若干字符后，继续与主串中的当前字符进行
比较。

　　到底向右滑动多少个字符呢？仍然假设主串 S="abaababaddecab"，子串 T="abad"。KMP 算法的匹配过程如图 4-6 所示。

图 4-6　KMP 算法的匹配过程

　　从图 4-6 中可以看出，KMP 算法的匹配次数由原来的 6 次减少为 4 次。在第一次匹配的过程中，当 $i=3$、$j=3$ 时，主串中的字符与子串中的字符不相等，Brute-Force 算法从 $i=1$、$j=0$ 开始比较。而这种将主串的指针回退的比较是没有必要的，在第一次比较遇到主串与子串中的字符不相等时，有 $S_0=T_0$="a"，$S_1=T_1$="b"，$S_2=T_2$="a"，$S_3\neq T_3$。因为 $S_1=T_1$ 且 $T_0\neq T_1$，所以 $S_1\neq T_0$，S_1 与 T_0 不必比较。又因为 $S_2=T_2$ 且 $T_0=T_2$，有 $S_2=T_0$，所以从 S_3 与 T_1 开始比较。

　　同理，在第三次比较主串中的字符与子串中的字符不相等时，只需要将子串向右滑动两个字符，进行 $i=5$、$j=0$ 的字符比较。在整个 KMP 算法中，主串中的 i 指针没有回退。

　　下面来讨论一般情况。假设主串 S="$s_0s_1\cdots s_{n-1}$"，T="$t_0t_1\cdots t_{m-1}$"。在模式匹配过程中，如果出现字符不匹配的情况，即当 $S_i\neq T_j$（$0\leq i<n$，$0\leq j<m$）时，有：

$$"s_{i-j}s_{i-j+1}\cdots s_{i-1}"="t_0t_1\cdots t_{j-1}"$$

假设子串（模式串）存在可重叠的真子串，即：

$$"t_0t_1\cdots t_{k-1}"="t_{j-k}t_{j-k+1}\cdots t_{j-1}"$$

也就是说，子串中存在从 t_0 开始到 t_{k-1} 与从 t_{j-k} 到 t_{j-1} 的重叠子串，从而存在主串"$s_{i-k}s_{i-k+1}\cdots s_{i-1}$"与子串"$t_0t_1\cdots t_{k-1}$"相等，如图 4-7 所示。因此，下一次可以直接从比较 s_i 和 t_k 开始。

图 4-7　在子串有重叠时主串与子串的模式匹配

若令 next[j]=k，则 next[j]表示当子串中的第 j 个字符与主串中的对应字符不相等时，下一次子串需要与主串中该字符进行比较的字符的位置。子串（模式串）中的 next 函数定义如下：

$$next[j]=\begin{cases} -1 & \text{当j=0时} \\ Max\{k\,|\,0<k<j\text{且}"t_0t_1\cdots t_{k-1}"="t_{j-k}t_{j-k+1}\cdots t_{j-1}"\} & \text{当存在真子串时} \\ 0 & \text{其他情况} \end{cases}$$

其中，第一种情况，next[j]的函数是为了方便算法设计而定义的；第二种情况，若子串（模式串）中存在重叠的真子串，则 next[j]的取值就是 k，即模式串的最长子串的长度；第三种情况，若模式串中不存在重叠的子串，则从子串的第一个字符开始比较。

KMP 算法的模式匹配过程：若模式串 T 中存在真子串"$t_0t_1\cdots t_{k-1}$"="$t_{j-k}t_{j-k+1}\cdots t_{j-1}$"，当模式串 T 与主串 S 的 s_i 不相等时，则按照 next[j]=k 将模式串向右滑动，从主串的 s_i 与模式串的 t_k 开始比较。若 s_i=t_k，则主串与子串的指针各自增 1，继续比较下一个字符。若 s_i≠t_k，则按照 next[next[j]]将模式串继续向右滑动，将主串中的 s_i 与模式串中的 next[next[j]]字符进行比较。若仍然不相等，则按照以上方法将模式串继续向右滑动，直到 next[j]=−1 为止。这时，模式串不再向右滑动，比较 s_{i+1} 与 t_0。利用 next 函数的模式匹配过程如图 4-8 所示。

图 4-8　利用 next 函数的模式匹配过程

利用模式串 T 的 next 函数值，求 T 在主串 S 中第 pos 个字符之后的位置，其 KMP 算法描述如下：

```
public int KMP_Index(SeqString S, SeqString T, int pos,int next[])
//KMP 模式匹配算法。利用模式串 T 的 next 函数在主串 S 中的第 pos 个位置开始查找模式串 T，若找
到，则返回模式串在主串的位置，否则返回-1
{
    int i = pos - 1;
    int j = 0;
    count=0;
    while(i<S.length && j<T.length)
    {
        if (j == -1 || S.str[i] == T.str[j]) //若 j = -1 或当前字符相等，则继续比较
后面的字符
        {
            i += 1;
            j += 1;
        }
        else            //若当前字符不相等，则将模式串向右移动
        {
            j = next[j];  //数组 next 保存 next 函数值
        }
        count++;
    }
    if(j >= T.length)   //若匹配成功，则返回子串在主串中的位置
        return i - T.length + 1;
    else            //否则返回-1
        return -1;
}
```

2. 求 next 函数值

KMP 匹配算法建立在模式串的 next 函数值已知的基础上。下面来讨论如何求模式串的 next 函数值。

从前面的分析可以看出，模式串的 next 函数值的取值与主串无关，仅与模式串相关。根据模式串 next 函数的定义，next 函数值可用递推的方法得到。

设 next[j]=k，表示在模式串 T 中存在以下关系：

$$"t_0t_1 \cdots t_{k-1}"="t_{j-k}t_{j-k+1} \cdots t_{j-1}"$$

其中，$0<k<j$，k 为满足等式的最大值，即不可能存在 k'>k 满足以上等式。计算 next[j+1] 的值可能有如下两种情况出现。

（1）若 $t_j=t_k$，则表示在模式串 T 中满足关系 $"t_0t_1 \cdots t_k"="t_{j-k}t_{j-k+1} \cdots t_j"$，并且不可能存在 k'>k 满足以上等式。因此，有 next[j+1]=k+1，即 next[j+1]=next[j]+1。

（2）若 $t_j \neq t_k$，则表示在模式串 T 中满足关系 $"t_0t_1 \cdots t_k" \neq "t_{j-k}t_{j-k+1} \cdots t_j"$。在这种情况下，可以把求 next 函数值的问题看成一个模式匹配的问题。目前已经有 $"t_0t_1 \cdots t_{k-1}"="t_{j-k}t_{j-k+1}t_{j-1}"$，但是 $t_j \neq t_k$，把模式串 T 向右滑动到 k'=next[k]，若有 $t_j=t_{k'}$，则表示模式串中有 $"t_0t_1 \cdots t_{k'}"="t_{j-k'}t_{j-k'+1} \cdots t_j"$，因此有 next[j+1]=k'+1，即 next[j+1]=next[k]+1。

若 $t_j \neq t_{k'}$，则将模式串继续向右滑动到第 next[k'] 个字符与 t_j 比较。若仍不相等，则将模式串继续向右滑动到下标为 next[next[k']] 的字符与 t_j 比较。以此类推，直到 t_j 和模式串中某个字符匹配成功或不存在任何 k'(1<k'<j) 满足 "$t_0t_1 \cdots t_{k'}$"="$t_{j-k'}t_{j-k'+1} \cdots t_j$"，则有 next[j+1]=0。

以上讨论的是如何根据 next 函数的定义递推得到 next 函数值。例如，模式串 T="cbcaacbcbc" 的 next 函数值如表 4-1 所示。

表4-1 模式串"cbcaacbcbc"的next函数值

j	0	1	2	3	4	5	6	7	8	9
模式串	c	b	c	a	a	c	b	c	b	c
next[j]	-1	0	0	1	0	0	1	2	3	2

在表 4-1 中，若已经求得前 3 个字符的 next 函数值，现在求 next[3] 的值，因为 next[2]=0，且 $t_2=t_0$，则 next[3]=next[2]+1=1。接着求 next[4] 的值，因为 $t_2=t_0$，但 "t_2t_3"≠"t_0t_1"，所以需要将 t_3 与下标为 next[1]=0 的字符（t_0）比较，因为 $t_0 \neq t_3$，所以 next[4]=0。

同理，在求得 next[8]=3 后，如何求 next[9] 的值？因为 next[8]=3，但 $t_8 \neq t_3$，所以比较 t_1 与 t_8 的值是否相等（next[3]=1），若 $t_1=t_8$，则 next[9]=k'+1=1+1=2。

求 next 函数值的算法描述如下：

```java
public void GetNext(SeqString T, int next[])
//求模式串 T 的 next 函数值并存入数组 next
{
    int j = 0;
    int k = -1;
    next[0] = -1;
    while(j<T.length -1)
    {
        if (k == -1 || T.str[j] == T.str[k]) //若 k=-1 或当前字符相等，则继续比较后
面的字符，将函数值存入 next
        {
            j += 1;
            k += 1;
            next[j] = k;
        }
        else              //若当前字符不相等，则将模式串向右移动继续比较
            k = next[k];
    }
}
```

求 next 函数值的算法的时间复杂度是 O(m)。一般情况下，模式串的长度比主串的长度要短得多，因此，对整个字符串的匹配来说，增加这点时间是值得的。

3. 改进的求 next 函数值的算法

上述求 next 函数值的算法有时存在缺陷。例如，主串 S="aaaacabacaaaba" 与模式串 T="aaaab" 进行匹配时，当 i=4、j=4 时，$s_4 \neq t_4$，而因为 next[0]=-1、next[1]=0、next[2]=1、next[3]=2、next[4]=3，所以需要将主串的 s_4 与子串的 t_3、t_2、t_1、t_0 依次进行比较。因为模式串中的 t_3 与 t_0、t_1、t_2 都相等，

没有必要将这些字符与主串的 s_3 进行比较，所以直接将 s_4 与 t_0 进行比较即可。

一般情况下，在求得 next[j]=k 后，若模式串中的 $t_j=t_k$，则当主串中的 $s_i \ne t_j$ 时，不必再将 s_i 与 t_k 比较，直接与 $t_{next[k]}$ 比较即可。因此，可以对求 next 函数值的算法进行修正，即在求得 next[j]=k 之后，判断 t_j 是否与 t_k 相等，若相等，则继续将模式串向右滑动，使得 k'=next[k]，判断 t_j 是否与 t_k 相等，直到两者不相等为止。

例如，模式串 T="abcdabcdabd" 的函数值与改进后的函数值对比如表 4-2 所示。

表4-2 模式串T="abcdabcdabd"的函数值与改进后的函数值对比

j	0	1	2	3	4	5	6	7	8	9	10
模式串	a	b	c	d	a	b	c	d	a	b	d
next[j]	-1	0	0	0	0	1	2	3	4	5	6
nextval[j]	-1	0	0	0	-1	0	0	0	-1	0	6

其中，nextval[j] 中存放改进后的 next 函数值。在表 4-2 中，若主串中对应的字符 s_i 与模式串 T 对应的 t_8 失配，则应取 $t_{next[8]}$ 与主串的 s_i 比较，即 t_4 与 s_i 比较，因为 $t_4=t_8$='a'，所以一定与 s_i 失配，取 $t_{next[4]}$ 与 s_i 比较，即 t_0 与 s_i 比较，又因为 t_0='a'，所以必然与 s_i 失配，取 next[0]=-1，这时模式串停止向右滑动。其中，t_4、t_0 与 s_i 比较是没有意义的，所以需要修正 next[8] 和 next[4] 的值为-1。同理，用类似的方法修正其他 next 函数值。

求 next 函数值的改进算法描述如下：

```
public void GetNextVal(SeqString T,int nextval[])
//求模式串 T 的 next 函数值的修正值并存入数组 nextval
{
    int j = 0;
    int k = -1;
    nextval[0] = -1;
    while(j<T.length -1)
    {
        if (k == -1 || T.str[j] == T.str[k]) //若 k = -1 或当前字符相等，则继续比较
后面的字符并将函数值存入 nextval
        {
            j = j + 1;
            k = k + 1;
            if (T.str[j] != T.str[k])        //若所求的 nextval[j] 与已有的 nextval[k]
不相等，则将 k 存放在 nextval 中
                nextval[j] = k;
            else
                nextval[j] = nextval[k];
        }
        else          //若当前字符不相等，则将模式串向右移动继续比较
            k = nextval[k];
    }
}
```

注意：本章在讨论串的实现及主串与模式串的匹配问题时，均将串从下标为 0 开始计算，与 Java 语言中的数组起始下标一致。

4.3.3 模式匹配应用举例

【例 4-1】编写程序比较 Brute-Force 算法与 KMP 算法的效果。例如主串 S="cabaadcabaababaabacabababab"，模式串 T="abaabacababa"，统计 Brute-Force 算法与 KMP 算法在匹配过程中的比较次数，并输出模式串的 next 函数值与 nextval 函数值。

【分析】通过主串的模式匹配比较 Brute-Force 算法与 KMP 算法的效果。朴素的 Brute-Force 算法是常用的算法，毕竟它不需要计算 next 函数值。KMP 算法在模式串与主串存在许多部分匹配的情况下，其优越性才会显示出来。

主函数部分主要包括头文件的引用、函数的声明、主函数及打印输出的实现，程序代码如下：

```java
public void PrintArray (SeqString S, SeqString T, int next[], int nextval[],
int length)
//模式串 T 的 next 值与 nextval 值的输出函数
{
    System.out.print("j:\t\t\t\t");
    for(int j=0;j<length;j++)
        System.out.print(j+" ");
    System.out.println();
    System.out.print("模式串:\t\t\t");
    for(int j=0;j<length;j++)
        System.out.print(T.str[j]+" ");
    System.out.println();
    System.out.print("next[j]:\t\t");
    for(int j=0;j<length;j++)
        System.out.print(next[j]+" ");
    System.out.println();
    System.out.print("nextval[j]:\t\t");
    for(int j=0;j<length;j++)
        System.out.print(nextval[j]+" ");
    System.out.println();
}
public static void main(String args[])
{
    String Str1=new String("cabaadcabaababaabacabababab");
    String Str2=new String("abaabacababa");
    SeqString S= new SeqString(Str1.toCharArray());     //给主串 S 赋值
    SeqString T = new SeqString(Str2.toCharArray());    //给模式串 T 赋值
    int next[]=new int[Str2.length()];
    int nextval[]=new int[Str2.length()];
    StringMatch M=new StringMatch();
    M.GetNext(T,next);           //求 next 函数值
    M.GetNextVal(T,nextval);    //求改进后的 next 函数值
    System.out.println("模式串 T 的 next 值和改进后的 next 值:");
    M.PrintArray(S,T,next,nextval,T.length);//输出模式串 T 的 next 值和 nextval 值
    int find= M.B_FIndex(S,T,1);               //朴素模式串匹配
    if (find > 0)
        System.out.println("Brute-Force 算法的比较次数为:"+count);
    find= M.KMP_Index(S,T,1, next);
```

```
    if (find > 0)
        System.out.println("利用 next 的 KMP 算法的比较次数为:"+count);
    find = M.KMP_Index(S,T,1, nextval);
    if (find > 0)
        System.out.println("利用 nextval 的 KMP 匹配算法的比较次数为:"+count);
}
```

程序运行结果如下。

```
模式串 T 的 next 值和改进后的 next 值:
j:          0 1 2 3 4 5 6 7 8 9 10 11
模式串:     a b a a b a c a b a b a
next[j]:    -1 0 0 1 1 2 3 0 1 2 3 2
nextval[j]: -1 0 -1 1 0 -1 3 -1 0 -1 3 -1
Brute-Force 算法的比较次数为: 40
利用 next 的 KMP 算法的比较次数为: 31
利用 nextval 的 KMP 匹配算法的比较次数为: 30
```

4.4　数组的定义及抽象数据类型

数组（Array）中的元素可以是原子类型，也可以是一个线性表。

4.4.1　数组的基本概念

数组是由 n 个类型相同的数据元素组成的有限序列。其中，这 n 个数据元素占用一块地址连续的存储空间。数组中的数据元素可以是原子类型的，如整型、字符型、浮点型等，这种类型的数组称为一维数组，也可以是一个线性表，这种类型的数组称为二维数组。二维数组可以看成是线性表的线性表。

一个含有 n 个元素的一维数组可以表示成线性表 $A=(a_0,a_1,\cdots,a_{n-1})$。其中，$a_i(0 \leqslant i \leqslant n-1)$ 是表 A 中的元素，n 表示表中的元素个数。

一个 m 行 n 列的二维数组可以看成是一个线性表，其中数组中的每个元素也是一个线性表。例如，$A=(p_0,p_1,\cdots,p_r)$，其中 r=n-1。表中的每个元素 $p_j(0 \leqslant j \leqslant r)$ 又是一个列向量表示的线性表，$p_j=(a_{0,j},a_{1,j},\cdots,a_{m-1,j})$，其中 $0 \leqslant j \leqslant n-1$。因此，这样的 m 行 n 列的二维数组可以表示成由列向量组成的线性表，如图 4-9 所示。

$$A= (\quad p_0 \quad p_2 \quad \cdots \quad p_{n-1})$$

$$A_{m \times n} = \begin{bmatrix} a_{0,0} & a_{0,1} & \cdots & a_{0,n-1} \\ a_{1,0} & a_{1,1} & \cdots & a_{1,n-1} \\ \vdots & \vdots & & \vdots \\ a_{m-1,0} & a_{m-1,1} & \cdots & a_{m-1,n-1} \end{bmatrix}$$

图 4-9　二维数组以列向量表示

在图 4-9 中，二维数组的每一列可以看成是线性表中的每一个元素。线性表 A 中的每一个元素

$p_j(0\leqslant j\leqslant r)$是一个列向量。同样，还可以把图 4-9 中的矩阵看成是一个由行向量构成的线性表：$B=(q_0,q_1,\cdots,q_s)$，其中，$s=m-1$。q_i 是一个行向量，即 $q_i=(a_{i,0},a_{i,1},\cdots,a_{i,n-1})$，如图 4-10 所示。

图 4-10　二维数组以行向量表示

同理，一个 n 维数组也可以看成是一个线性表，其中线性表中的每个数据元素是 n-1 维的数组。n 维数组中的每个元素处于 n 个向量中，每个元素有 n 个前驱元素，也有 n 个后继元素。

4.4.2　数组的抽象数据类型

数组的抽象数据类型定义了栈中的数据对象、数据关系及基本操作。数组的抽象数据类型定义如下：

```
ADT Array
{
    数据对象：D={a_{j₁j₂…jₙ}|n(>0) 称为数组的维数，jᵢ是数组的第 i 维下标，1≤jᵢ≤bᵢ，其中，bᵢ为
数组第 i 维的长度，a_{j₁j₂…jₙ}∈Elementset}。
    数据关系：R={R₁,R₂,…,Rₙ}
    R={<a_{j₁…jᵢ…iₙ},a_{j₁…jᵢ+1…iₙ}>|1≤jₖ≤bₖ,1≤k≤n 且 k≠i，1≤jᵢ≤bᵢ₋₁，a_{j₁…jᵢ…iₙ},a_{j₁…jᵢ+1…iₙ}∈D,
i=1,…,n}
    基本操作：
    （1）InitArray(&A,n,bound1,…,boundn)
    若维数和各维的长度合法，则构造数组 A，并返回 1，表示成功。
    （2）DestroyArray(&A)
    销毁数组 A。
    （3）GetValue(A,&e,index1,…,indexn)
    若下标合法，则将数组 A 中对应的元素赋给 e，并返回 1，表示成功。
    （4）SetValue(&A,e,index1,…,indexn)
    若下标合法，则将数组 A 中由下标 index1,…,indexn 指定的元素值置为 e。
    （5）LocateArray(A,ap,&offset)
    根据数组的元素下标，求出该元素在数组中的相对地址。
}ADT Array
```

4.4.3　数组的顺序存储结构

计算机中的存储器结构是一维（线性）结构，而数组是多维结构，如果要将一个多维结构存放在一个一维的存储单元中，就需要先将多维的数组转换成一个一维线性序列，这样才能将其存放在存储器中。

数组的存储方式有两种：一种是以行序为主序（Row Major Order）的存储方式，另一种是以列序为主序（Column Major Order）的存储方式，对于如图 4-11 所示的数组 A 来说，二维数组 A 以行

序为主序的存储顺序为 $a_{0,0},a_{0,1},\cdots,a_{0,n-1},a_{1,0},a_{1,1},\cdots,a_{1,n-1},\cdots,a_{m-1,0},a_{m-1,1},\cdots,a_{m-1,n-1}$，以列序为主序的存储顺序为 $a_{0,0},a_{1,0},\cdots,a_{m-1,0},a_{0,1},a_{1,1},\cdots,a_{m-1,1},\cdots,a_{0,n-1},a_{1,n-1},\cdots,a_{m-1,n-1}$。

根据数组的维数和各维的长度就能为数组分配存储空间。因为数组中的元素连续存放，所以任意给定一个数组的下标，就可以求出相应数组元素的存储位置。

以行序为主序的数组存储形式　　　　以列序为主序的数组存储形式

图 4-11　数组在内存中的存储形式

下面说明以行序为主序的数组元素的存储地址与数组的下标之间的关系。设每个元素占 m 个存储单元，则二维数组 A 中的任何一个元素 a_{ij} 的存储位置可以由以下公式确定：

Loc(i, j)=Loc(0,0)+(i×n+j)×m

其中，Loc(i, j)表示元素 a_{ij} 的存储地址，Loc(0,0)表示元素 a_{00} 的存储地址，即二维数组的起始地址（也称为基地址）。

推广到更一般的情况，可以得到 n 维数组中数据元素的存储地址与数组的下标之间的关系为
Loc($j_1,j_2,\cdots,j_n$)=Loc(0,0,$\cdots$,0)+($b_1*b_2*\cdots*b_{n-1}*j_0+b_2*b_3*\cdots*b_{n-1}*j_1+\cdots+b_{n-1}*j_{n-2}+j_{n-1}$)*L。

其中，b_i（$1 \leqslant i \leqslant n-1$）是第 i 维的长度，$j_i$ 是数组的第 i 维下标。

4.4.4　特殊矩阵的压缩存储

矩阵是科学计算、工程数学，尤其是数值分析经常研究的对象。在高级语言中，通常使用二维数组来存储矩阵。在有些高阶矩阵中，非零元素非常少，此时使用二维数组将造成存储空间的浪费，这时可只存储部分元素，从而提高存储空间的利用率。这种存储方式称为矩阵的压缩存储。所谓压缩存储，指的是为多个相同值的元素只分配一个存储单元，对值为零的元素不分配存储单元。

非零元素非常少（远小于 m×n）或元素分布呈一定规律的矩阵称为特殊矩阵。

1. 对称矩阵的压缩存储

若一个 n 阶矩阵 A 中的元素满足 $a_{ij}=a_{ji}$($0\leqslant i, j\leqslant n-1$)，则称这种矩阵为 n 阶对称矩阵。

对于对称矩阵，每一对对称元素的值是相同的，只需要为每一对对称元素其中之一分配一个存储空间，就可以用 n(n+1)/2 个存储单元存储 n^2 个元素。n 阶对称矩阵 A 和下三角矩阵如图 4-12 所示。

$$A_{m\times n} = \begin{bmatrix} a_{0,0} & a_{0,1} & \cdots & a_{0,n-1} \\ a_{1,0} & a_{1,1} & \cdots & a_{1,n-1} \\ \vdots & \vdots & & \vdots \\ a_{n-1,0} & a_{n-1,1} & \cdots & a_{n-1,n-1} \end{bmatrix} \qquad A_{m\times n} = \begin{bmatrix} a_{0,0} & & & \\ a_{1,0} & a_{1,1} & & \\ \vdots & \vdots & \ddots & \\ a_{n-1,0} & a_{n-1,1} & \cdots & a_{n-1,n-1} \end{bmatrix}$$

对称矩阵 　　　　　　　　　　　　下三角矩阵

图 4-12　n 阶对称矩阵与下三角矩阵

假设用一维数组 s 存储对称矩阵 A 的上三角或下三角元素，则一维数组 s 的下标 k 与 n 阶对称矩阵 A 的元素 a_{ij} 之间的对应关系为 $k = \begin{cases} \dfrac{i(i+1)}{2}+j, & 当 i \geqslant j \\[2mm] \dfrac{j(j+1)}{2}+i, & 当 i < j \end{cases}$。

当 $i\geqslant j$ 时，矩阵 A 以下三角形式存储，$\dfrac{i(i+1)}{2}+j$ 为矩阵 A 中元素的线性序列编号；当 $i<j$ 时，矩阵 A 以上三角形式存储，$\dfrac{j(j+1)}{2}+i$ 为矩阵 A 中元素的线性序列编号。任意给定一组下标(i, j)，就可以确定矩阵 A 在一维数组 s 中的存储位置。s 称为 n 阶对称矩阵 A 的压缩存储。

矩阵的下三角元素的压缩存储表示如图 4-13 所示。

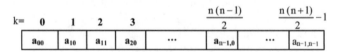

图 4-13　对称矩阵的压缩存储

2. 三角矩阵的压缩存储

三角矩阵可分为上三角矩阵和下三角矩阵。其中，下三角元素均为常数 C 或零的 n 阶矩阵称为上三角矩阵，上三角元素均为常数 C 或零的 n 阶矩阵称为下三角矩阵。n×n 的上三角矩阵和下三角矩阵如图 4-14 所示。

$$A_{m\times n} = \begin{bmatrix} a_{0,0} & a_{0,1} & \cdots & a_{0,n-1} \\ & a_{1,1} & \cdots & a_{1,n-1} \\ & C & \ddots & \vdots \\ & & & a_{n-1,n-1} \end{bmatrix} \qquad A_{m\times n} = \begin{bmatrix} a_{0,0} & & & \\ a_{1,0} & a_{1,1} & C & \\ \vdots & \vdots & \ddots & \\ a_{n-1,0} & a_{n-1,1} & \cdots & a_{n-1,n-1} \end{bmatrix}$$

上三角矩阵 　　　　　　　　　　　　下三角矩阵

图 4-14　上三角矩阵与下三角矩阵

下三角矩阵的存储元素与上三角矩阵的压缩存储类似。若用一维数组来存储三角矩阵，则需要

存储 $n(n+1)/2+1$ 个元素。一维数组的下标 k 与矩阵的下标 (i, j) 的对应关系如下：

$$k=\begin{cases}\dfrac{i(2n-i+1)}{2}+j-i, & \text{当} i\leqslant j \text{时}\\[2mm]\dfrac{n(n+1)}{2}, & \text{当} i>j\text{时}\end{cases}\qquad k=\begin{cases}\dfrac{i(i+1)}{2}+j, & \text{当} i\geqslant j\text{时}\\[2mm]\dfrac{n(n+1)}{2}, & \text{当} i<j\text{时}\end{cases}$$

上三角矩阵　　　　　　　　　下三角矩阵

其中，第 $k=\dfrac{n(n+1)}{2}$ 个位置存放的是常数 C 或者零元素。上述公式可根据等差数列推导得出。

$$A_{5\times5}=\begin{bmatrix}1&2&3&4&5\\0&6&7&8&9\\0&0&10&11&12\\0&0&0&13&14\\0&0&0&0&15\end{bmatrix}$$

关于以行序为主序与以列序为主序压缩存储相互转换的情况，设有一个 $n\times n$ 的上三角矩阵 A 的上三角元素已按行序为主序连续存放在数组 b 中，请设计一个算法 trans 将 b 中的元素按列序为主序连续存放在数组 c 中。当 $n=5$ 时，矩阵 A 如图 4-15 所示。

图 4-15　5×5 上三角矩阵

其中，b=(1,2,3,4,5,6,7,8,9,10,11,12,13,14,15)，c=(1,2,6,3,7,10,4,8,11,13,5,9,12,14,15)，如何根据数组 b 得到 c 呢？

分析：本题主要考查特殊矩阵的压缩存储中对数组下标的灵活使用程度。用 i 和 j 分别表示矩阵中元素的行列下标，用 k 表示压缩矩阵 b 元素的下标。解答本题的关键是找出以行序为主序和以列序为主序的数组下标的对应关系（初始时，i=0, j=0, k=0），即 c[j*(j+1)/2+i]=b[k]，其中，j*(j+1)/2+i 就是根据等差数列得出的。根据这种对应关系，直接把 b 中的元素赋给 c 中对应的位置即可。但是读出 c 中一列（b 中的一行、元素 1、2、3、4、5）之后，还要改变行下标 i 和列下标 j，开始读 6、7、8 元素时，列下标 j 需要从 1 开始，行下标 i 也需要增加 1。以此类推，可以得出修改行下标和列下标的办法为：当一行还没有结束时，j+=1；否则 i+=1 并修改下一行的元素个数及 i、j 的值，直到 k=n(n+1)/2 为止。

根据以上分析，相应的压缩矩阵转换算法如下：

```
void trans(int b[],int c[],int n)
//将 b 中的元素按列序为主序连续存放到数组 c 中
{
    int step=n;
    int count=0;
    int i=0;
    int j=0;
    int c[]=new int[n*(n+1)/2)];
    for(int k=0;k<n*(n+1)/2;k++)
    {
        count++;                //记录一行是否读完
        c[j*(j+1)/2+i)] = b[k]; //把以行序为主序的数组存放到对应以列序为主序的数组中
        if(count==step)         //一行读完后
        {
            step--;
            count=0;            //下一行重新开始计数
            i++;                //下一行的开始行
            j=n-step;           //一行读完后，下一轮的开始列
```

```
        }
        else
            j++;                        //一行还没有读完，继续下一列的数
    }
}
```

3. 对角矩阵的压缩存储

对角矩阵（也叫带状矩阵）是另一类特殊的矩阵。所谓对角矩阵，就是所有的非零元素都集中在以主对角线为中心的带状区域内（对角线的个数为奇数）。也就是说，除了主对角线和主对角线上、下若干条对角线上的元素外，其他元素的值均为零。一个 3 对角矩阵如图 4-16 所示。

通过观察，可以发现对角矩阵具有以下特点。

当 i=0、j=1,2 时，第一行有 2 个非零元素；当 0<i<n-1、j=i-1,i,i+1 时，第 2 行到第 n-1 行之间有 3 个非零元素；当 i=n-1、j=n-2,n-1 时，最后一行有 2 个非零元素。除此之外，其他元素均为零。

除了第 1 行和最后 1 行的非零元素为 2 个，其余各行的非零元素为 3 个，因此，若用一维数组存储这些非零元素，则需要 2+3(n-2)+2=3n-2 个存储单元。对角矩阵的压缩存储在数组中的情况如图 4-17 所示。

图 4-16 3 对角矩阵　　　　　　　　图 4-17 对角矩阵的压缩存储

下面确定一维数组的下标 k 与矩阵中元素的下标(i, j)之间的关系。先确定在一维数组中下标为 (i,j)的元素与第一个元素之间的关系，Loc(i,j)表示 a_{ij} 在一维数组中的位置，Loc(0,0)表示第一个元素在一维数组中的位置。

Loc(i,j)=Loc(0,0)+前 i-1 行的非零元素个数+第 i 行的非零元素个数-1，由于下标从 0 开始，前面实际上需要计算前 i 行非零元素的个数，第 0~i-1 行的非零元素个数为 3(i-1)+2=3i-1，第 i 行的非零元素个数为 j-i+2。其中，$j-i=\begin{cases} -1, & \text{当}i > j \\ 0, & \text{当}i = j \\ 1, & \text{当}i < j \end{cases}$。

因此，Loc(i, j)= Loc(0,0)+2i+j。

4.4.5　稀疏矩阵的压缩存储及典型应用

稀疏矩阵中的大多数元素是零，为了节省存储单元，需要对稀疏矩阵进行压缩存储。本小节主要介绍稀疏矩阵的定义、稀疏矩阵的抽象数据类型、稀疏矩阵的三元组表示及算法实现。

1. 什么是稀疏矩阵

所谓稀疏矩阵，假设在 m×n 的矩阵中有 t 个元素不为零，令 $\delta=\dfrac{t}{m \times n}$ ，δ 为矩阵的稀疏因子，若 δ≤0.05，则称矩阵为稀疏矩阵。通俗来讲，如果矩阵中大多数元素值为零，只有很少的非零元素，

这样的矩阵就是稀疏矩阵。例如，如图 4-18 所示是一个 6×7 的稀疏矩阵，这里为了方便讲解，所取的行数和列数较小。

$$M_{6\times7}=\begin{bmatrix} 0 & 0 & 0 & 6 & 0 & 0 & 0 \\ 0 & 3 & 0 & 0 & 0 & 0 & 0 \\ 0 & 0 & 7 & 2 & 0 & 0 & 0 \\ 9 & 0 & 0 & 0 & -2 & 0 & 0 \\ 0 & 0 & 4 & 3 & 0 & 0 & 0 \\ 0 & 0 & 0 & 0 & 8 & 0 & 0 \end{bmatrix}$$

图 4-18　6×7 的稀疏矩阵

2. 稀疏矩阵的三元组表示

为了节省内存单元，需要对稀疏矩阵进行压缩存储。在进行压缩存储的过程中，我们可以只存储稀疏矩阵的非零元素，为了表示非零元素在矩阵中的位置，还需存储非零元素对应的行和列的位置(i, j)。也就是说，可以通过存储非零元素的行号、列号和元素值来实现稀疏矩阵的压缩存储，这种存储表示称为稀疏矩阵的三元组表示。三元组的结点结构如图 4-21 所示。

图 4-19 中的非零元素可以用三元组((0,3,6),(1,1,3),(2,2,7),(2,3,2),(3,0,9),(3,4,-2),(4,2,4),(4,3,3),(5,4,8))表示。将这些三元组按照行序为主序存储在二维数组或结构类型的变量中（在 Java 中可使用类表示），如图 4-20 所示，其中 k 表示数组的下标。

k	i	j	e
0	0	3	6
1	1	1	3
2	2	2	7
3	2	3	2
4	3	0	9
5	3	4	-2
6	4	2	4
7	4	3	3
8	5	4	8

i	j	e
非零元素的行号	非零元素的列号	非零元素的值

图 4-19　稀疏矩阵的三元组结点结构　　　图 4-20　稀疏矩阵的三元组存储结构

一般情况下，数组采用顺序存储结构存储，采用顺序存储结构的三元组称为三元组顺序表。三元组顺序表的类型描述如下：

```
class Triple
//三元组表示的数据元素类型定义
{
    int i,j;
    int e;
    Triple(int i,int j,int e) {
        this.i = i;        //非零元素的行号
        this.j = j;        //非零元素的列号
        this.e = e;
    }
}
public class TriSeqMat
//三元组表示的矩阵类型定义
```

```
{
    final int MaxSize = 50;
    Triple data[];
    int m, n, len;//矩阵的行数、列数、非零元素的个数

    TriSeqMat() {
        data = new Triple[MaxSize];
        this.m = this.n = this.len = 0;
    }
}
```

3. 稀疏矩阵的三元组顺序表实现

稀疏矩阵的基本运算的算法实现如下。

转置稀疏矩阵就是将矩阵中的元素由原来的存放位置(i, j)变为(j, i)，也就是将元素的行列互换。例如，如图 4-20 所示的 6×7 稀疏矩阵，经过转置后变为 7×6 稀疏矩阵，并且矩阵中的元素要以主对角线为准进行交换。

将稀疏矩阵转置的方法是将矩阵 M 的三元组中的行和列互换，这样就可以得到转置后的矩阵 N，如图 4-21 所示。稀疏矩阵的三元组顺序表的转置过程如图 4-22 所示。

(i, j, e) ⟶ j, i, e
矩阵 M   矩阵 N

图 4-21　稀疏矩阵的转置

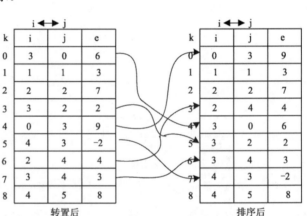

图 4-22　矩阵转置的三元组表示

行列下标互换后，还需要将行、列下标重新进行排序，才能保证转置后的矩阵也是以行序优先存放的。为了避免这种排序，以矩阵中列顺序优先的元素进行转置，然后按照顺序依次存放到转置后的矩阵中，这样经过转置后得到的三元组顺序表正好是以行序为主序存放的。具体算法实现大致有两种：

（1）逐次扫描三元组顺序表 M，第 1 次扫描 M，找到 j=0 的元素，将行号和列号互换后存入三元组顺序表 N 中，即找(3,0,9)，将行号和列号互换，把(3,0,9)直接存入 N 中，作为 N 的第一个元素。然后第 2 次扫描 M，找到 j=1 的元素，将行号和列号互换后存入三元组顺序表 N 中；以此类推，直到所有元素都存放至 N 中，最后得到的三元组顺序表 N 如图 4-23 所示。

图 4-23　稀疏矩阵转置的三元组顺序表表示

稀疏矩阵转置的算法实现如下:

```
public void TransposeMatrix(TriSeqMat M, TriSeqMat N)
//稀疏矩阵的转置
{
    N.m = M.n;
    N.n = M.m;
    N.len = M.len;
    if (N.len > 0) {
        int k = 0;
        for (int col = 0; col < M.n; col++)          //按照列号扫描三元组顺序表
        {
            for (int i = 0; i < M.len; i++) {
                if (M.data[i].j == col) //若元素的列号是当前列，则进行转置
                {
                    N.data[k].i = M.data[i].j;
                    N.data[k].j = M.data[i].i;
                    N.data[k].e = M.data[i].e;
                    k++;
                }
            }
        }
    }
}
```

通过分析该转置算法，其时间主要耗费在 for 语句的两层循环上，故算法的时间复杂度是 $O(n*len)$，即与 M 的列数及非零元素的个数成正比。我们知道，一般矩阵的转置算法为:

```
for(col=0;col<M.n;col++)
    for(row=0;row<M.m;row++)
        N[col][row]=M[row][col];
```

其时间复杂度为 $O(n*m)$。当非零元素的个数 len 与 m*n 同数量级时，稀疏矩阵的转置算法时间复杂度就会变为 $O(m*n^2)$。假设在 $200×500$ 的矩阵中，有 len=20 000 个非零元素，虽然三元组存储节省了存储空间，但时间复杂度提高了，因此稀疏矩阵的转置仅适用于 len<< m*n 的情况。

（2）稀疏矩阵的快速转置。按照 M 中三元组的次序进行转置，并将转置后的三元组置入 N 中的恰当位置。若能预先确定矩阵 M 中的每一列第一个非零元素在 N 中的应有位置，那么对 M 中的三元组进行转置时，便可直接放到 N 中的恰当位置。

为了确定这些位置，在转置前，应先求得 M 的每一列中非零元素的个数，进而求得每一列的第一个非零元素在 N 中的应有位置。

设置两个数组 num 和 position，其中，num[col]表示三元组顺序表 M 中第 col 列非零元素的个数，position[col]表示 M 中的第 col 列的第一个非零元素在 N 中的恰当位置。

依次扫描三元组顺序表 M，可以得到每一列非零元素的个数，即 num[col]。position[col]的值可以由 num[col]得到。显然，position[col]与 num[col]存在如下关系。

```
position[0]=0
position[col]=position[col-1]+num[col-1]
其中 1≤col≤M.n-1。
```

例如，如图 4-23 所示的稀疏矩阵的 num[col]和 position[col]的值如表 4-3 所示。

表4-3　矩阵M的num[col]与position[col]的值

列号 col	0	1	2	3	4	5	6
num[col]	1	1	2	3	2	0	0
position[col]	0	1	2	4	7	9	9

算法实现如下：

```java
public void FastTransposeMatrix(TriSeqMat M, TriSeqMat N)
//稀疏矩阵的快速转置运算
{
    int num[] = new int [M.n + 1];    //数组 num 用于存放 M 中的每一列非零元素的个数
    int position[] = new int [M.n + 1];    //数组 position 用于存放 N 中每一行非零元素的第一个位置
    N.n = M.m;
    N.m = M.n;
    N.len = M.len;
    if(N.len>0) {
        for (int col = 0; col < M.n; col++)
            num[col] = 0;                    //初始化 num
        for (int t = 0; t < M.len; t++)      //计算 M 中每一列非零元素的个数
            num[M.data[t].j] += 1;
        position[0] = 0;                     //N 中第一行的第一个非零元素的序号为 0
        for (int col = 0; col < M.n; col++) //N 中第 col 行的第一个非零元素的位置
            position[col] = position[col - 1] + num[col - 1]
        for (int i = 0; i < M.len; i++)      //依据 position 对 M 进行转置，存入 N
        {
            int col = M.data[i].j;
            int k = position[col];           //取出 N 中非零元素应该存放的位置，赋值给 k
            N.data[k].i = M.data[i].j;
            N.data[k].j = M.data[i].i;
            N.data[k].e = M.data[i].e;
```

```
               position[col] += 1;              //修改下一个非零元素应该存放的位置
          }
     }
}
```

先扫描 M，得到 M 中每一列非零元素的个数，存储到 num 中。然后根据 num[col]和 position[col] 的关系，求出 N 中每一行第一个非零元素的位置。初始时，position[col]是 M 的第 col 列第一个非零元素的位置，若将每个 M 中的第 col 列的非零元素存入 N 中，则将 position[col]加 1，使 position[col] 的值始终为下一个要转置的非零元素应存放的位置。

该算法中有 4 个并列的单循环，循环次数分别为 n 和 M.len，因此总的时间复杂度为 O(n+len)。当 M 的非零元素个数 len 与 m*n 处于同一个数量级时，算法的时间复杂度变为 O(m*n)，与经典的矩阵转置算法的时间复杂度相同。

4. 稀疏矩阵应用举例——三元组顺序表实现稀疏矩阵相加

【例 4-2】有两个稀疏矩阵 A 和 B，相加得到 C，如图 4-24 所示。请利用三元组顺序表实现两个稀疏矩阵相加，并输出结果。

$$A_{4\times4} = \begin{bmatrix} 0 & 5 & 0 & 0 \\ 3 & 0 & 0 & 0 \\ 0 & 0 & 3 & 0 \\ 0 & 0 & 0 & -2 \end{bmatrix} \quad B_{4\times4} = \begin{bmatrix} 0 & 0 & 4 & 0 \\ 0 & -3 & 0 & 2 \\ 0 & 0 & 0 & 0 \\ 8 & 0 & 0 & 0 \end{bmatrix} \quad C_{4\times4} = \begin{bmatrix} 0 & 5 & 4 & 0 \\ 3 & -3 & 0 & 2 \\ 0 & 0 & 3 & 0 \\ 8 & 0 & 0 & -2 \end{bmatrix}$$

图 4-24　三元组顺序表表示的稀疏矩阵相加

提示：矩阵中两个元素相加可能会出现如下 3 种情况。

（1）A 中的元素 $a_{ij} \neq 0$ 且 B 中的元素 $b_{ij} \neq 0$，但是结果可能为零，若结果为零，则不保存元素值；若结果不为零，则将结果保存到 C 中。

（2）A 中的第(i, j)个位置存在非零元素 a_{ij}，而 B 中不存在非零元素，则只需要将该值赋给 C_o。

（3）B 中的第(i, j)个位置存在非零元素 b_{ij}，而 A 中不存在非零元素，则只需要将 b_{ij} 赋值给 C_o。

两个稀疏矩阵相加的算法实现如下：

```
public boolean AddMatrix(TriSeqMat M, TriSeqMat N, TriSeqMat Q)
//两个稀疏矩阵的和。将两个矩阵 M 和 N 对应的元素值相加，得到另一个稀疏矩阵 Q
{
    int m = 0, n = 0;
    int k = -1;
    //若两个矩阵的行数与列数不相等，则不能够进行相加运算
    if (M.m != N.m || M.n != N.n)
        return false;
    Q.m = M.m;
    Q.n = M.n;
    while (m < M.len && n < N.len) {
        switch (CompareElement(M.data[m].i, N.data[n].i)) //比较两个矩阵对应元素的
行号
        {
            case -1:
                Q.data[++k] = M.data[m++];
```

```
            break;
        case 0://若矩阵 M 和 N 的行号相等,则比较列号
        {
            switch (CompareElement(M.data[m].j, N.data[n].j)) {
                case -1:  //若 M 的列号小于 N 的列号,则将矩阵 M 的元素赋值给 Q
                    Q.data[++k] = M.data[m++];
                    break;
                case 0:    //若 M 和 N 的行号、列号均相等,则将两个元素相加,存入 Q
                    Q.data[++k] = M.data[m++];
                    Q.data[k].e += N.data[n++].e;
                    if (Q.data[k].e == 0) //若两个元素的和为 0,则不保存
                        k--;
                    break;
                case 1:    //若 M 的列号大于 N 的列号,则将矩阵 N 的元素赋值给 Q
                    Q.data[++k] = N.data[n++];
                    break;
            }
            break;
        }
        case 1:
            Q.data[++k] = N.data[n++];
            break;
        }
    }
    while (m < M.len) //若矩阵 M 的元素还没处理完毕,则将 M 中的元素赋值给 Q
    {
        Q.data[++k] = M.data[m++];
    }
    while (n < N.len)    //若矩阵 N 的元素还没处理完毕,则将 N 中的元素赋值给 Q
    {
        Q.data[++k] = N.data[n++];
    }
    Q.len = k + 1;            //修改非零元素的个数
    if (k > MaxSize)
        return 0;
    return true;
}
```

m 和 n 分别为矩阵 A 和 B 当前处理的非零元素下标,初始时为 0。需要特别注意的是,最后求得的非零元素个数为 k+1,其中,k 为非零元素最后一个元素的下标。

其他部分代码见源程序文件。程序运行结果如下。

```
请输入稀疏矩阵的行数、列数及非零元素个数：4,4,4
请按行序顺序输入第 1 个非零元素所在的行(0~4),列(0~4),元素值：0,1,5
请按行序顺序输入第 2 个非零元素所在的行(0~4),列(0~4),元素值：1,0,3
请按行序顺序输入第 3 个非零元素所在的行(0~4),列(0~4),元素值：2,2,3
请按行序顺序输入第 4 个非零元素所在的行(0~4),列(0~4),元素值：3,3,-2
稀疏矩阵（按矩阵形式输出）：
长度：4
0 5 0 0
```

```
3 0 0 0
0 0 30 0
0 0 0 -2
```
稀疏矩阵是 4 行 4 列，共 4 个非零元素
```
行 列 元素值
 0  1  5
 1  0  3
 2  2  3
 3  3  -2
```
请输入稀疏矩阵的行数、列数及非零元素个数：4,4,4
请按行序顺序输入第 1 个非零元素所在的行(0～4)，列(0～4)，元素值：0,2,4
请按行序顺序输入第 2 个非零元素所在的行(0～4)，列(0～4)，元素值：1,1,-3
请按行序顺序输入第 3 个非零元素所在的行(0～4)，列(0～4)，元素值：1,3,2
请按行序顺序输入第 4 个非零元素所在的行(0～4)，列(0～4)，元素值：3,0,8
稀疏矩阵（按矩阵形式输出）：
```
长度：4
0 0 4 0
0 -3 0 2
0 0 0 0
8 0 0 0
```
稀疏矩阵（按矩阵形式输出）：
```
长度：8
0 5 4 0
3 -3 0 2
0 0 30 0
8 0 0 -2
```

两个稀疏矩阵 A 和 B 相减的算法实现与相加的算法实现类似，只需要将相加算法中的"+"改成"-"即可，也可以将第二个矩阵的元素值都乘以-1，然后调用矩阵相加的函数即可。稀疏矩阵相减的算法实现如下：

```
public void SubMatrix(TriSeqMat A, TriSeqMat B, TriSeqMat C)
//稀疏矩阵的相减
{
    for (int i = 0; i < B.len; i++)
        B.data[i].e *= -1;    //将矩阵B的元素都乘以-1
    AddMatrix(A, B, C);       //然后将两个矩阵相加
}
```

4.5 广 义 表

广义表是线性表的扩展。广义表中的元素可以是单个元素，也可以是一个广义表。

4.5.1 什么是广义表

广义表也称为列表（List），是由 n 个类型相同的数据元素$(a_1,a_2,a_3,\cdots,a_n)$组成的有限序列。其中，广义表中的元素 a_i 可以是单个元素，也可以是一个广义表。

通常，广义表记作 GL=(a_1,a_2,a_3,⋯,a_n)。其中，GL 是广义表的名字，n 是广义表的长度。若广义表中的 a_i 是单个元素，则称 a_i 是原子。若广义表中的 a_i 是一个广义表，则称 a_i 是广义表的子表。习惯上用大写字母表示广义表的名字，用小写字母表示原子。

对于非空的广义表 GL，a_1 称为广义表 GL 的表头（Head），其余元素组成的表(a_2,a_3,⋯,a_n)称为广义表 GL 的表尾（Tail）。广义表是一个递归的定义，因为在描述广义表时又用到了广义表的概念。下面是一些广义表的例子。

（1）A=()，广义表 A 是长度为 0 的空表。

（2）B=(a)，B 是一个长度为 1 且元素为原子的广义表（其实就是前面讨论过的一般的线性表）。

（3）C=(a,(b,c))，C 是长度为 2 的广义表。其中，第 1 个元素是原子 a，第 2 个元素是一个子表(b,c)。

（4）D=(A,B,C)，D 是一个长度为 3 的广义表，这 3 个元素都是子表，第 1 个元素是一个空表 A。

（5）E=(a,E)，E 是一个长度为 2 的递归广义表，相当于 E=(a,(a,(a,(a,(a,⋯)))))。

由上述定义和例子可推出如下广义表的重要结论：

（1）广义表的元素既可以是原子，又可以是子表，子表的元素既可以是元素，又可以是子表。广义表的结构是一个多层次的结构。

（2）一个广义表还可以是另一个广义表的元素。例如 A、B 和 C 是 D 的子表，在表 D 中不需要列出 A、B 和 C 的元素。

（3）广义表可以是递归的表，即广义表可以是本身的一个子表。例如 E 就是一个递归的广义表。

（4）对于非空广义表，才有求表头和表尾操作的定义。

任何一个非空广义表的表头可以是一个原子，也可以是一个广义表，而表尾一定是一个广义表。例如，head(B)=a，tail(B)=()，head(C)=a、tail(C)=((b,c))、head(D)=A、tail(D)=(B,C)，其中，head(B)表示取广义表 B 的表头元素，tail(B)表示取广义表 B 的表尾元素。

注意： 根据广义表求表头和表尾的定义，表头元素不一定是广义表，表尾元素一定是广义表。广义表()和(())不同，前者是空表，长度为 0；后者长度为 1，表示元素值为空表的广义表，可分解得到表头、表尾均为空表()。

4.5.2 广义表的抽象数据类型

广义表的抽象数据类型定义了串中的数据对象、数据关系及基本操作。广义表的抽象数据类型定义如下：

```
ADT List
{
    数据对象：D={a_i|a_i 可以是原子，也可以是广义表，i=1,2,⋯,n,n≥0}。
    数据关系：R={<a_{i-1},a_i>|a_{i-1},a_i∈D,i=2,3,⋯,n}。
    基本操作：
    （1）GetHead(L)：求广义表的表头。若广义表是空表，则返回 null，否则返回表头结点的引用。
    （2）GetTail(L)：求广义表的表尾。若广义表是空表，则返回 null，否则返回表尾结点的引用。
    （3）GListLength(L)：返回广义表的长度。若广义表是空表，则返回 0，否则返回广义表的长度。
    （4）CopyGList(&T,L)：复制广义表。由广义表 L 复制得到广义表 T。若复制成功，则返回 true，
```

否则返回 false。

（5）GListDepth(L)：求广义表的深度。广义表的深度就是广义表中括号嵌套的层数。若广义表是空表，则返回 0，否则返回广义表的深度。

}ADT List

4.5.3　广义表的头尾链表表示

因为广义表中有原子和子表两种元素，所以广义表的链表结点也分为子表结点和原子结点两种，其中子表结点包含标志域、指向表头的指针域和指向表尾的指针域 3 个域。原子结点包含标志域和值域两个域。子表结点和原子结点的存储结构如图 4-25 所示。

其中，tag=1 表示子表，hp 和 tp 分别指向表头结点和表尾结点，tag=0 表示原子，atom 用于存储原子的值。

广义表的这种存储结构称为头尾链表存储表示。例如用头尾链法表示的广义表 A=()、B=(a)、C=(a,(b,c))、D=(A,B,C)、E=(a,E)，如图 4-26 所示。

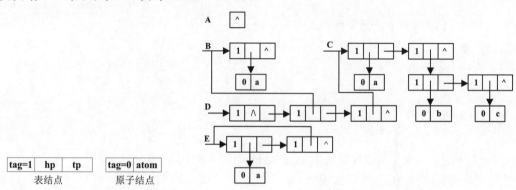

图 4-25　子表结点和原子结点的存储结构　　　　图 4-26　广义表的存储结构

4.5.4　广义表的扩展线性链表表示

采用扩展线性链表表示的广义表包含两种结点，分别为表结点和原子结点，这两种结点都包含 3 个域。其中，子表结点由标志域 tag、表头指针域 hp 和表尾指针域 tp 构成，原子结点由标志域、原子的值域和表尾指针域构成。

标志域 tag 用来区分当前结点是表结点还是原子结点，tag=0 时为原子结点，tag=1 时为表结点。hp 和 tp 分别指向广义表的表头和表尾，atom 用来存储原子结点的值。扩展性链表结点的存储结构如图 4-27 所示。

图 4-27　扩展性链表结点的存储结构

例如，A=()、B=(a)、C=(a,(b,c))、D=(A,B,C)、E=(a,E,)，则广义表 A、B、C、D、E 的扩展性链表存储结构如图 4-28 所示。

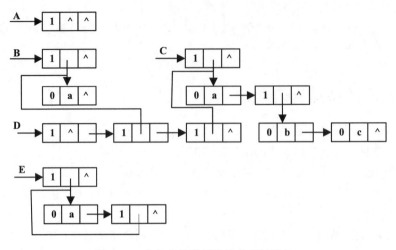

图 4-28　广义表的扩展性链表存储结构

广义表的扩展线性链表存储结构的类型描述如下：

```
enum Tag{ATOM,LIST}
class GListNode
{
    Tag tag;
    GListNode ptr,tp;
}
```

这里的 ptr 是广义表扩展线性链表中 atom 和 hp 的统一表示。

求广义表的长度和深度的算法实现如下：

```
public int GetGListNodeLength(GListNode GL)
//求广义表的长度
{
    if(GL.tp==null || GL.tp.ptr==null)
        return 0;
    GListNode node=GL.tp;
    int count=0;
    node=GL.tp;
    while(node!=null)
    {
        count += 1;
        node = node.tp;
    }
    return count;
}

public int GetGListNodeDepth(GListNode GL)
//求广义表的深度
{
    int depth=-1;
    while(GL!=null)
    {
```

```
        if (GL.tag == Tag.LIST) //如果是子表就递归遍历
        {
            int count = GetGListNodeDepth(GL.ptr);
            if (count > depth)
                depth = count;
        }
        GL = GL.tp;    //遍历下一个元素
    }
    return depth+1;
}
```

思政元素：KMP 算法是在 BF 算法的基础上改进的，特殊矩阵的压缩存储充分利用各种矩阵的特点而选择合适的策略进行压缩存储，以降低压缩存储空间。做事情要尊重物质运动的客观规律，从客观实际出发，找出事物本身所具有的规律性，从而作为我们行动的依据，这样才能起到事半功倍的效果。

4.6 小　　结

串是由零个或多个字符组成的有限序列。其中，含零个字符的串称为空串。串中的字符可以是字母、数字或其他字符。串中任意连续的字符组成的子序列称为串的子串，相应地，包含子串的串称为主串。

两个串相等当且仅当两个串中对应位置的字符相等并且长度相等。注意空串与空格串的区别。

串的模式匹配有两种方法：朴素模式匹配（Brute-Force 算法）及其改进算法（KMP 算法）。对于 Brute-Force 算法，在每次出现主串与模式串的字符不相等时，主串的指针均需回退。而 KMP 算法根据模式串中的 next 函数值，消除了主串中的字符与模式串中的字符不匹配时主串指针的回退，提高了算法的效率。

数组可看作是一种扩展类型的线性表，数组中的元素 a_i 可以是原子，也可以是一个线性表。

常见的特殊矩阵有对称矩阵、三角矩阵和对角矩阵 3 种。特殊矩阵可以通过转换存储在一个一维数组中，这种存储方式可以节省存储空间，称为特殊矩阵的压缩存储。

习惯上，广义表的名字用大写字母表示，原子用小写字母表示。

由于广义表中的数据元素既可以是原子，又可以是广义表，因此利用定长的顺序存储结构很难表示广义表。广义表通常采用链式存储结构表示。广义表的链式存储结构包括两种：广义表的头尾链表存储表示和广义表的扩展线性链表存储表示。

第5章

树和二叉树

线性表、栈、队列、串、数组和广义表都属于线性数据结构。本章与下一章介绍的树和图属于非线性数据结构。线性数据结构中的每个元素有唯一的前驱元素和唯一的后继元素，即前驱元素和后继元素是一对一的关系。而非线性数据结构中元素间前驱和后继的关系并不具有唯一性。其中，树形结构中结点间的关系是前驱唯一而后继不唯一，即结点间是一对多的关系。在图结构中，结点间前驱和后继都不唯一，即结点间是多对多的关系。树形结构的应用非常广泛，特别是在大量数据处理（如在文件系统、编译系统、目录组织等）方面显得尤为突出。

重点内容：

- 树和二叉树的基本概念
- 二叉树的性质及存储结构
- 二叉树的遍历
- 二叉树的线索化
- 树、森林和二叉树的相互转换
- 并查集
- 哈夫曼树的定义及编码实现

5.1　树的定义和抽象数据类型

树是一种非线性数据结构，树中的元素之间的关系是一对多的层次关系。

5.1.1　树的定义

树（Tree）是 $n(n \geqslant 0)$ 个结点的有限集合。其中，当 $n=0$ 时，称为空树。当 $n>0$ 时，称为非空树。该集合满足以下条件：

（1）有且只有一个称为根（Root）的结点。

（2）当 $n>1$ 时，其余 $n-1$ 个结点可以划分为 m 个有限集合 T_1，T_2，$\cdots$，T_m，且这 m 个有限集

合不相交，其中 T_i（$1 \leq i \leq m$）也是一棵树，称为根的子树。

图 5-1 给出了一棵树的逻辑结构，它如同一棵倒立的树。

只有根结点的树

一般的树

图 5-1　树的逻辑结构

在图 5-1 中，A 为根结点，左边的树只有根结点，右边的树有 14 个结点，除了根结点外，其余的 13 个结点分为 3 个不相交的子集：T_1={B,E,F,K,L}、T_2={C,G,H,I,M,N} 和 T_3={D,J}。其中，T_1、T_2 和 T_3 是根结点 A 的子树，并且它们本身也是一棵树。例如，T_2 的根结点是 C，其余的 5 个结点又分为 3 个不相交的子集：T_{21}={G,M}、T_{22}={H} 和 T_{23}={I,N}。其中，T_{21}、T_{22} 和 T_{23} 是 T_2 的子树，G 是 T_{21} 的根结点，{M} 是 G 的子树，I 是 T_{23} 的根结点，{N} 是 I 的子树。

下面介绍关于树的一些基本概念。

- 树的结点：包含一个数据元素及若干指向子树分支的信息。
- 结点的度：一个结点拥有子树的个数称为结点的度。例如，结点 C 有 3 棵子树，度为 3。
- 叶子结点：也称为终端结点，没有子树的结点（也就是度为零的结点）称为叶子结点。例如，结点 K 和 L 不存在子树，度为 0，称为叶子结点，F、M、H、N 和 J 也是叶子结点。
- 分支结点：也称为非终端结点，度不为零的结点称为非终端结点。例如，B、C、D、E 等都是分支结点。
- 孩子结点：一个结点的子树的根结点称为孩子结点。例如，{E,K,L} 是根结点 B 的子树，而 E 又是这棵子树的根结点，因此，E 是 B 的孩子结点。
- 双亲结点：也称父结点，若一个结点存在孩子结点，则该结点称为孩子结点的双亲结点。例如，E 是 B 的孩子结点，而 B 是 E 的双亲结点。
- 子孙结点：在一个根结点的子树中的任何一个结点都称为该根结点的子孙结点。例如，{G,H,I,M,N} 是 C 的子树，子树中的结点 G、H、I、M 和 N 都是 C 的子孙结点。
- 祖先结点：从根结点开始到达一个结点，所经过的所有分支结点都称为该结点的祖先结点。例如，N 的祖先结点为 A、C 和 I。
- 兄弟结点：一个双亲结点的所有孩子结点之间互相称为兄弟结点。例如，E 和 F 是 B 的孩子结点，因此 E 和 F 互为兄弟结点。
- 树的度：树中所有结点的度的最大值。例如，图 5-1 中右边的树的度为 3，因为结点 C 的度为 3，该结点的度是树中拥有最大的度的结点。
- 结点的层次：从根结点开始，根结点为第一层，根结点的孩子结点为第二层，以此类推，若某一个结点是第 L 层，则其孩子结点位于第 L+1 层。在图 5-1 右边的树中，A 的层次为 1，B 的层次为 2，G 的层次为 3，M 的层次为 4。

- 树的深度：也称为树的高度，树中所有结点的层次最大值称为树的深度。例如，图 5-1 中右边的树的深度为 4。
- 有序树：若树中各棵子树的次序是有先后次序的，则称该树为有序树。
- 无序树：若树中各棵子树没有先后次序之分，则称该树为无序树。
- 森林：m 棵互不相交的树构成一个森林。若把一棵非空的树的根结点删除，则该树会变成一个森林，森林中的树由原来的根结点的各棵子树构成。如果把一个森林加上一个根结点，将森林中的树变成根结点的子树，则该森林会转换成一棵树。

5.1.2 树的逻辑表示

树的逻辑表示可分为 4 种：树形表示法、文氏图表示法、广义表表示法和凹入表示法。

（1）树形表示法。图 5-1 就是树形表示法。树形表示法是最常用的一种表示法，它能直观、形象地表示出树的逻辑结构，能够清晰地反映出树中结点之间的逻辑关系。树中的结点使用圆圈表示，结点间的关系使用直线表示，位于直线上方的结点是双亲结点，位于直线下方的结点是孩子结点。

（2）文氏图表示法。文氏图表示法是利用数学中的集合来图形化描述树的逻辑关系。图 5-1 的树采用文氏图表示如图 5-2 所示。

（3）广义表表示法。采用广义表的形式表示树的逻辑结构，广义表的子表表示结点的子树。图 5-1 的树利用广义表表示如下：

```
(A(B(E(K,L),F),C(G(M),H,I(N)),D(J)))
```

（4）凹入表示法。图 5-1 的树采用凹入表示法如图 5-3 所示。

图 5-2 树的文氏图表示法

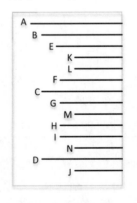

图 5-3 树的凹入表示法

在这 4 种树的表示法中，树形表示法最为常用。

5.2 二叉树的定义、性质和抽象数据类型

在深入学习树之前，我们先来认识一种比较简单的树——二叉树。

5.2.1　二叉树的定义

二叉树（Binary Tree）是另一种树结构，它的特点是每个结点最多只有两棵子树。在二叉树中，每个结点的度只可能是 0、1 和 2，每个结点的孩子结点有左右之分，位于左边的孩子结点称为左孩子结点或左孩子，位于右边的孩子结点称为右孩子结点或右孩子。若 n=0，则称该二叉树为空二叉树。

下面给出二叉树的 5 种基本形态，如图 5-4 所示。

空二叉树　　只有根结点的二叉树　　只有左子树的二叉树　　只有右子树的二叉树　　左右子树非空的二叉树

图 5-4　二叉树的 5 种基本形态

一个由 12 个结点构成的二叉树如图 5-5 所示。F 是 C 的左孩子结点，G 是 C 的右孩子结点，L 是 G 的右孩子结点，G 的左孩子结点不存在。

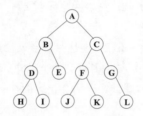

图 5-5　二叉树

每层结点都是满的二叉树称为满二叉树，即在满二叉树中，每一层的结点都具有最大的结点个数。如图 5-6 所示就是一棵满二叉树。在满二叉树中，每个结点的度要么为 2，要么为 0（叶子结点），不存在度为 1 的结点。从满二叉树的根结点开始，从上到下，从左到右，依次对每个结点进行连续编号。

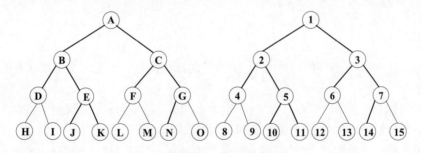

图 5-6　满二叉树及对应编号

若一棵二叉树有 n 个结点，并且二叉树的 n 个结点的结构与满二叉树的前 n 个结点的结构完全相同，则称这样的二叉树为完全二叉树。完全二叉树及对应编号如图 5-7 所示。而图 5-8 所示不是一棵完全二叉树。

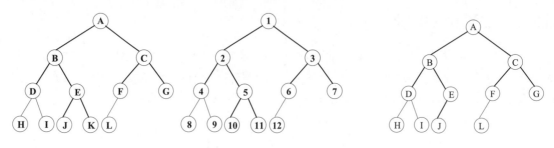

图 5-7 完全二叉树及对应编号 　　　　　　　　　图 5-8 非完全二叉树

由此可以看出，若二叉树的层数为 k，则满二叉树的叶子结点一定在第 k 层，而完全二叉树的叶子结点一定在第 k 层或者第 k-1 层出现。满二叉树一定是完全二叉树，而完全二叉树却不一定是满二叉树。

5.2.2　二叉树的性质

二叉树具有以下重要的性质。

（1）性质 1：在二叉树中，第 m（m≥1）层至多有 2^{m-1} 个结点（规定根结点为第一层）。

证明：利用数学归纳法证明。

当 m=1 时，即根结点所在的层次，有 $2^{m-1}=2^{1-1}=2^0=1$，命题成立。

假设当 m=k 时，命题成立，即第 k 层至多有 2^{k-1} 个结点。因为在二叉树中，每个结点的度最大为 2，则在第 k+1 层，结点的个数最多是第 k 层的 2 倍，即 $2\times2^{k-1}=2^{k-1+1}=2^k$。也就是说，当 m=k+1 时，命题成立。

（2）性质 2：深度为 k（k≥1）的二叉树至多有 2^k-1 个结点。

证明：第 i 层结点的最多个数 2^{i-1}，将深度为 k 的二叉树中的每一层的结点的最大值相加，就得到二叉树中结点的最大值，因此深度为 k 的二叉树的结点总数至多有：

$$\sum_{i=1}^{k}(\text{第i层的结点最大个数})=\sum_{i=1}^{k}2^{i-1}=2^0+2^1+\cdots+2^{k-1}=\frac{2^0(2^k-1)}{2-1}=2^k-1$$

命题成立。

（3）性质 3：对于任何一棵二叉树 T，若叶子结点总数为 n_0，度为 2 的结点总数为 n_2，则有 $n_0=n_2+1$。

证明：假设在二叉树中，结点总数为 n，度为 1 的结点总数为 n_1。二叉树中结点的总数 n 等于度为 0、度为 1 和度为 2 的结点总数的和，即 $n=n_0+n_1+n_2$。

假设二叉树的分支数为 Y。在二叉树中，除了根结点外，每个结点都存在一个进入的分支，所以有 n=Y+1。

又因为二叉树的所有分支都是由度为 1 和度为 2 的结点发出的，所以分支数 $Y=n_1+2n_2$。故 $n=Y+1=n_1+2n_2+1$。

联合 $n=n_0+n_1+n_2$ 和 $n=n_1+2n_2+1$ 两式，得到 $n_0+n_1+n_2=n_1+2n_2+1$，即 $n_0=n_2+1$。命题成立。

（4）性质 4：若完全二叉树有 n 个结点，则深度为 $\lfloor \log_2 n \rfloor +1$。符号 $\lfloor x \rfloor$ 表示不大于 x 的最大

整数。

证明：假设具有 n 个结点的完全二叉树的深度为 k。k 层完全二叉树的结点个数介于 k-1 层满二叉树与 k 层满二叉树的结点个数之间。根据性质 2，k-1 层满二叉树的结点总数为 $n_1=2^{k-1}-1$，k 层满二叉树的结点总数为 $n_2=2^k-1$。因此有 $n_1<n\leq n_2$，即 $n_1+1\leq n<n_2+1$，又 $n_1=2^{k-1}-1$ 和 $n_2=2^k-1$，故得到 $2^{k-1}\leq n<2^k$，同时对不等式两边取对数，有 $k-1\leq \log_2 n<k$。因为 k 是整数，k-1 也是整数，所以 $k-1=\lfloor \log_2 n \rfloor$，即 $k=\lfloor \log_2 n \rfloor+1$。命题成立。

（5）性质 5：若完全二叉树有 n 个结点，按照从上到下、从左到右的顺序，对二叉树中的每个结点从 1 到 n 进行编号，则对于任意结点 i 有以下性质：

- 若 i=1，则序号 i 对应的结点就是根结点，该结点没有双亲结点。若 i>1，则序号为 i 的结点的双亲结点的序号为 $\lfloor \frac{i}{2} \rfloor$。
- 若 2i>n，则序号为 i 的结点没有左孩子结点。若 2i≤n，则序号为 i 的结点的左孩子结点的序号为 2i。
- 若 2i+1>n，则序号为 i 的结点没有右孩子结点。若 2i+1≤n，则序号为 i 的结点的右孩子结点序号为 2i+1。

证明：

① 利用性质 2 和性质 3 证明性质 1。当 i=1 时，该结点一定是根结点，根结点没有双亲结点。当 i>1 时，假设序号为 m 的结点是序号为 i 的结点的双亲结点。若序号为 i 的结点是序号为 m 的结点的左孩子结点，则根据性质 2 有 2m=i，即 m=i/2。若序号为 i 的结点是序号为 m 的结点的右孩子结点，则根据性质 3 有 2m+1=i，即 m=(i-1)/2=i/2-1/2。综合以上两种情况，当 i>1 时，序号为 i 的结点的双亲结点的序号为 $\lfloor \frac{i}{2} \rfloor$。结论成立。

② 利用数学归纳法证明。当 i=1 时，有 2i=2，若 n<2，则二叉树中不存在序号为 2 的结点，也就不存在序号为 i 的左孩子结点。若 n≥2，则该二叉树中存在两个结点，序号 2 是序号为 i 的结点的左孩子结点的序号。

假设当序号 i=k 时，2k≤n，序号为 k 的结点的左孩子结点存在且序号为 2k，当 2k>n 时，序号为 k 的结点的左孩子结点不存在。

当 i=k+1 时，在完全二叉树中，若序号为 k+1 的结点的左孩子结点存在 2i≤n，则其左孩子结点的序号为序号为 k 的结点的右孩子结点的序号加 1，即序号为 k+1 的结点的左孩子结点的序号为 (2k+1)+1=2(k+1)=2i。因此，当 2i>n 时，序号为 i 的结点的左孩子不存在。结论成立。

③ 同理，利用数学归纳法证明。当 i=1 时，若 2i+1=3>n，则该二叉树中不存在序号为 3 的结点，即序号为 i 的结点的右孩子不存在。若 2i+1=3≤n，则该二叉树存在序号为 3 的结点，且序号为 3 的结点是序号为 i 的结点的右孩子结点。

假设当序号 i=k 时，2k+1≤n，序号为 k 的结点的右孩子结点存在且序号为 2k+1，当 2k+1>n 时，序号为 k 的结点的右孩子结点不存在。

当 i=k+1 时，在完全二叉树中，若序号为 k+1 的结点的右孩子结点存在 2i+1≤n，则其右孩子结点的序号为序号为 k 的结点的右孩子结点的序号加 2，即序号为 k+1 的结点的右孩子结点的序号为(2k+1)+2=2×(k+1)+1=2i+1。因此，当 2i+1>n 时，序号为 i 的结点的右孩子不存在。结论成立。

5.2.3　二叉树的抽象数据类型

二叉树的抽象数据类型定义了二叉树中的数据对象、数据关系及基本操作，具体定义如下：

```
ADT BinaryTree
{
        数据对象 D：D 是具有相同特性的数据元素的集合。
        数据关系 R：若 D=φ，则称 Binary Tree 为空二叉树。
        若 D≠¢，则 R={H}，H 存在如下二元关系：
        （1）在 D 中存在唯一的称为根的数据元素 root，它在关系 H 下无前驱。
        （2）若 D-{root}≠φ，则存在 D-{root}={D₁, Dᵣ}，且 D₁∩Dᵣ=φ。
```

（3）若 $D_l \neq \phi$，则 D_l 中存在唯一的元素 x_l，<root,x_l>∈H，且存在 D_l 上的关系 $H_1 \subset H$；若 Dr ≠¢，则 D_r 中存在唯一的元素 x_r，<root,x_r>∈H，且存在 Dr 上的关系 $H_r \subset H$；H={<root,x_1>,<root,x_r>,H_1,H_r}。

（4）(D_l, {H_1})是一棵符合本定义的二叉树，称为根的左子树，(D_r, {H_r})是一棵符合本定义的二叉树，称为根的右子树。

基本操作 P：

（1）InitBiTree(&T)

初始条件：二叉树 T 不存在。

操作结果：构造空二叉树 T。

（2）CreateBiTree(&T)

初始条件：给出了二叉树 T 的定义。

操作结果：创建一棵非空的二叉树 T。

（3）DestroyBiTree(&T)

初始条件：二叉树 T 存在。

操作结果：销毁二叉树 T。

（4）InsertLeftChild(p,c)

初始条件：二叉树 c 存在且非，c 无右子树。

操作结果：将 c 插入 p 所指向的左子树，使 p 所指结点的左子树成为 c 的右子树。

（5）InsertRightChild(p,c)

初始条件：二叉树 c 存在且非，c 无右子树。

操作结果：将 c 插入 p 所指向的右子树，使 p 所指结点的右子树成为 c 的右子树。

（6）LeftChild(&T,e)

初始条件：二叉树 T 存在，e 是 T 中的某个结点。

操作结果：若结点 e 存在左孩子结点，则将 e 的左孩子结点返回，否则返回 null。

（7）RigthChild(&T,e)

初始条件：二叉树 T 存在，e 是 T 的某个结点。

操作结果：若结点 e 存在右孩子结点，则将 e 的右孩子结点返回，否则返回 null。

（8）DeleteLeftChild(&T,p)

初始条件：二叉树 T 存在，p 指向 T 中的某个结点。

操作结果：将 p 所指向的结点的左子树删除。若删除成功，则返回 true，否则返回 false。

（9）DeleteRightChild(&T,p)

初始条件：二叉树 T 存在，p 指向 T 中的某个结点。

操作结果：将 p 所指向的结点的右子树删除。若删除成功，则返回 true，否则返回 false。

（10）PreOrderTraverse(T)

初始条件：二叉树 T 存在。

操作结果：先序遍历二叉树 T，即先访问根结点，再访问左子树，最后访问右子树，访问二叉树中的每个结点且仅访问一次。

（11）InOrderTraverse(T)

初始条件：二叉树 T 存在。

操作结果：中序遍历二叉树 T，即先访问左子树，再访问根结点，最后访问右子树，访问二叉树中的每个结点，且仅访问一次。

（12）PostOrderTraverse(T)

初始条件：二叉树 T 存在。

操作结果：后序遍历二叉树 T，即先访问左子树，再访问右子树，最后访问根结点，访问二叉树中的每个结点，且仅访问一次。

（13）LevelTraverse(T)

初始条件：二叉树 T 存在。

操作结果：对二叉树进行层次遍历，即按照从上到下、从左到右的顺序，依次对二叉树中的每个结点进行访问。

（14）BiTreeDepth(T)

初始条件：二叉树 T 存在。

操作结果：若二叉树非空，则返回二叉树的深度；若是空二叉树，则返回 0。

}ADT BinaryTree

5.2.4 二叉树的存储表示

二叉树的存储结构有两种：顺序存储表示和链式存储表示。

1. 二叉树的顺序存储

我们已经知道，完全二叉树中每个结点的编号可以通过公式计算得到，因此完全二叉树可以按照从上到下、从左到右的顺序依次存储在数组中。完全二叉树的顺序存储结构如图 5-9 所示。

图 5-9　完全二叉树的顺序存储结构

按照从上到下、从左到右的顺序对非完全二叉树进行同样的编号，将结点依次存储在数组中。为了能够正确地反映二叉树中结点之间的逻辑关系，需要在数组中将二叉树中不存在的结点位置空出，并用"∧"填充。非完全二叉树的顺序存储结构如图 5-10 所示。

顺序存储对于完全二叉树来说是比较适合的，因为采用顺序存储能够节省内存单元，并能够利用公式得到每个结点的存储位置。但是，对于非完全二叉树来说，这种存储方式会浪费内存空间。在最坏的情况下，若每个结点只有右孩子结点而没有左孩子结点，则需要占用 2^k-1 个存储单元，实际上该二叉树只有 k 个结点。

图 5-10 非完全二叉树的顺序存储结构

2. 二叉树的链式存储

在二叉树中，每个结点有一个双亲结点和两个孩子结点。从一棵二叉树的根结点开始，通过结点的左右孩子地址就可以找到二叉树的每一个结点。因此，二叉树的链式存储结构包括 3 个域：数据域、左孩子指针域和右孩子指针域。其中，数据域存放结点的值，左孩子指针域指向左孩子结点，右孩子指针域指向右孩子结点。这种链式存储结构称为二叉链表存储结构，如图 5-11 所示。

lchild	data	rchild

左孩子指针域 数据域 右孩子指针域

图 5-11 二叉链表存储结构

二叉树采用二叉链表存储结构表示如图 5-12 所示。

非完全二叉树　　　　　　　　二叉树对应的二叉链表

图 5-12 二叉树的二叉链表存储结构表示

有时为了方便找到结点的双亲结点，在二叉链表的存储结构中增加一个指向双亲结点的指针域 parent。该结点的存储结构如图 5-13 所示。这种存储结构称为三叉链表存储结构。

左孩子　数据域　右孩子　双亲结点
指针域　　　　　指针域　指针域

图 5-13 三叉链表存储结构

通常情况下，二叉树采用二叉链表进行表示。二叉链表存储结构的类型定义描述如下：

```
class BiTreeNode                //二叉树中的结点
{
    char data;
    BiTreeNode lchild,rchild;
```

```
    BiTreeNode(char data)
    {
        this.data=data;
        lchild=null;
        rchild=null;
    }
    BiTreeNode(char data, BiTreeNode lchild, BiTreeNode rchild)
    {
        this.data = data;        //二叉树的结点值
        this.lchild = lchild;    //左孩子
        this.rchild = rchild;    //右孩子
    }
}
```

定义了二叉树的存储结点后，为了实现二叉树的插入、删除、遍历、线索化，必须先创建二叉树，二叉树的操作可通过定义 **BiTree** 类来实现。二叉树的初始化如下：

```
public class BiTree {
    BiTreeNode root;
    int num;
    BiTree()
    {
        root = new BiTreeNode();
        num = 0;
    }
}
```

创建二叉树的算法实现如下：

```
BiTreeNode CreateBiTree(char str[])
{
    if (str[pi] == '#'){
        ++pi;
        return null;
    }
    BiTreeNode root = new BiTreeNode();
    root.data = str[pi];
    ++pi;
    root.lchild = CreateBiTree(str);
    root.rchild = CreateBiTree(str);
    return root;
}
```

5.3　二叉树的遍历

在二叉树的应用中，经常需要对二叉树中的每个结点进行访问，即二叉树的遍历。

5.3.1 二叉树遍历的定义

二叉树的遍历即按照某种规律对二叉树的每个结点进行访问，使得每个结点仅被访问一次。这里的访问可以是对结点的输出、统计结点的个数等。

二叉树的遍历过程其实是将二叉树的非线性序列转换成一个线性序列的过程。二叉树是一种非线性的结构，通过遍历二叉树，按照某种规律对二叉树中的每个结点进行访问且仅访问一次，得到一个顺序序列。

由二叉树的定义可知，二叉树是由根结点、左子树和右子树构成的。如果依次对这 3 部分进行遍历，就完成了整个二叉树的遍历。二叉树的结点的基本结构如图 5-14 所示。如果用 D、L、R 分别代表遍历根结点、遍历左子树和遍历右子树，根据组合原理，有 6 种遍历方案：DLR、DRL、LDR、LRD、RDL 和 RLD。

图 5-14　二叉树的结点的基本结构

若限定先左后右的次序，则在以上 6 种遍历方案中，只剩下 3 种方案：DLR、LDR 和 LRD。其中，DLR 称为先序遍历，LDR 称为中序遍历，LRD 称为后序遍历。

5.3.2 二叉树的先序遍历

二叉树的先序遍历的递归定义如下：

如果二叉树为空，则执行空操作。如果二叉树非空，则执行以下操作：

（1）访问根结点。
（2）先序遍历左子树。
（3）先序遍历右子树。

根据二叉树的先序递归定义，得到图 5-15 所示的二叉树的先序序列为：A、B、D、G、E、H、I、C、F、J。

在二叉树先序的遍历过程中，对每一棵二叉树重复执行以上的递归遍历操作，就可以得到先序序列。例如，在遍历根结点 A 的左子树{B,D,E,G,H,I}时，根据先序遍历的递归定义，先访问根结点 B，然后遍历 B 的左子树为{D,G}，最后遍历 B 的右子树为{E,H,I}。访问过 B 之后，开始遍历 B 的左子树{D,G}，在子树{D,G}中，先访问根结点 D，因为 D 没有左子树，所以遍历其右子树，右子树只有一个结点 G，所以访问 G。B 的左子树遍历完毕，按照以上方法遍历 B 的右子树。最后得到结点 A 的左子树先序序列：B、D、G、E、H、I。

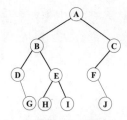

图 5-15　二叉树

根据二叉树的先序递归定义，可以得到二叉树的先序递归算法。

```
public void PreOrderTraverse(BiTreeNode T)
//先序遍历二叉树的递归实现
{
    if(T!=null) {
        System.out.print(T.data+" "); //访问根结点
        PreOrderTraverse(T.lchild);     //先序遍历左子树
        PreOrderTraverse(T.rchild);     //先序遍历右子树
    }
}
```

下面利用栈消除递归，利用非递归实现二叉树的先序遍历。

算法实现：从二叉树的根结点开始，访问根结点，然后将根结点的指针入栈，重复执行以下两个步骤：

① 如果该结点的左孩子结点存在，访问左孩子结点，并将左孩子结点的指针入栈，重复执行此操作，直到结点的左孩子不存在。

② 将栈顶的元素（指针）出栈，如果该指针指向的右孩子结点存在，则将当前指针指向右孩子结点。

重复执行以上两个步骤，直到栈空为止。以上算法思想的执行流程如图 5-16 所示。

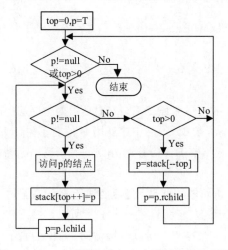

图 5-16　二叉树的非递归先序遍历执行流程图

二叉树的先序遍历非递归算法实现如下：

```
public void PreOrderTraverse2(BiTreeNode T)
//先序遍历二叉树的非递归实现
{
    BiTreeNode stack[] =new BiTreeNode[MAXSIZE]; //定义一个栈，用于存放结点的指针
    int top = 0;                    //定义栈顶指针，初始化栈
    BiTreeNode p = T;
    while(p != null || top>0) {
        while (p != null)           //若 p 不为空，则访问根结点，遍历左子树
        {
            System.out.print(p.data + " "); //访问根结点
            stack[top++]=p;
            p = p.lchild;           //遍历左子树
        }
        if(top > 0)                 //若栈不为空
        {
            p = stack[--top];       //则栈顶元素出栈
            p = p.rchild;           //遍历右子树
        }
    }
}
```

以上算法直接利用数组来模拟栈的实现，当然也可以定义一个栈类型实现。

5.3.3 二叉树的中序遍历

二叉树的中序遍历的递归定义如下：

若二叉树为空，则执行空操作。若二叉树非空，则执行以下操作：

（1）中序遍历左子树。

（2）访问根结点。

（3）中序遍历右子树。

根据二叉树的中序递归定义，如图 5-16 所示的二叉树的中序序列为 D、G、B、H、E、I、A、F、J、C。

在二叉树的中序遍历过程中，对每一棵二叉树重复执行以上递归遍历操作，就可以得到二叉树的中序序列。

例如，如果要中序遍历 A 的左子树{B,D,E,G,H,I}，根据中序遍历的递归定义，需要先中序遍历 B 的左子树{D,G}，然后访问根结点 B，最后中序遍历 B 的右子树{E,H,I}。在子树{D,G}中，D 是根结点，没有左子树，因此访问根结点 D，接着遍历 D 的右子树，因为右子树只有一个结点 G，所以直接访问 G。

在左子树遍历完毕之后，访问根结点 B。最后要遍历 B 的右子树{E,H,I}，E 是子树{E,H,I}的根结点，需要先遍历左子树{H},因为左子树只有一个 H，所以直接访问 H，然后访问根结点 E，最后遍历右子树{I}，右子树也只有一个结点，所以直接访问 I，B 的右子树访问完毕。因此，A 的左子树的中序序列为 D、G、B、H、E 和 I。

从以上二叉树的中序序列可以看出,A 的左边是 A 的左子树序列,A 的右边是 A 的右子树序列。

同样，B 的左边是 B 的左子树序列，B 的右边是 B 的右子树序列。根结点把二叉树的中序序列分为左右两棵子树序列，左边是左子树序列，右边是右子树序列。

根据二叉树的中序递归定义，可以得到二叉树的中序递归算法。

```java
public void InOrderTraverse(BiTreeNode T)
//中序遍历二叉树的递归实现
{
    if(T!=null) {
        InOrderTraverse(T.lchild);      //中序遍历左子树
        System.out.print(T.data+" "); //访问根结点
        InOrderTraverse(T.rchild);      //中序遍历右子树
    }
}
```

下面介绍二叉树中序遍历的非递归算法实现。

从二叉树的根结点开始，将根结点的指针入栈，执行以下两个步骤：

① 若该结点的左孩子结点存在，则将左孩子结点的指针入栈。重复执行此操作，直到结点的左孩子不存在。

② 将栈顶的元素（指针）出栈，并访问该指针指向的结点，若该指针指向的右孩子结点存在，则将当前指针指向右孩子结点。重复执行步骤①和步骤②，直到栈空为止。以上算法思想的执行流程如图 5-17 所示。

二叉树中序遍历的非递归算法实现如下：

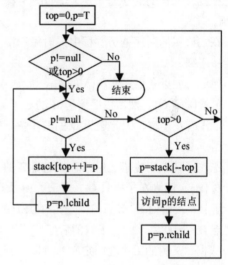

图 5-17　二叉树的先序遍历非递归实现执行流程图

```java
public void InOrderTraverse2(BiTreeNode T)
//中序遍历二叉树的非递归实现
{
    BiTreeNode stack[] = new  BiTreeNode[MAXSIZE];//定义一个栈，用于存放结点指针
    int top = 0;                    //定义栈顶指针，初始化栈
    BiTreeNode p = T;
    while (p != null || top > 0) {
        while (p != null)           //若 p 不为空，则遍历左子树
        {
            stack[top++] = p;       //将 p 入栈
            p = p.lchild;           //遍历左子树
        }
        if (top > 0)                //若栈不为空
        {
            p = stack[--top];       //则栈顶元素出栈
            System.out.print(p.data + " ");   //访问根结点
            p = p.rchild;                       //遍历右子树
        }
    }
}
```

```
    }
```

5.3.4　二叉树的后序遍历

二叉树的后序遍历的递归定义如下。

若二叉树为空，则执行空操作。若二叉树非空，则执行以下操作：

（1）后序遍历左子树。

（2）后序遍历右子树。

（3）访问根结点。

根据二叉树的后序递归定义，如图 5-16 所示的二叉树的后序序列为 G、D、H、I、E、B、J、F、C、A。

在二叉树的后序遍历过程中，对每一棵二叉树重复执行以上递归遍历操作，就可以得到二叉树的后序序列。

例如，如果要后序遍历 A 的左子树{B,D,E,G,H,I}，根据后序遍历的递归定义，需要先后序遍历 B 的左子树{D,G}，然后后序遍历 B 的右子树{E,H,I}，最后访问根结点 B。在子树{D,G}中，D 是根结点，没有左子树，因此遍历 D 的右子树，因为右子树只有一个结点 G，所以直接访问 G，接着访问根结点 D。

在左子树遍历完毕之后，需要遍历 B 的右子树{E,H,I}，E 是子树{E,H,I}的根结点，需要先遍历左子树{H}，因为左子树只有一个 H，所以直接访问 H，然后遍历右子树{I}，右子树也只有一个结点，所以直接访问 I，最后访问子树{E,H,I}的根结点 E。此时，B 的左、右子树均访问完毕。最后访问结点 B。因此，A 的左子树的后序序列为 G、D、H、I、E 和 B。

依据二叉树的后序递归定义，可以得到二叉树的后序递归算法。

```
public void PostOrderTraverse(BiTreeNode T)
//后序遍历二叉树的递归实现
{
    if(T!=null)   //如果二叉树不为空
    {
        PostOrderTraverse(T.lchild);    //后序遍历左子树
        PostOrderTraverse(T.rchild);    //后序遍历右子树
        System.out.print(T.data+" ");  //访问根结点
    }
}
```

下面介绍二叉树后序遍历的非递归算法实现。

从二叉树的根结点开始，将根结点的指针入栈，执行以下两个步骤：① 若该结点的左孩子结点存在，则将左孩子结点的指针入栈。重复执行此操作，直到结点的左孩子不存在。② 取栈顶元素（指针）并赋给 p，若 p.rchild==null 或 p.rchild=q，即 p 没有右孩子或右孩子结点已经访问过，则访问根结点，即 p 指向的结点，并用 q 记录刚刚访问过的结点指针，将栈顶元素退栈。若 p 有右孩子且右孩子结点没有被访问过，则执行 p=p.rchild。重复执行步骤①和步骤②，直到栈空为止。以上算法思想的执行流程如图 5-18 所示。

图 5-18 二叉树后序遍历的非递归实现执行流程图

二叉树后序遍历的非递归算法实现如下：

```
public void PostOrderTraverse2(BiTreeNode T)
//后序遍历二叉树的非递归实现
{
    BiTreeNode stack[] = new BiTreeNode[MAXSIZE]; //定义一个栈，用于存放结点指针
    int top = 0;
    BiTreeNode p = T;
    BiTreeNode q = null;              //初始化结点的指针
    while (p != null || top > 0) {
        while (p != null)             //若 p 不为空，则遍历左子树
        {
            stack[top++] = p;         //将 p 入栈
            p = p.lchild;             //遍历左子树
        }
        if (top > 0)                  //若栈不为空
        {
            p = stack[top-1];         //则取栈顶元素
            if(p.rchild == null || p.rchild == q)   //若 p 没有右孩子结点，或右孩子
结点已经访问过
            {
                System.out.print(p.data+" ");       //则访问根结点
                q = p;                              //记录刚刚访问过的结点
                p = null;                           //为遍历右子树做准备
                top--;                              //出栈
```

```
            }
        else
            p = p.rchild;
        }
    }
}
```

5.4 二叉树的线索化

在二叉树中，采用二叉链表作为存储结构，只能找到结点的左孩子结点和右孩子结点。要想找到结点的直接前驱或者直接后继，必须对二叉树进行遍历，但这并不是最直接、最简便的方法。通过对二叉树线索化，可以很方便地找到结点的直接前驱和直接后继。

5.4.1 二叉树的线索化定义

为了能够在二叉树的遍历过程中直接找到结点的直接前驱或者直接后继，可在二叉链表结点中增加两个指针域：一个用来指向结点的前驱，另一个用来指向结点的后继。但这样做需要为结点增加更多的存储单元，使结点结构的利用率大大下降。

在二叉链表的存储结构中，具有 n 个结点的二叉链表有 n+1 个空指针域。由此，可以利用这些空指针域存放结点的直接前驱和直接后继的信息。我们可以做以下规定：若结点存在左子树，则指针域 lchild 指示其左孩子结点，否则指针域 lchild 指示其直接前驱结点。若结点存在右子树，则指针域 rchild 指示其右孩子结点，否则指针域 rchild 指示其直接后继结点。

为了区分指针域指向的是左孩子结点还是直接前驱结点，右孩子结点还是直接后继结点，增加两个标志域 ltag 和 rtag。结点的存储结构如图 5-19 所示。

图 5-19 结点的存储结构

其中，当 ltag=0 时，lchild 指向结点的左孩子；当 ltag=1 时，lchild 指向结点的直接前驱结点。当 rtag=0 时，rchild 指向结点的右孩子；当 rtag=1 时，rchild 指向结点的直接后继结点。

由这种存储结构构成的二叉链表称为线索二叉树。采用这种存储结构的二叉链表称为线索链表。其中，指向结点直接前驱和直接后继的指针称为线索。在二叉树的先序遍历过程中，加上线索之后，得到先序线索二叉树。同理，在二叉树的中序（后序）遍历过程中，加上线索之后，得到中序（后序）线索二叉树。二叉树按照某种遍历方式使二叉树变为线索二叉树的过程称为二叉树的线索化。如图 5-20 所示就是将二叉树进行先序、中序和后序遍历得到的线索二叉树。

图 5-20　二叉树的线索化

线索二叉树的存储结构类型描述如下：

```
class BiThrNode                      //线索二叉树的结点
{
    String data;
    BiThrNode lchild,rchild;
    int ltag,rtag;
    BiThrNode(String data,BiThrNode lchild,BiThrNode rchild, int ltag,int rtag)
    {
        this.data=data;              //二叉树的结点值
        this.lchild=lchild;          //左孩子
        this.rchild=rchild;          //右孩子
        this.ltag=ltag;              //线索标志域
        this.rtag=rtag;              //线索标志域
    }
    BiThrNode(String data)
    {
        this.data=data;              //二叉树的结点值
        this.lchild=null;            //左孩子
        this.rchild=null;            //右孩子
        this.ltag=0;                 //线索标志域
        this.rtag=0;                 //线索标志域
    }
}
```

5.4.2　二叉树的线索化算法实现

　　二叉树的线索化就是利用二叉树中结点的空指针域表示结点的前驱信息或后继信息。而要得到结点的前驱信息和后继信息，需要对二叉树进行遍历，同时将结点的空指针域修改为其直接前驱或直接后继信息。因此，二叉树的线索化就是对二叉树的遍历过程。这里以二叉树的中序线索化为例介绍二叉树的线索化。

为了方便，在二叉树线索化时可增加一个头结点。使头结点的指针域 lchild 指向二叉树的根结点，指针域 rchild 指向二叉树中序遍历时的最后一个结点，二叉树中的第一个结点的线索指针指向头结点。初始化时，使二叉树的头结点的 rchild 指针域指向自身，并将头结点的标志域 ltag 置为 Link，标志域 rtag 置为 Thread。

线索化以后的二叉树类似于一个循环链表，操作线索二叉树就像操作循环链表一样，既可以从线索二叉树中的第一个结点开始，根据结点的后继线索指针遍历整棵二叉树，又可以从线索二叉树的最后一个结点开始，根据结点的前驱线索指针遍历整棵二叉树。经过线索化的二叉树及其存储结构如图 5-21 所示。

图 5-21　中序线索二叉树及其链表

中序线索二叉树的算法实现如下：

```
public BiThrNode InOrderThreading(BiThrNode T)
//通过中序遍历二叉树 T，使 T 中序线索化。thrt 是指向头结点的指针
{
    BiThrNode thrt = new BiThrNode();
    //将头结点线索化
    thrt.ltag = 0;              //修改前驱线索标志
    thrt.rtag = 1;              //修改后继线索标志
    thrt.rchild = thrt;         //将头结点的 rchild 指针指向自己
    if (T == null)              //若二叉树为空，则将 lchild 指针指向自己
        thrt.lchild = thrt;
    else {
        thrt.lchild = T;        //将头结点的左指针指向根结点
        pre = thrt;             //将 pre 指向已经线索化的结点
        T = InThreading(T);     //中序遍历进行中序线索化
        //将最后一个结点线索化
        pre.rchild = thrt;      //将最后一个结点的右指针指向头结点
        pre.rtag = 1;           //修改最后一个结点的 rtag 标志域
        thrt.rchild = pre;      //将头结点的 rchild 指针指向最后一个结点
```

```
            thrt.lchild = T;        //将头结点的左指针指向根结点
        }
        return thrt;
    }

public BiThrNode InThreading(BiThrNode p) {
//二叉树中序线索化
        if (p != null) {
            InThreading(p.lchild);        //左子树线索化
            if (p.lchild == null)         //前驱线索化
            {
                p.ltag = 1;
                p.lchild = pre;
            }
            if (pre.rchild == null)       //后继线索化
            {
                pre.rtag = 1;
                pre.rchild = p;
            }
            pre = p;          //pre 指向的结点线索化完毕，使 p 指向的结点成为前驱
            InThreading(p.rchild);        //右子树线索化
        }
        return p;
}
```

5.4.3　线索二叉树的遍历

利用在线索二叉树中查找结点的前驱和后继的思想遍历线索二叉树。

1. 查找指定结点的中序直接前驱

在中序线索二叉树中，要查找 p 指向结点的直接前驱，若 p.ltag=1，则 p.lchild 指向的结点就是 p 的中序直接前驱结点。例如，在图 5-21 中，结点 E 的前驱标志域为 1，即 Thread，中序直接前驱为 A，即 lchild 指向的结点。若 p.ltag=0，则 p 的中序直接前驱就是 p 的左子树的最右下端的结点。例如，结点 A 的中序直接前驱结点为 D，即结点 A 的左子树的最右下端的结点。

查找指定结点的中序直接前驱的算法实现如下：

```
public BiThrNode InOrderPre(BiThrNode p)
//在中序线索树中查找结点 p 的中序直接前趋
{
    if (p.ltag == 1)        //若 p 的标志域 ltag 为线索，则 p 的左子树结点即为前驱
        return p.lchild;
    else {
        pre = p.lchild;   //查找 p 的左孩子的最右下端的结点
        while (pre.rtag == 0)   //右子树非空时，沿右链往下查找
            pre = pre.rchild;
        return pre;                 //pre 就是最右下端的结点
    }
}
```

2. 查找指定结点的中序直接后继

在中序线索二叉树中，查找 p 指向结点的中序直接后继与查找指定结点的中序直接前驱类似。如果 p.rtag=1，那么 p.rchild 指向的结点就是 p 的直接后继结点。例如，在图 5-21 中，结点 G 的后继标志域为 1，即 Thread，则中序直接后继为 D，即 rchild 指向的结点。如果 p.rtag=0，那么 p 的中序直接后继就是 p 的右子树的最左下端的结点。例如，结点 B 的中序直接后继为 G，即结点 B 的右子树的最左下端的结点。

查找指定结点的中序直接后继的算法实现如下：

```
public BiThrNode InOrderPost(BiThrNode p)
// 在中序线索树中查找结点 p 的中序直接后继
{
    if(p.rtag == 1)            //若 p 的标志域 ltag 为线索，则 p 的右子树结点即为后继结点
        return p.rchild;
    else {
        pre = p.rchild;        //查找 p 的右孩子的最左下端的结点
        while(pre.ltag == 0)   //左子树非空时，沿左链往下查找
            pre = pre.lchild;
        return pre;            //pre 就是最左下端的结点
    }
}
```

3. 中序遍历线索二叉树

中序遍历线索二叉树的实现思想分为 3 步：① 从第一个结点开始，找到二叉树的最左下端的结点并访问；② 判断该结点的右标志域是否为线索指针，若是线索指针，即 p.rtag==Thread，说明 p.rchild 指向结点的中序后继，则将指针指向右孩子结点，并访问右孩子结点；③ 将当前指针指向该右孩子结点。重复执行以上 3 个步骤，直到遍历完毕。整个中序遍历线索二叉树的过程，就是根据线索查找后继和查找右子树的最左下端的结点的过程。

中序遍历线索二叉树的算法实现如下：

```
public void InOrderTraverse(BiThrNode T)
//中序遍历线索二叉树
{
    BiThrNode p = T.lchild;    //将根结点赋值给 node
    while(p!=T){
        while(p!=T&&p.ltag == 0)
            p = p.lchild;      //中序遍历创建，如果是左孩子结点，就继续
        Print(p);
        while(p.rtag == 1&&p.rchild!=T){   //如果 right 表示右结点，继续
            p = p.rchild;
            Print(p);
        }
        p = p.rchild;
    }
}
```

5.4.4　线索二叉树的应用举例

【例 5-1】编写程序，建立如图 5-21 所示的二叉树，并将其中序线索化。任意输入一个结点，输出该结点的中序前驱和中序后继。例如，结点 D 的中序直接前驱是 G，其中序直接后继是 A。

程序代码如下：

```
public BiThrNode CreateBiTree(String S)
{
    int top=-1;  //初始化栈顶指针
    int k = 0;
    BiThrNode T= null;
    int flag=0;
    BiThrNode stack[] =new BiThrNode[MAXSIZE];
    char ch=S.charAt(k);
    BiThrNode p=null;
    while(k<S.length())        //如果字符串没有结束
    {
        ch = S.charAt(k);
        if (ch == '(') {
            stack[++top] = p;
            flag = 1;
        } else if (ch == ')') {
            top -= 1;
        } else if (ch == ',')
            flag = 2;
        else {
            String str = String.valueOf(ch);
            p = new BiThrNode(str);
            if (T == null)    //如果是第一个结点，就表示根结点
                T = p;
            else {
                if (flag == 1)
                    stack[top].lchild = p;
                else if (flag == 2)
                    stack[top].rchild = p;
                if (stack[top].lchild != null)
                    stack[top].ltag = 0;
                if (stack[top].rchild != null)
                    stack[top].rtag = 0;
            }
        }
        k += 1;
    }
    return T;
}

public BiThrNode FindPoint (BiThrNode T, String e)
//中序遍历线索二叉树，返回元素值为 e 的结点的指针
{
    BiThrNode p = T.lchild;    //p 指向根结点
```

```
    while(p != T)                    //如果不是空二叉树
    {
        while (p.ltag == 0)
            p = p.lchild;
        if (p.data.equals(e))
            return p;
        while (p.rtag == 1 && p.rchild != T)  //访问后继结点
        {
            p = p.rchild;
            if (p.data.equals(e))   //找到结点，返回指针
                return p;
        }
        p = p.rchild;
    }
    return null;
}

public static void main(String args[])
{
    BiThrTree BiTree = new BiThrTree();
    String S = new String("(A(B(,D(G)),C(E(,H),F))");//广义表表示的二叉树结点序列
    BiThrNode T = BiTree.CreateBiTree(S);            //T 是二叉树的根结点
    System.out.println("线索二叉树的输出序列：");
    BiThrNode thrt = BiTree.InOrderThreading(T);
    BiTree.InOrderTraverse(thrt);

    BiThrNode p = BiTree.FindPoint(thrt, "D");
    pre = BiTree.InOrderPre(p);
    System.out.println("元素 D 的中序直接前驱元素是:"+ pre.getData());
    BiThrNode post = BiTree.InOrderPost(p);
    System.out.println("元素 D 的中序直接后继元素是:"+post.getData());
    p = BiTree.FindPoint(thrt, "E");
    pre = BiTree.InOrderPre(p);
    System.out.println("元素 E 的中序直接前驱元素是:" +pre.getData());
    post = BiTree.InOrderPost(p);
    System.out.println("元素 E 的中序直接后继元素是:" +post.getData());
}
```

程序运行结果如下。

```
线索二叉树的输出序列：
0   Thread    B   Link
1   Thread    G   Thread
2   Link      D   Thread
3   Link      A   Link
4   Thread    E   Link
5   Thread    H   Thread
6   Link      C   Link
7   Thread    F   Thread
元素 D 的中序直接前驱元素是：G
元素 D 的中序直接后继元素是：A
```

元素 E 的中序直接前驱元素是：A
元素 E 的中序直接后继元素是：H

5.5　树、森林与二叉树

本节将介绍树的表示及遍历操作，并建立森林与二叉树的关系。

5.5.1　树的存储结构

树的存储结构有 3 种：双亲表示法、孩子表示法和孩子兄弟表示法。

1. 双亲表示法

双亲表示法是利用一组连续的存储单元存储树的每个结点，并利用一个指示器表示结点的双亲结点在树中的相对位置。通常在 Java 语言中，利用数组实现连续单元的存储。树的双亲表示法如图 5-22 所示。

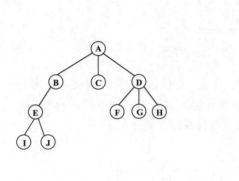

图 5-22　树的双亲表示法

其中，树的根结点的双亲位置用-1 表示。

树的双亲表示法使得已知结点，查找其双亲结点非常容易。通过反复调用求双亲结点，可以找到树的根结点。树的双亲表示法存储结构描述如下：

```
class PNode            //双亲表示法的结点定义
{
    String data;
    int parent;        //指向结点的双亲
}
class PTree            //双亲表示法的类型定义
{
    PNode node[];
    int num;           //结点的个数
    PTree()
    {
        node=new PNode[num];
```

```
        }
    }
```

2. 孩子表示法

把每个结点的孩子结点排列起来，看成是一个线性表，且以单链表作为存储结构，n 个结点共有 n 个孩子链表（叶子结点的孩子链表为空表），这样的链表称为孩子链表。例如，如图 5-22 所示的树，其孩子表示法如图 5-23 所示，其中"∧"表示空。

图 5-23　树的孩子表示法

树的孩子表示法使得通过一个已知结点，查找结点的孩子结点非常容易。通过查找某结点的链表找到该结点的每个孩子。但是查找双亲结点不方便，可以把双亲表示法与孩子表示法结合在一起，如图 5-24 所示就是将两者结合在一起的带双亲的孩子链表。

图 5-24　带双亲的孩子链表

树的孩子表示法的类型描述如下：

```
class ChildNode            //孩子结点的类型定义
{
    int child;
    ChildNode next;        //指向下一个结点
}
```

```
class DataNode                //n 个结点数据与孩子链表的指针构成一个结构
{
    int data;
    ChildNode firstchild;     //孩子链表的指针
}
class CTree                    //孩子表示法类型定义
{
    DataNode node[];
    int num;                   //结点的个数
    int root;                  //根结点在顺序表中的位置
    CTree()
    {
        node=new DataNode[num];
        num=0;
        root=-1;
    }
}
```

3. 孩子兄弟表示法

孩子兄弟表示法也称为树的二叉链表表示法，即以二叉链表作为树的存储结构。链表中的结点的两个链域分别指向该结点的第一个孩子结点和下一个兄弟结点，分别命名为 firstchild 域和 nextsibling 域。

如图 5-22 所示的树对应的孩子兄弟表示如图 5-25 所示。

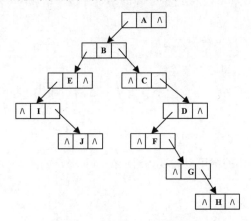

图 5-25　树的孩子兄弟表示法

树的孩子兄弟表示法的类型描述如下：

```
class CSNode                   //孩子兄弟表示法的类型定义
{
    String data;
    CSNode firstchild,nextsibling; //指向第一个孩子和下一个兄弟
}
```

其中，firstchild 指向结点的第一个孩子结点，nextsibling 指向结点的下一个兄弟结点。

利用孩子兄弟表示法可以实现各种树的操作。例如，要查找树中 D 的第 3 个孩子结点，则只需从 D 的 firstchild 找到第一个孩子结点，然后顺着结点的 nextsibling 域走 2 步，就可以找到 D 的第 3 个孩子结点。

5.5.2 树转换为二叉树

从树的孩子兄弟表示和二叉树的二叉链表表示来看，它们在物理上的存储方式是相同的，也就是说，从它们相同的物理结构可以得到一棵树，也可以得到一棵二叉树。因此，树与二叉树存在一种对应关系。从图 5-26 可以看出，树与二叉树存在相同的存储结构。

图 5-26　树与二叉树的存储结构

下面来讨论树是如何转换为二叉树的。树中双亲结点的孩子结点是无序的，二叉树中的左右孩子是有序的。为了方便说明，规定树中的每一个孩子结点从左至右按照顺序编号。例如，图 5-27 中，结点 A 有三个孩子结点 B、C 和 D，规定 B 是 A 的第一个孩子结点，C 是 A 的第二个孩子结点，D 是 A 的第三个孩子结点。

按照以下步骤，可以将一棵树转换为对应的二叉树。

（1）在树中的兄弟结点之间加一条连线。

（2）在树中，只保留双亲结点与第一个孩子结点之间的连线，将双亲结点与其他孩子结点的连线删除。

（3）将树中的各个分支以某个结点为中心进行旋转，子树以根结点成对称形状。

按照以上步骤，图 5-26 中的树可以转换为对应的二叉树，如图 5-27 所示。

图 5-27　将树转换为二叉树

将树转换为对应的二叉树后，树中的每个结点与二叉树中的结点一一对应，树中每个结点的第一个孩子结点变为二叉树的左孩子结点，第二个孩子结点变为第一个孩子结点的右孩子结点，第三个孩子结点变为第二个孩子结点的右孩子结点，以此类推。例如，结点 C 变为结点 B 的右孩子结点，结点 D 变为结点 C 的右孩子结点。

5.5.3　森林转换为二叉树

森林是由若干树组成的集合，由于树可以转换为二叉树，因此森林也可以转换为对应的二叉树。如果将森林中的每棵树转换为对应的二叉树，再将这些二叉树按照规则转换为一棵二叉树，就实现了森林到二叉树的转换。森林转换为对应的二叉树的步骤如下：

（1）把森林中的所有树都转换为对应的二叉树。

（2）从第二棵树开始，将转换后的二叉树作为前一棵树的根结点的右孩子，插入前一棵树中。然后将转换后的二叉树进行相应的旋转。

按照以上两个步骤，可以将森林转换为一棵二叉树。森林转换为二叉树的过程如图 5-28 所示。

图 5-28　森林转换为二叉树的过程

在图 5-28 中，将森林中的每棵树转换为对应的二叉树之后，将第二棵二叉树（根结点为 F 的二叉树）作为第一棵二叉树的根结点 A 的右子树插入第一棵树中将第三棵二叉树，（根结点为 I 的二叉树）作为第二棵二叉树的根结点 F 的右子树插入第一棵树中。这样就构成了图 5-28 中的二叉树。

5.5.4　二叉树转换为树和森林

二叉树转换为树或森林，就是将或森林转换为二叉树的逆过程。树转换为二叉树，二叉树的根结点一定没有右孩子。森林转换为二叉树，根结点有右孩子。按照树或森林转换为二叉树的逆过程，可以将二叉树转换为树或森林。将一棵二叉树转换为树或者森林的步骤如下：

（1）在二叉树中，将某结点的所有右孩子结点、右孩子的右孩子结点等都与该结点的双亲结点用线条连接。

（2）删除二叉树中双亲结点与右孩子结点原来的连线。

（3）调整转换后的树或森林，使结点的所有孩子结点处于同一层次。

利用以上方法，一棵二叉树转换为树的过程如图 5-29 所示。

图 5-29　二叉树转换为树的过程

同理，利用以上方法，可以将一棵二叉树转换为森林，如图 5-30 所示。

图 5-30　二叉树转换为森林的过程

5.5.5　树和森林的遍历

与二叉树的遍历类似，树和森林的遍历也是按照某种规律对树或者森林中的每个结点进行访问，且仅访问一次的操作。

1. 树的遍历

通常情况下，按照访问树中根结点的先后次序，树的遍历方式分为两种：先根遍历和后根遍历。先根遍历的步骤如下：

（1）访问根结点。

（2）按照从左到右的顺序依次先根遍历每一棵子树。

例如，如图 5-29 所示的树先根遍历后得到的结点序列是 A、B、E、H、I、C、D、F、J、G。后根遍历的步骤如下：

（1）按照从左到右的顺序依次后根遍历每一棵子树。

（2）访问根结点。

例如，如图 5-29 所示的树后根遍历后得到的结点序列是 H、I、E、B、C、J、F、G、D、A。

2. 森林的遍历

森林的遍历方法有两种：先序遍历和中序遍历。

先序遍历森林的步骤如下：

（1）访问森林中第一棵树的根结点。
（2）先序遍历第一棵树的根结点的子树。
（3）先序遍历森林中剩余的树。

例如，如图 5-30 所示的森林先序遍历得到的结点序列是 A、B、E、C、D、F、G、H、I、J。

中序遍历森林的步骤如下：

（1）中序遍历第一棵树的根结点的子树。
（2）访问森林中第一棵树的根结点。
（3）中序遍历森林中剩余的树。

例如，如图 5-30 所示的森林中序遍历得到的结点序列是 E、B、C、D、A、G、H、F、J、I。

【例 5-2】若 F 是一个森林，B 是由 F 转换的二叉树，F 中有 n 个非终端结点，则 B 中右指针域为空的结点个数是（　　）。

      A. n-1   B. n   C. n+1   D. n+2

【分析】根据森林转换为二叉树的规则画出森林和二叉树，每个非终端结点的最后一个孩子的右指针域为空。答案为 C。

【例 5-3】高度为 h 的满二叉树对应的森林由（　　）棵树构造。

      A. 1   B. $\log_2 h$ C. h/2   D. h

【分析】答案为 D。

5.6　并　查　集

并查集（Disjoint Set Union）是一种主要用于处理互不相交的集合的合并和查询操作的树形结构。这种数据结构把一些元素按照一定的关系组合在一起。

5.6.1　并查集的定义

对于并查集，在一些有 N 个元素的集合应用问题中，初始时通常将每个元素看成是一个单元素的集合，然后按一定次序将属于同一组的元素所在的集合两两合并，其间要反复查找一个元素在哪个集合中。关于并查集的运算，通常可采用树结构实现。其主要操作有并查集的初始化、查找 x 结点的根结点、合并 x 和 y。并查集的基本运算如表 5-1 所示。

表5-1 并查集的基本运算

基本操作	基本操作方法
初始化	DisjointSet()
查找 x 所属的集合（根结点）	Find(self,x)
将 x 和 y 所属的两个集合（两棵树）合并	Merge(self,x,y)

5.6.2 并查集的实现

并查集的实现包括初始化、查找和合并操作。这些操作可以在一个类中实现。下面我们首先定义一个 DisjointSet 类。

1. 初始化

初始化时，每个元素代表一棵树。假设有 n 个编号分别为 1，2，…，n 的元素，使用数组 parent 存储每个元素的父结点，初始化时，先将父结点设为自身。

```
public class DisjointSet
{
    final int MAXSIZE=100;
    int parent[];
    int rank[];
    DisjointSet(int n)
    {
        parent=new int[n+1];
        rank=new int[n+1];
        for(int i=0;i<n+1;i++)
            parent[i]=i;
    }
}
```

并查集的初始状态如图 5-31（a）所示。将 a 和 f 所在的集合（a 和 f 两棵树）合并后，使 a 成为两个结点构成的树的父结点，如图 5-31（b）所示。将 b 和 c 所在的集合合并，使 b 成为父结点，如图 5-31（c）所示。继续将其他结点所在的集合合并，直到所有结点构成一棵树，如图 5-31（f）所示。

（a）初始状态   （b）合并 a 和 f 所在的集合

图 5-31 并查集的合并过程

（c）合并 b 和 c 所在的集合　　　　　　　（d）合并 a 和 d 所在的集合

（e）合并 b 和 e 所在的集合　　　　　　　（f）合并 a 和 b 所在的集合

图 5-31　并查集的合并过程（续）

2. 查找

查找操作是查找 x 结点所在子树的根结点。从图 5-31 可以看出，一棵子树的根结点满足条件：parent[y]=y。这可以通过不断顺着分支查找双亲结点找到，即 y=parent[y]。例如，查找结点 e 的根结点是沿着 e→b→a 路径找到根结点 a。

```
public int Find(int x) {
    if (parent[x] == x)
        return x;
    else
        return Find(parent[x]);
}
```

随着树的高度不断增加，想从终端结点找到根结点，其效率就会变得越来越低。有没有更好的办法呢？若每个结点都指向根结点，则查找效率会提高很多。因此，可在查找的过程中使用路径压缩的方法，令查找路径上的结点逐个指向根结点，如图 5-32 所示。

（a）路径压缩前　　　　　　　（b）路径压缩后

图 5-32　查找过程中的路径压缩

带路径压缩的查找算法实现如下：

```java
public int Find2(int x) {
    if (parent[x] == x)
        return x;
    parent[x] = Find2(x);
    return parent[x];
}
```

为了方便理解，可将以上查找算法转换为以下非递归算法来实现：

```java
public int Find_NonRec(int x)
{
    int root = x;
    while(parent[root] != root)    //查找根结点 root
        root = parent[root];
    int y = x;
    while(y != root)               //路径压缩
    {
        parent[y] = root;
        y = parent[y];
    }
    return root;
}
```

经过以上路径压缩后，可以显著提高查找算法的效率。

3. 合并

两棵树的合并操作就是将 x 和 y 所属的两棵子树合并为一棵子树。其合并算法的主要思想是，找到 x 和 y 所属子树的根结点 root_x 和 root_y，若 root_x==root_y，则表明它们属于同一棵子树，不需要合并；否则，需要比较两棵子树的高度，即秩，使合并后的子树的高度尽可能小：

（1）若 x 所在子树的秩 rank[root_x]<rank[root_y]，则将秩较小的 root_x 作为 root_y 的孩子结点，此时 root_y 的秩不变。

（2）若 x 所在子树的秩 rank[root_x]>rank[root_y]，则将秩较小的 root_y 作为 root_x 的孩子结点，此时 root_x 的秩不变。

（3）若 x 所在子树的秩 rank[root_x]==rank[root_y]，则可将 root_x 作为 root_y 的孩子结点，也可将 root_y 作为 root_x 的孩子结点，合并后子树的秩加 1。

两棵树合并后如图 5-33 所示。

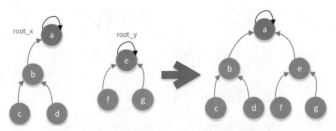

（a）因为 rank[root_x]>rank[root_y]，以第 2 棵子树作为第 1 棵子树根结点的孩子结点，合并后的树的秩为 rank[root_x]

图 5-33　两棵子树的合并

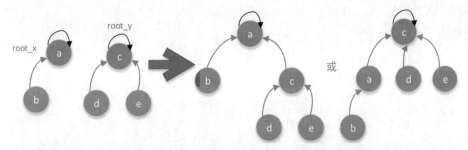

（b）因为 rank[root_x]= =rank[root_y]，可将第 2 棵子树作为第 1 棵子树根结点的孩子结点，
或将第 1 棵子树作为第 2 棵子树根结点的孩子结点，合并后的树的秩为 rank[root_x]+1

图 5-33　两棵子树的合并（续）

合并算法实现如下：

```
public void Merge(int x, int y)
{
    int root_x=Find_NonRec(x);
    int root_y = Find_NonRec(y);        //找到两个根结点
    if(rank[root_x] <= rank[root_y])  //若前者树的高度小于或等于后者
        parent[root_x] = root_y;
    else                  //否则
        parent[root_y] = root_x;
    if(rank[root_x] == rank[root_y] && root_x !=root_y)
    //若高度相等且根结点不同，则新的根结点的高度 + 1
        rank[root_y]++;
}
```

5.6.3　并查集的应用

【例 5-4】给定一个包含 N 个顶点 M 条边的无向图 G，判断 G 是否为一棵树。

【分析】判断包含 N 个顶点 M 条边的无向图是否为一棵树的充分必要条件是 N=M+1 且 N 个
点连通。因此，关键在于判断这 N 个点是不是连通的。判断连通性一般有两种方法：① 利用图的
连通性来判断。从一个顶点（比如 1 号顶点）开始进行深度或广度优先搜索遍历，搜索的过程中把
遇到的顶点都进行标记，最后检查这 N 个顶点是否都被标记了。统计被标记顶点的数量是否等于 N，
若为 N，则表明这是一棵树，否则不是一棵树。② 用并查集的基本操作实现判断。依次搜索每条边，
把每条边相关联的两个顶点都合并到一个集合中，最后检查是不是 N 个顶点都在同一个集合中。若
N 个顶点都在同一个集合中，则是一棵树，否则不是一棵树。

算法实现如下：

```
public int FindParent(int x,int parent[])
//在并查集中查找 x 结点的根结点
{
    if(x == parent[x])
        return x;
```

```
        parent[x] = FindParent(parent[x], parent);
        return parent[x];
}

public static void main(String args[])
{
    int SIZE = 100;
    int parent[] = new int[SIZE];
    System.out.println("请分别输入结点数和边数：");
    Scanner sc=new Scanner(System.in);
    String str[] = sc.nextLine().split(" ");
    int n=Integer.parseInt(str[0]);
    int m=Integer.parseInt(str[1]);
    boolean flag=false;
    DisjointSet Djs=new DisjointSet(n);
    if(m != n - 1)
        flag = true;
    for(int i=1;i<n+1;i++)
        parent[i] = i;
    int iter = 1;
    while(m != 0)
    {
        System.out.print("请输入第" + iter + "条边对应的顶点:");
        str=sc.nextLine().split(" ");
        int x = Integer.parseInt(str[0]);
        int y = Integer.parseInt(str[1]);
        int fx = Djs.FindParent(x, parent);
        int fy = Djs.FindParent(y, parent);
        if (parent[fx] != parent[fy])
            parent[fx] = parent[fy];
        m--;
        iter++;
    }
    int root = Djs.FindParent(parent[1], parent);
    for(int i=2;i<n+1;i++) {
        if (Djs.FindParent(parent[i], parent) != root) {
            flag = true;
            break;
        }
    }
    if(flag)
        System.out.println("这不是一棵树!");
    else
        System.out.println("这是一棵树!");
}
```

程序运行结果如下。

请分别输入结点数和边数：
5 4
请输入第 1 条边对应的顶点：1 2

请输入第 2 条边对应的顶点：1　3
请输入第 3 条边对应的顶点：2　4
请输入第 4 条边对应的顶点：2　5
这是一棵树！

5.7　哈夫曼树

哈夫曼（Huffman）树也称最优二叉树，它是一种带权路径长度最短的树，有着广泛的应用。

5.7.1　哈夫曼树的定义

在介绍哈夫曼树之前，先来了解几个与哈夫曼树相关的定义。

1. 路径和路径长度

路径是指在树中从一个结点到另一个结点所走过的路程。路径长度是一个结点到另一个结点的分支数目。树的路径长度是指从树的树根到每一个结点的路径长度的和。

2. 树的带权路径长度

在一些实际应用中，根据结点的重要程度，为树中的某一个结点赋予一个有意义的值，这个值就是结点的权。在一棵树中，某个结点的路径长度与该结点的权的乘积，称为该结点的带权路径长度。而树的带权路径长度是指树中所有叶子结点的带权路径长度的和。树的带权路径长度公式记作：

$$WPL = \sum_{i=1}^{n} w_i \times l_i$$

其中，n 是树中叶子结点的个数，w_i 是第 i 个叶子结点的权值，l_i 是第 i 个叶子结点的路径长度。

例如，如图 5-34 所示的二叉树的带权路径长度分别是：

（1）WPL=8×2+4×2+2×2+3×2=38

（2）WPL=8×2+4×3+2×3+3×1=37

（3）WPL=8×1+4×2+2×3+3×3=31

从图 5-34 可以看出，第三棵树的带权路径长度最小，它其实就是一棵哈夫曼树。

（1）带权路径长度为38　　　（2）带权路径长度为37　　　（3）带权路径长度为31

图 5-34　二叉树的带权路径长度

3. 哈夫曼树

哈夫曼树就是带权路径长度最小的树，权值越小的结点越远离根结点，权值越大的结点越靠近根结点。哈夫曼树的构造算法如下：

（1）由给定的 n 个权值$\{w_1,w_2,\cdots,w_n\}$构成 n 棵只有根结点的二叉树集合 $F=\{T_1,T_2,\cdots,T_n\}$，每个结点的左右子树均为空。

（2）在二叉树集合 F 中，找两棵根结点的权值最小和次小的树，作为左、右子树构造一棵新的二叉树，新的二叉树的根结点的权重为左、右子树根结点的权重之和。

（3）在二叉树集合 F 中，删除作为左、右子树的两棵二叉树，并将新二叉树加入集合 F 中。

（4）重复执行步骤（2）和步骤（3），直到集合 F 中只剩下一棵二叉树为止。这棵二叉树就是要构造的哈夫曼树。

例如，假设给定一组权值$\{1,3,6,9\}$，按照哈夫曼构造的算法对集合的权重构造哈夫曼树的过程如图 5-35 所示。

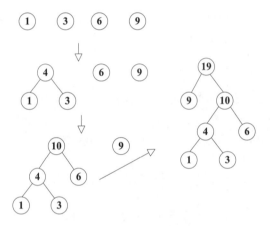

图 5-35 哈夫曼树的构造过程

5.7.2 哈夫曼编码

哈夫曼编码通常应用在数据通信中，在数据传送时，需要将字符转换为二进制的字符串。例如，假设传送的电文是 ABDAACDA，电文中有 A、B、C 和 D 共 4 种字符，若规定 A、B、C 和 D 的编码分别为 00、01、10 和 11，则上面的电文代码为 0001110000101100，总共 16 个二进制数。

在传送电文时，希望电文的代码尽可能短。如果按照每个字符进行长度不等的编码，将出现频率高的字符采用尽可能短的编码，电文的代码长度就会减小。可以利用哈夫曼树对电文进行编码，最后得到的编码就是长度最短的编码。具体构造方法如下：

假设需要编码的字符集合为$\{c_1,c_2,\cdots,c_n\}$，相应地，字符在电文中的出现次数为$\{w_1,w_2,\cdots,w_n\}$，以字符 $c_1,c_2,\cdots,c_n$ 作为叶子结点，以 $w_1,w_2,\cdots,w_n$ 为对应叶子结点的权值构造一棵二叉树，规定哈夫曼树的左孩子分支为 0，右孩子分支为 1，从根结点到每个叶子结点经过的分支组成的 0 和 1 序列就是结点对应的编码。

　　按照以上构造方法，字符集合为{A,B,C,D}，各个字符相应出现的次数为{4,1,1,2}，这些字符作为叶子结点构成的哈夫曼树如图 5-36 所示。字符 A 的编码为 0，字符 B 的编码为 110，字符 C 的编码为 111，字符 D 的编码为 10。

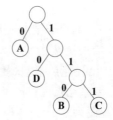

图 5-36　哈夫曼编码

　　因此，可以得到电文 ABDAACDA 的哈夫曼编码为 01101000111100，共 13 个二进制字符。这样就保证了电文的编码达到最短。

　　在设计不等长编码时，必须使任何一个字符的编码都不是另一个字符的编码的前缀。例如，字符 A 的编码为 10，字符 B 的编码为 100，则字符 A 的编码就称为字符 B 的编码的前缀。如果一个代码为 10010，在进行译码时，无法确定是将前两位译为 A，还是将前三位译为 B。但是在利用哈夫曼树进行编码时，每个编码是叶子结点的编码，一个字符不会出现在另一个字符的前面，也就不会出现一个字符的编码是另一个字符的编码的前缀编码。

5.7.3　哈夫曼编码算法的实现

　　下面利用哈夫曼编码的设计思想，通过一个实例实现哈夫曼编码的算法。

　　【例 5-5】假设一个字符序列为{A,B,C,D}，对应的权重为{1,3,6,9}。设计一个哈夫曼树，并输出相应的哈夫曼编码。

　　【分析】在哈夫曼算法中，为了设计方便，利用一个二维数组来实现。需要保存字符的权重、双亲结点的位置、左孩子结点的位置和右孩子结点的位置。因此，需要设计 n 行 4 列。哈夫曼树的类型定义如下：

```
class HTNode    //哈夫曼树结点类型定义
{
    int weight;
    int parent, lchild, rchild;
    HTNode()
    {
        this.weight = weight;
        this.parent = parent;
        this.lchild = lchild;
        this.rchild = rchild;
    }
}
```

　　【算法实现】定义一个类型为 HuffmanCode 的变量 HT，用来存放每个叶子结点的哈夫曼编码。初始时，将每个叶子结点的双亲结点域、左孩子域和右孩子域初始化为 0。若有 n 个叶子结点，则非叶子结点有 n-1 个，所以总共结点数目是 2n-1 个。同时也要将剩下的 n-1 个双亲结点域初始化为 0，这主要是为了方便查找权值最小的结点。

依次选择两个权值最小的结点，分别作为左子树结点和右子树结点，修改它们的双亲结点域，使它们指向同一个双亲结点，同时修改双亲结点的权值，使其等于两个左、右子树结点权值的和，并修改左、右孩子结点域，使其分别指向左、右孩子结点。重复执行这种操作 n-1 次，即可求出 n-1 个非叶子结点的权值。这样就得到了一棵哈夫曼树。

通过已经构造的哈夫曼树，得到每个叶子结点的哈夫曼编码。从叶子结点 c 开始，通过结点 c 的双亲结点域找到结点的双亲，然后通过双亲结点的左孩子域和右孩子域判断该结点 c 是其双亲结点的左孩子还是右孩子，若是左孩子，则编码为 0，否则编码为 1。按照这种方法，直到找到根结点，即可求出叶子结点的编码。

1. 构造哈夫曼树

```
public void CreateHuffmanTree(HTNode HT[], int w[], int n)
//构造哈夫曼树 HT，哈夫曼树的编码存放在 HC 中，w 为 n 个字符的权值
{
    if (n <= 1)
        return;
    int m = 2 * n - 1;
    for (int i = 1; i <= n; i++)  //初始化 n 个叶子结点
    {
        HT[i] = new HTNode();
        HT[i].weight = w[i - 1];
        HT[i].parent = 0;
        HT[i].lchild = HT[i].rchild = 0;
    }
    for (int i = n + 1; i <= m; i++)  //将 n - 1 个非叶子结点的双亲结点初始化为 0
    {
        HT[i] = new HTNode();
        HT[i].parent = 0;
    }
    for (int i = n + 1; i <= m; i++)  //构造哈夫曼树
    {
        List<Integer> s = Select(HT, i - 1);    //查找树中权值最小的两个结点
        int s1 = s.get(0), s2 = s.get(1);
        HT[s1].parent = i;
        HT[s2].parent = i;
        HT[i].lchild = s1;
        HT[i].rchild = s2;
        HT[i].weight = HT[s1].weight + HT[s2].weight;
    }
}
```

2. 利用哈夫曼树进行哈夫曼编码

```
public void HuffmanCoding(HTNode HT[], String HC[], int w[], int n)
//从叶子结点到根结点求每个字符的哈夫曼编码，哈夫曼树的编码存放在 HC 中，w 为 n 个字符的权值
{
    for(int i=1;i<=n;i++)
```

```
    {
        char cd[]=new char[n+1];
        int start=n-1;
        for(int c=i,f=HT[i].parent;f!=0;c=f,f=HT[f].parent)//从叶子结点到根结点
求编码
        {
            if (HT[f].lchild == c)
                cd[--start] = '0';
            else
                cd[--start] = '1';
        }
        HC[i]=new String();
        String str=new String(cd);
        HC[i]=str;//将当前求出结点的哈夫曼编码复制到 HC
    }
}
```

3. 查找权值最小和次小的两个结点

这部分主要是在结点的权值中选择权值最小和次小的结点作为二叉树的叶子结点。其程序代码实现如下：

```
public List Select(HTNode t[], int n)
//在 n 个结点中选择权值最小和次小的结点序号，其中 s1 最小，s2 次小
{
    List result=new ArrayList();
    int s1 = Min(t, n);
    int s2 = Min(t,n);
    if(t[s1].weight>t[s2].weight)//若序号 s1 的权值大于序号 s2 的权值，则将两者交换，
使 s1 最小，s2 次小
    {
        int x = s1;
        s1 = s2;
        s2 = x;
    }
    result.add(s1);
    result.add(s2);
    return result;
}
public int Min(HTNode t[], int n)
//返回树中 n 个结点中权值最小的结点序号
{
    int f = Integer.MAX_VALUE;          //f 为一个无限大的值
    int flag=0;
    for (int i = 1; i < n + 1; i++) {
        if (t[i].weight < f && t[i].parent == 0) {
            f = t[i].weight;
            flag = i;
        }
    }
    t[flag].parent = 1;                 //给选中的结点的双亲结点赋值 1，避免再次查找该结点
```

```
        return flag;
    }
```

4. 译码

根据给定的哈夫曼编码，如 100101011，利用哈夫曼树进行译码，得到对应的字符序列。

```java
public void GetStr(HTNode HT[], int m, char w[], char str[]) {
    int i = 0, n = 2 * m - 1;
    int length = str.length;
    for (i = 0; i < length; i++) {
        if (str[i] == '1')
            n = HT[n].rchild;
        else if (str[i] == '0')
            n = HT[n].lchild;
        else
            return;
        for (int j = 1; j <= m; j++) {
            if (j == n) {
                n = 2 * m - 1;
                System.out.print(w[j-1]+" ");
                break;
            }
        }
    }
}
```

5. 测试代码部分

```java
public static void main(String args[])
{
    System.out.println("请输入叶子结点的个数: ");
    Scanner sc=new Scanner(System.in);
    int n=Integer.parseInt(sc.nextLine());
    int m=2*n-1;
    HTNode HT[]=new HTNode[m+1];
    String HC[]=new String[n+1];
    int w[]=new int[n]; //为 n 个结点的权值分配内存空间
    for(int i=0;i<n;i++)
    {
        System.out.print(String.format("请输入第%d 个结点的权值:",i + 1));
        w[i]=Integer.parseInt(sc.nextLine());
    }
    HuffmanTree HTree=new HuffmanTree();
    HTree.CreateHuffmanTree(HT,w,n);
    HTree.HuffmanCoding(HT,HC,w,n);
    for(int i=1;i<=n;i++)
        System.out.println("哈夫曼编码:"+HC[i]);
    char wname[]={'A','B','C','D','E','F'};
    HTree.GetStr(HT,n,wname,"100101011".toCharArray());
}
```

在算法的实现过程中，其中数组 HT 在初始化状态和生成哈夫曼树后的状态如图 5-37 所示。

数组下标	weight	parent	lchild	rchild
1	1	0	0	0
2	3	0	0	0
3	6	0	0	0
4	9	0	0	0
5		0		
6		0		
7		0		

HT数组初始化状态

数组下标	weight	parent	lchild	rchild
1	1	5	0	0
2	3	5	0	0
3	6	6	0	0
4	9	7	0	0
5	4	6	1	2
6	10	7	5	3
7	19	0	4	6

生成哈夫曼树后HT的状态

图 5-37　数组 HT 在初始化和生成哈夫曼树后的状态变化

生成的哈夫曼树如图 5-38 所示。从图 5-41 中可以看出，权值为 1、3、6 和 9 的哈夫曼编码分别是 100、101、11 和 0。

图 5-38　哈夫曼树

思考题：以上算法是从叶子结点开始到根结点逆向求哈夫曼编码，当然也可以从根结点开始到叶子结点正向求哈夫曼编码，这个问题留给读者作为思考题。

程序运行结果如下。

```
请输入叶子结点的个数：
4
请输入第 1 个结点的权值：1
请输入第 2 个结点的权值：3
请输入第 3 个结点的权值：6
请输入第 4 个结点的权值：9
哈夫曼编码：100
哈夫曼编码：101
哈夫曼编码：11
哈夫曼编码：0
A B D C
```

思政元素：哈夫曼树的构造是整体和部分关系的具体体现，每次选择的都是权值最小的结点，最终构成的二叉树的权值才会最小。在做任何事情时，我们都应该有全局观念，把握好整体和局部的关系，增强大局意识和协同意识，只有这样才能把事情做到最好。"大河有水小河满，小河无水大河干""不谋全局者不足以谋一隅"体现了整体与部分的关系，整体和部分不可分割，且相互影响，任何部分的变动都会影响全局，全局的变化也会影响部分的变化。

5.8 小 结

树在数据结构中占据着非常重要的地位，树反映的是一种层次结构的关系。在树中，每个结点只允许有一个直接前驱结点，允许有多个直接后继结点，结点与结点之间是一种一对多的关系。

树的定义是递归的。一棵树要么为空，要么是由 m 棵子树 T_1，T_2，…，T_m 组成的，这 m 棵子树又是由其他子树组成的。树中的孩子结点没有次序之分，是一种无序树。

二叉树最多有两棵子树，两棵子树分别叫作左子树和右子树。二叉树可以看作是树的特例，但是与树不同的是，二叉树的两棵子树有次序之分。二叉树也是递归定义的，二叉树的两棵子树也是由左子树和右子树构成的。

采用顺序存储的完全二叉树可实现随机存取。若二叉树不是完全二叉树，则采用顺序存储会浪费大量的存储空间。因此，一般情况下，二叉树采用链式存储——二叉链表。在二叉链表中，结点有一个数据域和两个指针域。其中一个指针域指向左孩子结点，另一个指针域指向右孩子结点。

二叉树的遍历分为先序遍历、中序遍历和后序遍历。二叉树遍历的过程就是将二叉树这种非线性结构转换成线性结构。通过将二叉树线索化，不仅可以充分利用二叉链表中的空指针域，还能很方便地找到指定结点的前驱结点。

在哈夫曼树中，只有叶子结点和度为 2 的结点。哈夫曼树是带权路径最小的二叉树，通常用于解决最优化问题。

树、森林和二叉树可以相互进行转换，树实现起来不是很方便，在实际应用中，可以将问题转化为二叉树的相关问题加以实现。

第6章

图

图（Graph）是另一种非线性数据结构，图结构中的每个元素可以与其他任何元素相关，元素之间是多对多的关系，即一个元素对应多个直接前驱元素和多个直接后继元素。图被广泛应用于技术领域，例如系统工程、化学分析、遗传学、控制论、人工智能、机器学习等领域。在离散数学中侧重对图理论的研究，本章主要应用图论知识来讨论图在计算机中的表示与处理。

重点内容：

- 图的基本概念
- 图的各种存储结构
- 图的深度优先遍历和广度优先遍历
- 最小生成树
- 拓扑排序和关键路径
- 最短路径

6.1 图的定义与相关概念

6.1.1 图的定义

图由数据元素的集合与边的集合构成。在图中，数据元素常称为顶点（Vertex），因此数据元素集合称为顶点集合。其中，顶点集合（V）不能为空，边（E）表示顶点之间的关系，用连线表示。图（G）的形式化定义为：G=(V,E)，其中，V={x|x∈数据元素集合}，E={<x,y>|Path(x,y)∧(x∈V,y∈V)}。Path(x,y)表示 x 与 y 的关系属性。

若<x,y>∈E，则<x,y>表示从顶点 x 到顶点 y 的一条弧（Arc），x 称为弧尾（Tail）或起始点（Initial Node），y 称为弧头（Head）或终端点（Terminal Node）。这种图的边是有方向的，这样的图被称为有向图（Digraph）。若<x,y>∈E 且有<y,x>∈E，则用无序对(x,y)代替有序对<x,y>和<y,x>，表示 x 与 y 之间存在一条边（Edge），将这样的图称为无向图，如图 6-1 所示。

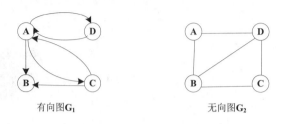

有向图G_1　　　　　　　　　无向图G_2

图 6-1　有向图 G_1 与无向图 G_2

在图 6-1 中，有向图 G_1 可以表示为 $G_1=(V_1,E_1)$，其中，顶点集合 $V_1=\{A,B,C,D\}$，边的集合 $E_1=\{<A,B>,<A,C>,<A,D>,<C,A>,<C,B>,<D,A>\}$。无向图 G_2 可以表示为 $G_2=(V_2,E_2)$，其中，顶点集合 $V_2=\{A,B,C,D\}$，边的集合 $E_2=\{(A,B),(A,D),(B,C),(B,D),(C,D)\}$。

在图中，通常将有向图的边称为弧，无向图的边称为边。顶点的顺序可以是任意的。

假设图的顶点数目是 n，图的边数或者弧的数目是 e。若不考虑顶点到自身的边或弧，即$<v_i,v_j>$，则 $v_i \neq v_j$。对于无向图，边数 e 的取值范围为 0~n(n-1)/2。将具有 n(n-1)/2 条边的无向图称为完全图（Completed Graph）。对于有向图，弧数 e 的取值范围是 0~n(n-1)。将具有 n(n-1) 条弧的有向图称为有向完全图。对于有向图，有 e<<n(n-1)，对于无向图，有 e<<n(n-1)/2，这样的图称为稀疏图（Sparse Graph）；当一个图的边数接近完全图的边数时，这样的图称为稠密图（Dense Graph）。

6.1.2　图的相关概念

下面介绍一些有关图的概念。

1. 邻接点

在无向图 G=(V,E)中，若存在边$(v_i,v_j) \in E$，则称 v_i 和 v_j 互为邻接点（Adjacent），即 v_i 和 v_j 相互邻接。边(v_i,v_j)依附于顶点 v_i 和 v_j，或者称边(v_i,v_j)与顶点 v_i 和 v_j 相互关联。在有向图 G=(V,A)中，若存在弧$<v_i,v_j> \in A$，则称顶点 v_j 邻接至顶点 v_i，顶点 v_i 邻接至顶点 v_j。弧$<v_i,v_j>$与顶点 v_i 和 v_j 相互关联。

在图 6-1 中，无向图 G_2 的边的集合为 $E=\{(A,B),(A,D),(B,C),(B,D),(C,D)\}$，如顶点 A 和 B 互为邻接点，边(A,B)依附于顶点 A 和 B。顶点 B 和 C 互为邻接点，边(B,C)依附于顶点 B 和 C。有向图 G_1 的弧的集合为 $A=\{<A,B>,<A,C>,<A,D>,<C,A>,<C,B>,<D,A>\}$，如顶点 A 邻接至顶点 B，弧<A,B>与顶点 A 和 B 相互关联。顶点 A 邻接至顶点 C，弧<A,C>与顶点 A 和 C 相互关联。

2. 顶点的度

在无向图中，顶点 v 的度是指与 v 相关联的边的数目，记作 TD(v)。在有向图中，以顶点 v 为弧头的数目称为顶点 v 的入度（In-Degree），记作 ID(v)。以顶点 v 为弧尾的数目称为 v 的出度（Out-Degree），记作 OD(v)。顶点 v 的度为以 v 为顶点的入度和出度之和，即 TD(v)=ID(v)+OD(v)。

在图 6-1 中，无向图 G_2 边的集合为 $E=\{(A,B),(A,D),(B,C),(B,D),(C,D)\}$，如顶点 A 的度为 2，顶点 B 的度为 3，顶点 C 的度为 2，顶点 D 的度为 3。有向图 G_1 的弧的集合为 $A=\{<A,B>,<A,C>,<A,D>,<C,A>,<C,B>,<D,A>\}$，顶点 A、B、C 和 D 的入度分别为 2、2、1 和 1，顶点 A、B、C 和 D 的出度分别为 3、0、2 和 1，顶点 A、B、C 和 D 的度分别为 5、2、3 和 2。

在图中，假设顶点的个数为 n，边数或弧数记为 e，顶点 v_i 的度记作 $TD(v_i)$，则顶点的度与弧或者边数满足关系：$e=\dfrac{1}{2}\sum\limits_{i=1}^{n}TD(v_i)$。

3. 路径

在图中，从顶点 v_i 出发经过一系列的顶点序列到达顶点 v_j 称为从顶点 v_i 到 v_j 的路径（Path）。路径的长度是路径上弧或边的数目。在路径中，若第一个顶点与最后一个顶点相同，则这样的路径称为回路或环。在路径所经过的顶点序列中，若顶点不重复出现，则称这样的路径为简单路径。在回路中，除第一个顶点和最后一个顶点外，若其他的顶点不重复出现，则称这样的回路为简单回路或环（Cycle）。

例如，在图 6-1 的有向图 G_1 中，顶点序列 A、C 和 A 就构成了一个简单回路。在无向图 G_2 中，从顶点 A 到顶点 C 所经过的路径为 A、B 和 C。

4. 子图

假设存在两个图 G={V,E} 和 G'={V',E'}，若 G' 的顶点和关系都是 G 中顶点和关系的子集，即有 V'⊆V，E'⊆E，则 G' 为 G 的子图。子图的示例如图 6-2 所示。

有向图 G_1 的子图

无向图 G_2 的子图

图 6-2　有向图 G_1 与无向图 G_2 的子图

5. 连通图和强连通图

在无向图中，若从顶点 v_i 到顶点 v_j 存在路径，则称顶点 v_i 到 v_j 是连通的。推广到图的所有顶点，若图中的任何两个顶点之间都是连通的，则称图是连通图（Connected Graph）。无向图中的极大连通子图称为连通分量（Connected Component）。无向图 G_3 与其连通分量如图 6-3 所示。

无向图 G_3　　　　　　　　　　无向图 G_3 的两个连通分量

图 6-3　无向图 G_3 与其连通分量

在有向图中，对于任意两个顶点 v_i 和 v_j，若 $v_i \neq v_j$，从顶点 v_i 到顶点 v_j 和顶点 v_j 到顶点 v_i 都存在路径，则称该图为强连通图。在有向图中，极大强连通子图称为强连通分量。有向图 G_4 与其强连通分量如图 6-4 所示。

有向图G_4 有向图G_4的两个强连通分量

图 6-4   有向图 G_4 与其强连通分量

6. 生成树

一个连通图（假设有 n 个顶点）的生成树是一个极小连通子图，它含有图中的全部顶点，但只有足以构成一棵树的 n-1 条边。若在该生成树中添加一条边，则必定构成一个环。若少于 n-1 条边，则该图是非连通的。反过来，具有 n-1 条边的图不一定能构成生成树。一个图的生成树不一定是唯一的。无向图 G_5 的生成树如图 6-5 所示。

7. 网

在实际应用中，图的边或弧往往与具有一定意义的数有关，即每一条边都有与它相关的数，称为权，这些权可以表示从一个顶点到另一个顶点的距离或花费等信息。这种带权的图称为带权图或网。一个网如图 6-6 所示。

(1) 图G_5 (2) 图G_5的生成树

图 6-5   有向图 G_5 的生成树   图 6-6   网

6.1.3   图的抽象数据类型

图的抽象数据类型定义了图中的数据对象、数据关系和基本操作。其具体定义如下：

```
ADT Graph
{
    数据对象 V：V 是具有相同特性的数据元素的集合，称为顶点集。
    数据关系 R：R={VR}。
    VR={<x,y>|x,y∈V 且 P(x,y)，<x,y>表示从 x 到 y 的弧，P(x,y)表示弧<x,y>的权值}
    基本操作：
    （1）CreateGraph(&G)
    初始条件：图 G 不存在。
    操作结果：创建一个图 G。
    （2）DestroyGraph(&T)
```

初始条件：图 G 存在。

操作结果：销毁图 G。

（3）LocateVertex(G,v)

初始条件：图 G 存在，顶点 v 合法。

操作结果：若图 G 存在顶点 v，则返回顶点 v 在图 G 中的位置。若图 G 中没有顶点 v，则返回-1。

（4）GetVertex(G,i)

初始条件：图 G 存在。

操作结果：返回图 G 中序号 i 对应的值。i 是图 G 某个顶点的序号，返回图 G 中序号 i 对应的值。

（5）FirstAdjVertex(G,v)

初始条件：图 G 存在，顶点 v 的值合法。

操作结果：返回图 G 中 v 的第一个邻接顶点。若 v 无邻接顶点或图 G 中无顶点 v，则函数返回-1。

（6）NextAdjVertex(G,v,w)

初始条件：图 G 存在，w 是图 G 中顶点 v 的某个邻接顶点。

操作结果：返回顶点 v 的下一个邻接顶点。若 w 是 v 的最后一个邻接顶点，则函数返回-1。

（7）InsertVertex(&G,v)

初始条件：图 G 存在，v 和图 G 中的顶点有相同的特征。

操作结果：在图 G 中增加新的顶点 v，并将图的顶点数增 1。

（8）DeleteVertex(&G,v)

初始条件：图 G 存在，v 是图 G 中的某个顶点。

操作结果：删除图 G 中的顶点 v 及相关的弧。

（9）InsertArc(&G,v,w)

初始条件：图 G 存在，v 和 w 是 G 中的两个顶点。

操作结果：在图 G 中增加弧<v,w>。对于无向图，还要插入弧<w,v>。

（10）DeleteArc(&G,v,w)

初始条件：图 G 存在，v 和 w 是 G 中的两个顶点。

操作结果：在 G 中删除弧<v,w>。对于无向图，还要删除弧<w,v>。

（11）DFSTraverseGraph(G)

初始条件：图 G 存在。

操作结果：从图中的某个顶点出发，对图进行深度遍历。

（12）BFSTraverseGraph(G)

初始条件：图 G 存在。

操作结果：从图中的某个顶点出发，对图进行广度遍历。

}ADT Graph

6.2　图的存储结构

图的存储方式有 4 种：邻接矩阵表示法、邻接表表示法、十字链表表示法和邻接多重表表示法。

6.2.1　邻接矩阵表示法

图的邻接矩阵（Adjacency Matrix）表示也称为数组表示。它采用两个数组来表示图：一个是用于存储顶点信息的一维数组，另一个是用于存储图中顶点之间的关联关系的二维数组，这个关联关系数组称为邻接矩阵。对于无权图，邻接矩阵表示为：

$$A[i][j] = \begin{cases} 1 & \text{当} <v_i,v_j> \in E \text{或} (v_i,v_j) \in E \text{时} \\ 0 & \text{其他} \end{cases}$$

对于带权图，有：

$$A[i][j]=\begin{cases} w_{ij} & \text{当} <v_i,v_j>\in E \text{或} (v_i,v_j)\in E \text{时} \\ \infty & \text{其他} \end{cases}$$

其中，w_{ij} 表示顶点 i 与顶点 j 构成的弧或边的权值，若顶点之间不存在弧或边，则用∞表示。

在图 6-1 中，两个图的弧和边的集合分别为 A={<A,B>,<A,C>,<A,D>,<C,A>,<C,B>,<D,A>}和 E={(A,B),(A,D),(B,C),(B,D),(C,D)}。它们的邻接矩阵表示如图 6-7 所示。

$$G_1 = \begin{bmatrix} 0 & 1 & 1 & 1 \\ 0 & 0 & 0 & 0 \\ 1 & 1 & 0 & 0 \\ 1 & 0 & 0 & 0 \end{bmatrix} \begin{matrix} A \\ B \\ C \\ D \end{matrix} \qquad G_2 = \begin{bmatrix} 0 & 1 & 0 & 1 \\ 1 & 0 & 1 & 1 \\ 0 & 1 & 0 & 1 \\ 1 & 1 & 1 & 0 \end{bmatrix} \begin{matrix} A \\ B \\ C \\ D \end{matrix}$$

有向图G_1的邻接矩阵表示　　　无向图G_2的邻接矩阵表示

图 6-7　图的邻接矩阵表示

在无向图的邻接矩阵中，若存在边(A,B)，则需要将<A,B>和<B,A>的对应位置都置为 1。
带权图的邻接矩阵表示如图 6-8 所示。

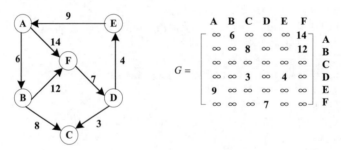

图 6-8　带权图的邻接矩阵表示

图的邻接矩阵存储结构描述如下：

```java
enum Kind{DG, DN, UG, UN}    //图的类型：有向图、有向网、无向图和无向网
public class MGraph
{
    String vex[];            //用于存储顶点
    double arc[][];          //邻接矩阵，存储边或弧的信息
    int vexnum,arcnum;       //顶点数#边（弧）的数目
    Kind kind;               //图的类型
    final int MAXSIZE=20;
    MGraph()
    {
        vex=new String[MAXSIZE];
        arc=new double[MAXSIZE][MAXSIZE];
        arcnum=0;
        vexnum=0;
        kind=Kind.UG;
    }
```

```
}
```

其中，数组 vex 用于存储图中的顶点信息，如 A、B、C、D，数组 arc 用于存储图中顶点之间边的信息，称为邻接矩阵。

【例 6-1】编写算法，利用邻接矩阵表示法创建一个有向网。

```
enum Kind{DG, DN, UG, UN}    //图的类型: 有向图、有向网、无向图和无向网
public class MGraph
{
    String vex[];              //用于存储顶点
    double arc[][];            //邻接矩阵, 存储边或弧的信息
    int vexnum,arcnum;         //顶点数#边（弧）的数目
    Kind kind;                 //图的类型
    final int MAXSIZE=20;
    MGraph()
    {
        vex=new String[MAXSIZE];
        arc=new double[MAXSIZE][MAXSIZE];
        arcnum=0;
        vexnum=0;
        kind=Kind.UG;
    }
    public void CreateGraph(Kind kind)//采用邻接矩阵表示法创建有向网
    {
        System.out.println("请输入有向网 N 的顶点数,弧数: ");
        Scanner sc=new Scanner(System.in);
        String num[]=sc.nextLine().split(" ");
        vexnum=Integer.parseInt(num[0]);
        arcnum=Integer.parseInt(num[1]);
        System.out.println("请输入"+vexnum+"个顶点的值(字符),以空格分隔各个字符:");
        String v[]=sc.nextLine().split(" ");
        int i=0,j;
        for(String e:v) {
            vex[i++] = e;
        }
        for(i=0;i<vexnum;i++)   //初始化邻接矩阵
            for(j=0;j<vexnum;j++)
                arc[i][j]=Double.POSITIVE_INFINITY;
        System.out.println("请输入"+arcnum+"条弧的弧尾 弧头 权值(以空格作为间隔): ");
        System.out.println("顶点 1 顶点 2 权值:");
        for(int k=0;k<arcnum;k++)
        {
            v=sc.nextLine().split(" "); //输入两个顶点和弧的权值
            i=LocateVertex(v[0]);
            j=LocateVertex(v[1]);
            arc[i][j]=Double.parseDouble(v[2]);
        }
    }
    public int LocateVertex(String v)
    //在顶点向量中查找顶点 v, 若找到, 则返回在向量中的序号, 否则返回-1
```

```java
{
    for(int i=0;i<vexnum;i++)
    {
        if(vex[i].equals(v))
            return i;
    }
    return -1;
}
public void DisplayGraph()
//输出邻接矩阵存储表示的图
{
    System.out.print("有向网具有" + vexnum + "个顶点" + arcnum + "条弧，顶点依
次是：");
    for (int i = 0; i < vexnum; i++)
        System.out.print(vex[i] + " ");
    System.out.println("\n有向网N的:");
    System.out.println("序号i=");
    for (int i = 0; i < vexnum; i++)
        System.out.print("  "+i);
    System.out.println();
    for (int i = 0; i < vexnum; i++) {
        System.out.print(i + " ");
        for (int j = 0; j < vexnum; j++) {
            if (arc[i][j] !=Double.POSITIVE_INFINITY)
                System.out.print(DoubleTrans(arc[i][j]) + "  ");
            else
                System.out.print("∞" + "  ");
        }
        System.out.println();
    }
}
public String DoubleTrans(double d){
    if(Math.round(d)-d==0){
        return String.valueOf((long)d);
    }
    return String.valueOf(d);
}
public void CreateGraph2(Kind kind)
//采用邻接矩阵表示法创建有向网
{
    System.out.println("请输入有向网N的顶点数,弧数：");
    Scanner sc=new Scanner(System.in);
    String num[]=sc.nextLine().split(" ");
    vexnum=Integer.parseInt(num[0]);
    arcnum=Integer.parseInt(num[1]);
    System.out.println("请输入"+vexnum+"个顶点的值(字符),以空格分隔各个字符:");
    String v[]=sc.nextLine().split(" ");
    int i=0,j;
    for(String e:v) {
        vex[i++] = e;
```

```
        }
        for(i=0;i<vexnum;i++)   //初始化邻接矩阵
            for(j=0;j<vexnum;j++)
                arc[i][j]=Double.POSITIVE_INFINITY;
        System.out.println("请输入"+arcnum+"条弧的弧尾 弧头 权值(以空格作为间隔)：");
        System.out.println("顶点 1 顶点 2 权值:");
        for(int k=0;k<arcnum;k++)
        {
            v=sc.nextLine().split(" ");  //输入两个顶点和弧的权值
            i=LocateVertex(v[0]);
            j=LocateVertex(v[1]);
            arc[i][j]=arc[j][i]=Double.parseDouble(v[2]);
        }
    }

    public void CreateGraph(double value[][],int vnum,int arcnum, String ch[])
{   //采用邻接矩阵表示法创建有向网 N
        this.vexnum=vnum;
        this.arcnum=arcnum;
        arc=new double[vnum][vnum];
        int k=0;
        for(String e: ch)
            vex[k++]=e;
        for(int i=0;i<vexnum;i++)  //初始化邻接矩阵
            for(int j=0;j<vexnum;j++)
                arc[i][j] =Double.POSITIVE_INFINITY;

        for(int r=0;r<value.length;r++) {
            int i = (int)value[r][0];
            int j = (int)value[r][1];
            arc[i][j] = value[r][2];
        }
    }
    public static void main (String args[])
    {
        System.out.println("创建一个有向网 N: ");
        MGraph N = new MGraph();
        N.CreateGraph(Kind.DN);
        System.out.println("输出网的顶点和弧: ");
        N.DisplayGraph();
    }
}
```

程序运行结果如下。

```
创建一个有向网 N:
请输入有向网 N 的顶点数,弧数:
5 6
请输入 5 个顶点的值(字符),以空格分隔各个字符:
A B C D E
请输入 6 条弧的弧尾 弧头 权值(以空格作为间隔):
顶点 1 顶点 2 权值:
```

```
A B 6
A D 9
A E 14
B E 12
D C 4
E C 7
输出网的顶点和弧:
有向网具有 5 个顶点 6 条弧，顶点依次是：A B C D E
有向网 N 的:
序号 i=
        0     1     2     3     4
0       ∞     6     ∞     9     14
1       ∞     ∞     ∞     ∞     12
2       ∞     ∞     ∞     ∞     ∞
3       ∞     ∞     4     ∞     ∞
4       ∞     ∞     7     ∞     ∞
```

6.2.2　邻接表表示法

图的邻接矩阵表示法虽然有很多优点，但对于稀疏图来说，用邻接矩阵表示会造成存储空间的浪费。邻接表（Adjacency List）表示法实际上是一种链式存储结构。它克服了邻接矩阵的弊病，基本思想是只存储顶点相关联的信息，对于图中存在的边信息进行存储，不相邻接的顶点信息则不保留。在邻接表中，对于图中的每个顶点建立一个带头结点的边链表，如第 i 个单链表中的结点则表示依附于顶点 v_i 的边。每个边链表的头结点又构成一个表头结点表。因此，一个 n 个顶点的图的邻接表表示法由表头结点和边表结点两个部分构成。

表头结点由两个域组成：数据域和指针域。其中，数据域用来存放顶点信息，指针域用来指向边表中的第一个结点。通常情况下，表头结点采用顺序存储结构实现，这样可以随机地访问任意顶点。边表结点由 3 个域组成：邻接点域、数据域和指针域。其中，邻接点域表示与相应的表头顶点邻接点的位置，数据域存储与边或弧的信息，指针域用来指示下一个边或弧的结点。表头结点和边表结点的存储结构如图 6-9 所示。

图 6-9　表头结点和边表结点的存储结构

如图 6-1 所示的 G_1 和 G_2 用邻接表表示如图 6-10 所示。

图 6-10　图的邻接表表示

如图 6-8 所示的带权图用邻接表表示如图 6-11 所示。

图 6-11 带权图的邻接表表示

图的邻接表存储结构描述如下：

```
class ArcNode                //边结点的类型定义
{
    int adjvex;              //弧指向的顶点的位置
    ArcNode nextarc;         //指示下一个与该顶点相邻接的顶点
    String info;             //与弧相关的信息
    ArcNode(int adjvex)
    {
        this.adjvex=adjvex;
        this.nextarc=null;
    }
}
class VNode                  //头结点的类型定义
{
    String data;
    ArcNode firstarc;
    VNode(String data) {
        this.data = data;        //用于存储顶点
        this.firstarc = null;    //指向第一个与该顶点邻接的顶点
    }
}
class AdjGraph               //图的类型定义
{
    final int MAXSIZE=20;
    VNode vertex[];
    int vexnum,arcnum;       //图的顶点数目、弧的数目
    GKind kind;
    AdjGraph()
    {
        vertex=new VNode[MAXSIZE];
        vexnum=0;
        arcnum=0;
        kind=GKind.UG;
    }
}
```

若无向图 G 中有 n 个顶点和 e 条边，则图采用邻接表表示，需要 n 个头结点和 2e 个表结点。在 e 远小于 n(n-1)/2 时，采用邻接表表示显然要比采用邻接矩阵表示更节省空间。

在图的邻接表存储结构中，表头结点并没有存储顺序的要求。某个顶点的度正好等于该顶点对应链表的结点个数。在有向图的邻接表存储结构中，某个顶点的出度等于该顶点对应链表的结点个数。为了方便求某个顶点的入度，需要建立一个有向图的逆邻接表，也就是为每个顶点 v_i 建立一个以 v_i 为弧头的链表。如图 6-1 所示的有向图 G_1 的逆邻接表如图 6-12 所示。

图 6-12　有向图 G_1 的逆邻接表

【例 6-2】编写算法，采用邻接表创建一个无向图 G。

```java
class AdjGraph //图的类型定义
{
    final int MAXSIZE=20;
    VNode vertex[];
    int vexnum,arcnum; //图的顶点数目、弧的数目
    GKind kind;
    AdjGraph()
    {
        vertex=new VNode[MAXSIZE];
        vexnum=0;
        arcnum=0;
        kind=GKind.UG;
    }
    public void CreateGraph()
    //采用邻接表存储结构，创建无向图 G
    {
        System.out.println("请输入无向图 G 的顶点数,弧数(以空格分隔): ");
        Scanner sc = new Scanner(System.in);
        String str[] = sc.nextLine().split(" ");
        vexnum = Integer.parseInt(str[0]);
        arcnum = Integer.parseInt(str[1]);
        System.out.println("请输入" + vexnum + "个顶点的值:");
        //将顶点存储在头结点中
        String vname[] = sc.nextLine().split(" ");
        int k = 0;
        for (String v : vname) {
            VNode vtex = new VNode(v);
            vertex[k++] = vtex;
        }
        System.out.println("请输入弧尾和弧头(以空格分隔):");
        for (k = 0; k < arcnum; k++) //建立边链表
```

```
        {
            String v[] = sc.nextLine().split(" ");
            int i = LocateVertex(v[0]);
            int j = LocateVertex(v[1]);
            //以 j 为入边、i 为出边创建邻接表
            ArcNode p = new ArcNode(j);
            p.nextarc = vertex[i].firstarc;
            vertex[i].firstarc = p;
            //以 i 为入边、j 为出边创建邻接表
            p = new ArcNode(i);
            p.nextarc = vertex[j].firstarc;
            vertex[j].firstarc = p;
        }
        kind = GKind.UG;
    }
    public int LocateVertex(String v)
    //在顶点向量中查找顶点 v，若找到，则返回在向量中的序号，否则返回-1
    {
        for(int i=0;i<vexnum;i++) {
            if (vertex[i].data.equals(v))
                return i;
        }
        return -1;
    }
    public void DisplayGraph()
    //图的邻接表存储结构的输出
    {
        System.out.println(vexnum + "个顶点：");
        for (int i = 0; i < vexnum; i++)
            System.out.print(vertex[i].data + " ");
        System.out.println("\n" + (arcnum * 2) + "条边:");
        for (int i = 0; i < vexnum; i++) {
            ArcNode p = vertex[i].firstarc;  //将 p 指向边表的第一个结点
            while (p != null)                        //输出无向图的所有边
            {
                System.out.print(vertex[i].data + "→" + vertex[p.adjvex].data +
" ");
                p = p.nextarc;
            }
            System.out.println();
        }
    }

    public static void main(String args[])
    {
        System.out.println("创建一个无向图 G：");
        AdjGraph N=new AdjGraph();
        N.CreateGraph();
        System.out.println("输出图的顶点和弧：");
        N.DisplayGraph();
```

```
        }
    }
```

程序的运行结果如下。

```
创建一个无向图 G：
请输入无向图 G 的顶点数，弧数(以空格分隔)：
4 5
请输入 4 个顶点的值：
A B C D
请输入弧尾和弧头(以空格分隔)：
A B
A D
B C
B D
C D
输出图的顶点和弧：
4 个顶点：
A B C D
10 条边：
A→D A→B
B→D B→C B→A
C→D C→B
D→C D→B D→A
```

6.2.3 十字链表

十字链表（Orthogonal List）是有向图的又一种链式存储结构，可以把它看成是将有向图的邻接表与逆邻接表结合起来的一种链表。在十字链表中，将表头结点称为顶点结点，边结点称为弧结点。其中，顶点结点包含 3 个域：数据域和两个指针域。两个指针域：一个指向以顶点为弧头的顶点，另一个指向以顶点为弧尾的顶点；数据域则存储顶点的信息。

弧结点包含 5 个域：尾域 tailvex、头域 headvex、infor 域和两个指针域 hlink、tlink。其中，尾域 tailvex 用于表示弧尾顶点在图中的位置，头域 headvex 表示弧头顶点在图中的位置，infor 域表示弧的相关信息，指针域 hlink 指向弧头相同的下一个条弧，指针域 tlink 指向弧尾相同的下一条弧。

有向图 G_1 的十字链表表示如图 6-13 所示。

图 6-13 有向图 G_1 的十字链表表示

有向图的十字链表存储结构描述如下：

```
class ArcNode                    //弧结点的类型定义
```

```
{
    int headdvex,tailvex;        //弧的头顶点和尾顶点的位置
    String info;                 //与弧相关的信息
    ArcNode hlink,tlink;         //分别指示弧头、弧尾相同的结点
}
class VNode                      //顶点结点的类型定义
{
    String data;                 //存储顶点
    ArcNode firstin,firstout;    //指向顶点的第一条入弧和第一条出弧
}
public class OLGraph              //图的类型定义
{
    VNode vertex[];
    int vexnum,arcnum;           //图的顶点数目与弧的数目
    final int MAXSIZE=50;
    OLGraph()
    {
        vertex=new VNode[MAXSIZE];
        vexnum=0;
        arcnum=0;
    }
}
```

在十字链表表示的图中，可以很容易找到以某个顶点为弧尾和弧头的弧。

6.2.4 邻接多重表

邻接多重表（Adjacency Multilist）表示的是无向图的另一种链式存储结构。邻接多重表可以提供更为方便的边处理信息。在无向图的邻接多重表表示法中，每一条边(v_i,v_j)在邻接表中都对应着两个结点，它们分别在第 i 个边链表和第 j 个边链表中。这给图的某些边操作带来不便，如检测某条边是否被访问过，则需要同时找到表示这条边的两个结点，而这两个结点又分别在两个边链表中。邻接多重表是将图的一条边用一个结点表示，它的结点存储结构如图 6-14 所示。

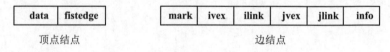

顶点结点 边结点

图 6-14　邻接多重表的结点存储结构

顶点结点由两个域构成：data 域和 firstedge 域。data 域用于存储顶点的数据信息，firstedge 域指示依附于顶点的第一条边。边结点包含 6 个域：mark 域、ivex 域、ilink 域、jvex 域、jlink 域和 info 域。其中，mark 域用来表示边是否被检索过，ivex 域和 jvex 域表示依附于边的两个顶点在图中的位置，ilink 域指向依附于顶点 ivex 的下一条边，jlink 域指向依附于顶点 jvex 的下一条边，info 域表示与边相关的信息。

无向图 G_2 的邻接多重表表示如图 6-15 所示。

图 6-15　无向图 G_2 的邻接多重表表示

无向图的邻接多重表存储结构描述如下：

```
class EdgeNode              //边结点的类型定义
{
    int mark,ivex,jvex;         //访问标志、边的两个顶点位置
    String info;            //与边相关的信息
    EdgeNode ilink,jlink;   //指示与边顶点相同的结点
}
class VNode                 //顶点结点的类型定义
{
    String data;            //存储顶点
    EdgeNode firstedge;     //指向依附于顶点的第一条边
}
class AdjMultiGraph         //图的类型定义
{
    VNode vertex[];
    int vexnum,edgenum;     //图的顶点数目、边的数目
    final int MAXSIZE=50;
    AdjMultiGraph()
    {
        vertex = new VNode[MAXSIZE];
        vexnum=0;
        edgenum=0;
    }
}
```

6.3　图的遍历

图的遍历方式与树的遍历方式类似，但图的遍历是访问图中每个顶点且只访问一次的操作。图的遍历方式主要有两种：深度优先遍历和广度优先遍历。

6.3.1　图的深度优先遍历

1. 图的深度优先遍历的定义

图的深度优先遍历是树的先根遍历的推广。图的深度优先遍历的思想是：从图中某个顶点 v_0 出发，访问顶点 v_0 的第一个邻接点，然后以该邻接点为新的顶点，访问该顶点的邻接点。重复执行

以上操作，直到当前顶点没有邻接点为止。返回上一个已经访问过并且还有未被访问的邻接点的顶点，按照以上步骤继续访问该顶点的其他未被访问的邻接点。以此类推，直到图中所有的顶点都被访问过。

图的深度优先遍历如图 6-16 所示。访问顶点的方向用实箭头表示，回溯用虚箭头表示，图中的数字表示访问或回溯的次序。

无向图 G_6 无向图 G_6 的深度优先遍历过程

图 6-16　无向图 G_6 及其深度优先遍历过程

无向图 G_6 的深度优先遍历过程如下：

（1）首先访问 A，顶点 A 的邻接点有 B、C、D，然后访问 A 的第一个邻接点 B。

（2）顶点 B 未访问的邻接点只有顶点 E，因此访问顶点 E。

（3）顶点 E 的邻接点只有 F 且未被访问过，因此访问顶点 F。

（4）顶点 F 的邻接点只有 C 且未被访问过，因此访问顶点 C。

（5）顶点 C 的邻接点只有 A 但已经被访问过，因此要回溯到上一个顶点 F。

（6）同理，顶点 F、E、B 都已经被访问过，且没有其他未访问的邻接点，因此回溯到顶点 A。

（7）顶点 A 未被访问的邻接顶点只有顶点 D，因此访问顶点 D。

（8）顶点 D 的邻接点有顶点 G 和顶点 H，访问第一个顶点 G。

（9）顶点 G 的邻接点有顶点 H 和顶点 I，访问第一个顶点 H。

（10）顶点 H 的邻接点只有 D 且已经被访问过，因此回溯到上一个顶点 G。

（11）顶点 G 的未被访问过的邻接点有顶点 I，因此访问顶点 I。

（12）顶点 I 已经没有未被访问的邻接点，因此回溯到顶点 G。

（13）同理，顶点 G、D 都没有未被访问的邻接点，因此回溯到顶点 A。

（14）顶点 A 也没有未被访问的邻接点。

因此，图的深度优先遍历的序列为：A、B、E、F、C、D、G、H、I。

在图的深度优先遍历过程中，图中可能存在回路，因此，在访问某个顶点之后，沿着某条路径遍历，有可能又回到该顶点。例如，在访问顶点 A 之后，接着访问顶点 B、E、F、C，顶点 C 的邻接点是顶点 A，沿着边(C,A)会再次访问顶点 A。为了避免再次访问已经访问过的顶点，需要设置一个数组 visited[n]，作为一个标志记录结点是否被访问过。

2. 图的深度优先遍历的算法实现

图的深度优先遍历（邻接表实现）的算法描述如下：

```java
public void DFSTraverse(int visited[])
//从第 1 个顶点起，深度优先遍历图
{
    for(int v=0;v<vexnum;v++)
        visited[v]=0;                //访问标志数组初始化为未被访问过
    for(int v=0;v<vexnum;v++)
    {
        if(visited[v] == 0)
            DFS(v,visited);          //对未访问的顶点 v 进行深度优先遍历
    }
    System.out.println();
}
public void DFS(int v,int visited[])
//从顶点 v 出发递归深度优先遍历图
{
    visited[v] = 1; //访问标志设置为已访问
    System.out.print(vertex[v].data + " "); //访问第 v 个顶点
    int w = FirstAdjVertex(vertex[v].data);
    while (w >= 0) {
        if (visited[w] == 0)
            DFS(w,visited); //递归调用 DFS 对 v 的尚未访问的序号为 w 的邻接顶点
        w = NextAdjVertex(vertex[v].data, vertex[w].data);
    }
}
```

　　如果该图是一个无向连通图或者该图是一个强连通图，则只需要调用一次 DFS(G,v)就可以遍历整个图，否则需要多次调用 DFS(G,v)。在上面的算法中，对于查找序号为 v 的顶点的第一个邻接点的算法 FirstAdjVex(G,G.vexs[v])以及查找序号为 v 的相对于序号 w 的下一个邻接点的算法 NextAdjVex(G,G.vexs[v],G.vexs[w])的实现，采用不同的存储表示，其耗费的时间也是不一样的。当采用邻接矩阵作为图的存储结构时，若图的顶点个数为 n，则查找顶点的邻接点需要的时间为 $O(n^2)$。若无向图中的边数或有向图的弧的数目为 e，当采用邻接表作为图的存储结构时，则查找顶点的邻接点需要的时间为 $O(e)$。

　　以邻接表作为存储结构，查找 v 的第一个邻接点的算法实现如下：

```java
public int FirstAdjVertex(String v)
//返回顶点 v 的第一个邻接顶点的序号
{
    int v1 = LocateVertex(v); //v1 为顶点 v 在图 G 中的序号
    ArcNode p = vertex[v1].firstarc;
    if (p != null) //若顶点 v 的第一个邻接点存在，则返回邻接点的序号，否则返回-1
        return p.adjvex;
    else
        return -1;
}
```

　　以邻接表作为存储结构，查找 v 相对于 w 的下一个邻接点的算法实现如下：

```java
public int NextAdjVertex(String v, String w)
//返回 v 相对于 w 的下一个邻接顶点的序号
```

```
{
    int v1 = LocateVertex(v);     //v1 为顶点 v 在图 G 中的序号
    int w1 = LocateVertex(w);     //w1 为顶点 w 在图 G 中的序号
    ArcNode next = vertex[v1].firstarc;
    while(next != null) {
        if (next.adjvex != w1)
            next = next.nextarc;
        else
            break;
    }
    ArcNode p=next; //p 指向顶点 v 的邻接顶点 w 的结点
    if(p == null || p.nextarc == null) //若 w 不存在或 w 是最后一个邻接点，则返回-1
        return -1;
    else
        return p.nextarc.adjvex;           //返回 v 相对于 w 的下一个邻接点的序号
}
```

图的非递归深度优先遍历的算法实现如下：

```
public void DFSTraverse2(int v, int visited[])
//图的非递归深度优先遍历
{
    ArcNode stack[]=new ArcNode[vexnum];
    for(int i=0;i<vexnum;i++) //为所有顶点添加未访问标志
        visited[i]=0;
    System.out.print(vertex[v].data+" "); //访问顶点 v 并将访问标志置为 1，表示已被
访问过
    visited[v] = 1;
    int top = -1; //初始化栈
    ArcNode p = vertex[v].firstarc;       //p 指向顶点 v 的第一个邻接点
    while(top > -1 || p!=null) {
        while (p != null) {
            if (visited[p.adjvex] == 1) //若 p 指向的顶点已经访问过，则 p 指向下一个邻
接点

                p = p.nextarc;
            else {
                System.out.print(vertex[p.adjvex].data + " ");//访问 p 指向的顶点
                visited[p.adjvex] = 1;
                top++;
                stack[top] = p;                    //保存 p 指向的顶点
                p = vertex[p.adjvex].firstarc;     //p 指向当前顶点的第一个邻接点
            }
        }
        if (top > -1) {
            p = stack[top--]; //若当前顶点都已经被访问过，则退栈
            p = p.nextarc;    //p 指向下一个邻接点
        }
    }
}
```

【想一想】对于以上非递归算法实现深度优先遍历邻接表表示的图，若是非连通图，是否能对所有顶点进行遍历？

6.3.2 图的广度优先遍历

1. 图的广度优先遍历的定义

图的广度优先遍历与树的层次遍历类似。图的广度优先遍历的思想是：从图的某个顶点 v 出发，首先访问顶点 v，然后按照次序访问顶点 v 未被访问的每个邻接点，接着访问这些邻接点的邻接点，并保证执行先被访问的邻接点的邻接点先访问，后被访问的邻接点的邻接点后访问的顺序，依次访问邻接点的邻接点。按照这种思想，直到图的所有顶点都被访问过，这样就完成了对图的广度优先遍历。

例如，图 G_6 的广度优先遍历过程如图 6-17 所示。其中，箭头表示广度优先遍历的方向，图中的数字表示遍历的次序。

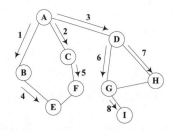

图 6-17　图 G_6 的广度优先遍历过程

图 G_6 的广度优先遍历过程如下：

（1）首先访问顶点 A，顶点 A 的邻接点有 B、C、D，然后访问 A 的第一个邻接点 B。

（2）访问顶点 A 的第二个邻接点 C，再访问顶点 A 的第三个邻接点 D。

（3）顶点 B 的邻接点只有顶点 E，因此访问顶点 E。

（4）顶点 C 的邻接点只有 F 且未被访问过，因此访问顶点 F。

（5）顶点 D 的邻接点有 G 和 H，且都未被访问过，因此先访问第一个顶点 G，然后访问第二个顶点 H。

（6）顶点 E 和 F 不存在未被访问的邻接点，顶点 G 未被访问的邻接点有 I，因此访问顶点 I。至此，图 G_6 所有的顶点已经被访问完毕。

因此，图 G_6 的广度优先遍历序列为：A、B、C、D、E、F、G、H、I。

2. 图的广度优先遍历的算法实现

在图的广度优先遍历过程中，同样也需要一个数组 visited[MaxSize]指示顶点是否被访问过。图的广度优先遍历的算法实现思想：将图中的所有顶点对应的标志数组 visited[v_i]都初始化为 0，表示顶点未被访问过。从第一个顶点 v_0 开始，访问该顶点且将标志列表置为 1。然后将 v_0 入队，当队列不为空时，将队头元素（顶点）出队，依次访问该顶点的所有邻接点，并将邻接点依次入队，同时将标志数组对应位置为 1，表示已经访问过。以此类推，直到图中的所有顶点都已经被访问过。

图的广度优先遍历的算法实现如下：

```
public void BFSTraverse(int visited[])
//从第 1 个顶点出发，按广度优先非递归遍历图
{
    final int MaxSize = 20;
    int queue[]=new int[MaxSize];    //定义一个队列
    int front = -1;
    int rear = -1;                   //初始化队列
    int v;
    for(v=0;v<vexnum;v++)            //初始化标志位
        visited[v]=0;
    v = 0;
    visited[v] = 1;                              //设置访问标志为 1，表示已经被访问过
    System.out.print(vertex[v].data+" ");
    rear = (rear + 1) % MaxSize;
    queue[rear]=v;                   //v 入队列
    while(front<rear)                //如果队列不空
    {
        front = (front + 1) % MaxSize;
        v = queue[front];                   //队头元素出队赋值给 v
        ArcNode p = vertex[v].firstarc;
        while (p != null)                   //遍历序号为 v 的所有邻接点
        {
            if (visited[p.adjvex] == 0)   //如果该顶点未被访问过
            {
                visited[p.adjvex] = 1;
                System.out.print(vertex[p.adjvex].data + " ");
                rear = (rear + 1) % MaxSize;
                queue[rear] = p.adjvex;
            }
            p = p.nextarc;              //p 指向下一个邻接点
        }
    }
}
```

假设图的顶点个数为 n，边数（弧）为 e，则采用邻接表实现图的广度优先遍历的时间复杂度为 O(n+e)。图的深度优先遍历和广度优先遍历的结果并不是唯一的，这主要与图存储结点的位置有关。

6.4　图的连通性问题

在 6.1 节已经介绍了连通图和强连通图的概念，如何判断一个图是否为连通图呢？怎样求一个连通图的连通分量呢？本节将讨论如何利用遍历算法求解图的连通性问题，并讨论最小代价生成树算法。

6.4.1 无向图的连通分量与生成树

在无向图的深度优先遍历和广度优先遍历过程中，对于连通图，从任何一个顶点出发，都可以遍历图中的每一个顶点。而对于非连通图，则需要从多个顶点出发对图进行遍历，每次从新顶点开始遍历得到的序列就是图的各个连通分量的顶点集合。如图 6-3 所示的非连通图 G_3 的邻接表如图 6-18 所示。对图 G_3 进行深度优先遍历，因为图 G_3 是非连通图且有两个连通分量，所以需要从图的至少两个顶点（顶点 A 和顶点 F）出发，才能完成对图中的每个顶点的访问。对图 G_3 进行深度优先遍历，得到的序列为：A、B、C、D、I、E 和 F、G、H。

图 6-18　图 G_3 的邻接表

由图 6-18 可以看出，对非连通图进行深度优先遍历或广度优先遍历，可以分别得到连通分量的顶点序列。对于连通图，从某一个顶点出发，对图进行深度优先遍历，按照访问路径得到一棵生成树，称为深度优先生成树。从某一个顶点出发，对图进行广度优先遍历，得到的生成树称为广度优先生成树。如图 6-19 所示就是对应图 G_6 的深度优先生成树和广度优先生成树。

图 G_6 的深度优先生成树　　图 G_6 的广度优先生成树

图 6-19　图 G_6 的深度优先生成树和广度优先生成树

对于非连通图而言，从某一个顶点出发，对图进行深度优先遍历或广度优先遍历，按照访问路径会得到一系列的生成树，这些生成树在一起构成生成森林。对图 G_3 进行深度优先遍历构成的深度优先生成森林如图 6-20 所示。

无向图G_3的深度优先生成森林

图 6-20 图 G_3 的深度优先生成森林

利用图的深度优遍历或广度优先遍历可以判断一个图是不是连通图。若不止一次地调用遍历图，则说明该图是非连通的，否则该图是连通图。进一步对图进行遍历还可以得到生成树。

6.4.2 最小生成树

最小生成树是指在一个连通网的所有生成树中，其中所有边的代价之和最小的那棵生成树。代价在网中通过权值来表示，一棵生成树的代价就是生成树各边的代价之和。例如要在 n 个城市建立一个交通图，就是要在 n(n-1)/2 条线路中选择 n-1 条代价最小的线路，各个城市可以看成是图的顶点，城市的线路可以看作图的边。

最小生成树具有以下重要的性质：

假设一个连通网 N=(V,E)，V 是顶点的集合，E 是边的集合，V 有一个非空子集 U。如果(u,v)是一条具有最小权值的边，其中 u∈U、v∈V-U，那么一定存在一个最小生成树包含边(u,v)。

下面用反证法证明以上性质。

假设所有的最小生成树都不存在这样的一条边(u,v)。设 T 是连通网 N 中的一棵最小生成树，如果将边(u,v)加入 T 中，那么根据生成树的定义，T 一定出现包含(u,v)的回路。另外，T 中一定存在一条边(u',v')的权值大于或等于(u,v)的权值，若删除边(u',v')，则得到一棵代价小于或等于 T 的生成树 T'。T'是包含边(u,v)的最小生成树，这与假设矛盾。由此，以上性质得证。

最小生成树的构造算法有两个：Prim（普里姆）算法和 Kruskal（克鲁斯卡尔）算法。

1. Prim 算法

Prim 算法描述如下：

假设 N={V,E}是连通网，TE 是 N 的最小生成树的边的集合。执行以下操作：

（1）初始时，令 U={u_0}（u_0∈V）、TE=φ。

（2）对于所有的边 u∈U，v∈V-U 的边(u,v)∈E，将一条代价最小的边(u_0,v_0)放到集合 TE 中，同时将顶点 v_0 放进集合 U 中。

（3）重复执行步骤（2），直到 U=V 为止。

这时，边集合 TE 一定有 n-1 条边，T={V,TE}就是连通网 N 的最小生成树。

例如，如图 6-21 所示就是利用 Prim 算法构造最小生成树的过程。

图 6-21　利用 Prim 算法构造最小生成树的过程

　　初始时，集合 U={A}，集合 V-U={B,C,D,E}，边集合为 φ。A∈U 且 U 中只有一个元素，将 A 从 U 中取出，比较顶点 A 与集合 V-U 中顶点构成的代价最小边，在(A,B)、(A,D)、(A,E)中，最小的边是(A,B)。将顶点 B 加入集合 U 中，边(A,B)加入 TE 中，因此有 U={A,B}、V-U={C,D,E}、TE=={(A,B)}。然后在集合 U 与集合 V-U 构成的所有边(A,E)、(A,D)、(B,E)、(B,C)中，其中最小边为(A,D)，故将顶点 D 加入集合 U 中，边(A,D)加入 TE 中，因此有 U={A,B,D}、V-U={C,E}、TE=={(A,B,D)}。以此类推，直到所有的顶点都加入 U 中。

　　在实现算法时，需要设置一个数组 closeedge[MaxSize]，用来保存 U 到 V-U 最小代价的边。对于每个顶点 v∈V-U，在数组中存在一个分量 closeedge[v]，它包括两个域 adjvex 和 lowcost，其中，adjvex 域用来表示该边中属于 U 中的顶点，lowcost 域用来存储该边对应的权值。用公式描述如下：

```
closeedge[v].lowcost=Min({cost(u,v)|u∈U})
```

　　根据 Prim 算法构造最小生成树，其对应过程中各个参数的变化情况如表 6-1 所示。

表6-1　Prim算法各个参数的变化

closeedge[i] \ i	0	1	2	3	4	U	V-U	k	(u_o, v_o)
adjvex lowcost	0	A 6	A ∞	A 7	A 12	{A}	{B,C,D,E}	1	(A,B)
adjvex lowcost	0	0	B 8	A 7	B 9	{A,B}	{C,D,E}	3	(A,D)
adjvex lowcost	0	0	B 8	0	D 5	{A,B,D}	{C,E}	4	(D,E)
adjvex lowcost	0	0	E 4	0	0	{A,B,D,E}	{C}	2	(E,C)
adjvex lowcost	0	0	0	0	0	{A,B,D,E,C}	{}		

　　Prim 算法描述如下：

```
class CloseEdge
//记录从顶点集合 U 到 V - U 的代价最小的边的定义
```

```
{
    String adjvex;
    double lowcost;
    CloseEdge(String adjvex,double lowcost)
    {
        this.adjvex=adjvex;
        this.lowcost=lowcost;
    }
}
public class MinSpanningTree
{
    public void Prim(MGraph M, String u, CloseEdge closeedge[])
    //利用 Prim 算法求从第 u 个顶点出发构造网 G 的最小生成树
    {
        int k = M.LocateVertex(u); //k 为顶点 u 对应的序号
        int m = 0;
        for (int j = 0; j < M.vexnum; j++) //数组初始化
        {
            CloseEdge close_edge = new CloseEdge(u, M.arc[k][j]);
            closeedge[m++] = close_edge;
        }
        closeedge[k].lowcost = 0;  //初始时集合 U 只包括顶点 u
        System.out.println("最小代价生成树的各条边为:");
        for (int i = 1; i < M.vexnum; i++) //选择剩下的 M.vexnum - 1 个顶点
        {
            k = MiniNum(M,closeedge); //k 为与 U 中顶点相邻接的下一个顶点的序号
            System.out.print("(" + closeedge[k].adjvex + "-" + M.vex[k] + ")");
//输出生成树的边
            closeedge[k].lowcost = 0;  //第 k 个顶点并入 U 集
            for (int j = 0; j < M.vexnum; j++) {
                if (M.arc[k][j] < closeedge[j].lowcost) //新顶点加入 U 集后重新将最
小边存入数组
                {
                    closeedge[j].adjvex = M.vex[k];
                    closeedge[j].lowcost = M.arc[k][j];
                }
            }
        }
    }
}
```

Prim 算法中有两个嵌套的 for 循环，假设顶点的个数是 n，则第一层循环的频度为 n-1，第二层循环的频度为 n，因此该算法的时间复杂度为 $O(n^2)$。

【例 6-3】利用邻接矩阵创建一个如图 6-21 所示的无向网 N，然后利用 Prim 算法求该无向网的最小生成树。

【分析】主要考查 Prim 算法无向网的最小生成树算法。数组 closeedge 有两个域：adjvex 域和 lowcost 域。其中，adjvex 域用来存放依附于集合 U 的顶点，lowcost 域用来存放数组下标对应的顶点到顶点（adjvex 中的值）的最小权值。因此，查找无向网 N 中的最小权值的边就是在数组 lowcost

中找到最小值，输出生成树的边后，要将新的顶点对应的数组值赋为 0，即将新顶点加入集合 U 中。以此类推，直到所有的顶点都加入集合 U 中。

数组 closeedge 中的 adjvex 域和 lowcost 域的变化情况如图 6-22 所示。

图 6-22　数组 closeedge 值的变化情况

根据 Prim 算法的思想，可根据给定的无向网构造最小生成树，其最小生成树算法实现如前面所述，求最小生成树的测试代码如下：

```
public int MiniNum(MGraph M, CloseEdge edge[])
//将 lowcost 的最小值的序号返回
{
    int i = 0;
    while(edge[i].lowcost == 0)          //忽略数组中为 0 的值
        i += 1;
    double min = edge[i].lowcost;     //min 为第一个不为 0 的值
    int k = i;
    for(int j=i+1;j< M.vexnum;j++) {
        if (edge[j].lowcost > 0 && edge[j].lowcost < min) //将最小值对应的序号赋值
给 k
        {
            min = edge[j].lowcost;
            k = j;
        }
    }
    return k;
}

public static void main(String args[]) {
    System.out.println("创建一个无向网 N: ");
    MGraph N = new MGraph();
    N.CreateGraph2(Kind.UN);
    System.out.println("输出网的顶点和弧: ");
    N.DisplayGraph();
    CloseEdge closeedge[] =new CloseEdge[20];
```

```
    MinSpanningTree MST=new MinSpanningTree();
    MST.Prim(N,"A",closeedge);
    MST.Kruskal(N);
  }
}
```

程序运行结果如下。

```
创建一个无向网 N：
请输入无向网 N 的顶点数,弧数：
5 8
请输入 5 个顶点的值(字符),以空格分隔各个字符：
A B C D E
请输入 8 条弧的弧尾 弧头 权值(以空格作为间隔)：
顶点 1 顶点 2 权值：
A B 6
A D 7
A E 12
B C 8
B E 9
C D 6
C E 4
D E 5
输出网的顶点和弧：
有向网具有 5 个顶点 8 条弧,顶点依次是：A B C D E
有向网 N 的：
序号 i=
      0    1    2    3    4
0    ∞    6    ∞    7    12
1    6    ∞    8    ∞    9
2    ∞    8    ∞    6    4
3    7    ∞    6    ∞    5
4    12   9    4    5    ∞
最小代价生成树的各条边为：
(A-B)(A-D)(D-E)(E-C)
```

2. Kruskal 算法

Kruskal 算法的基本思想是：假设 N={V,E} 是连通网，TE 是 N 的最小生成树的边的集合。执行以下操作：

（1）初始时，最小生成树中只有 n 个顶点，这 n 个顶点分别属于不同的集合，而边的集合 TE=φ。

（2）从连通网 N 中选择一个代价最小的边，若边所依附的两个顶点在不同的集合中，则将该边加入最小生成树 TE 中，并将该边依附的两个顶点合并到同一个集合中。

（3）重复执行步骤（2），直到所有的顶点都属于同一个顶点集合为止。

例如利用 Kruskal 算法构造最小生成树的过程，如图 6-23 所示。

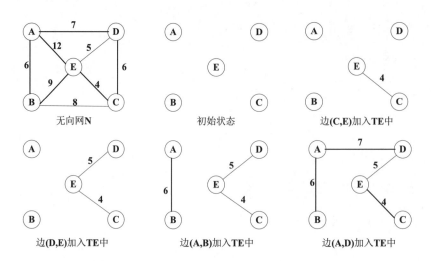

图 6-23　Kruskal 算法构造最小生成树的过程

　　初始时，边的集合 TE 为空集，顶点 A、B、C、D、E 分别属于不同的集合，假设 $U_1=\{A\}$、$U_2=\{B\}$、$U_3=\{C\}$、$U_4=\{D\}$、$U_5=\{E\}$。图中含有 8 条边，将这 8 条边按照权值从小到大排列，依次取出最小的边，若依附于边的两个顶点属于不同的结合，则将该边加入集合 TE 中，并将这两个顶点合并为一个集合，重复执行类似操作，直到所有顶点都属于一个集合为止。

　　在这 8 条边中，权值最小的边是(C,E)，其权值 cost(C,E)=4，并且 $C\in U_3$、$E\in U_5$、$U_3\neq U_5$，因此，将边(C,E)加入集合 TE 中，并将两个顶点集合合并为一个集合，TE=\{(C,E)\}、$U_3=U_5=\{C,E\}$。在剩下的边的集合中，边(D,E)的权值最小，其权值 cost(D,E)=5，并且 $D\in U_4$、$E\in U_3$、$U_3\neq U_4$，因此将边(D,E)加入边的集合 TE 中并合并顶点集合，有 TE=\{(C,E),(D,E)\}、$U_3=U_5=U_4=\{C,E,D\}$。然后继续从剩下的边的集合中选择权值最小的边，依次加入 TE 中，合并顶点集合，直到所有的顶点都加入顶点集合。

　　Kruskal 算法描述如下：

```
public void Kruskal(MGraph M)
//kruskal 算法求最小生成树
{
    int set[]=new int[M.vexnum];
    int a=0, b=0;
    double min=M.arc[a][b];
    int k=0;
    for(int i=0;i<M.vexnum;i++)  //初始时，各顶点分别属于不同的集合
        set[i]=i;
    System.out.println("最小生成树的各条边为:");
    while(k<M.vexnum-1) //查找所有最小权值的边
    {
        for (int i = 0; i < M.vexnum; i++)    //在矩阵的上三角查找最小权值的边
        {
            for (int j = i + 1; j < M.vexnum; j++) {
                if (M.arc[i][j] < min) {
                    min = M.arc[i][j];
                    a = i;
```

```
                    b = j;
                }
            }
        }
        M.arc[a][b] = Double.POSITIVE_INFINITY; //删除上三角中最小权值的边，下次不再
查找
        min = M.arc[a][b];
        if (set[a] != set[b])          //如果边的两个顶点在不同的集合
        {
            System.out.print("("+M.vex[a] + "-" + M.vex[b]+")"+" ");    //输出最小
权值的边
            k += 1;
            for (int r = 0; r < M.vexnum; r++)
                if (set[r] == set[b])      //将顶点 b 所在集合并入顶点 a 所在集合中
                    set[r] = set[a];
        }
    }
}
```

最小生成树的各条边为：(C-E) (D-E) (A-B) (A-D)。

6.5　有向无环图

有向无环图（Directed Acyclic Graph，DAG）是指一个无环的有向图，它用来描述工程或系统的进行过程。在有向无环图描述工程的过程中，将工程分为若干活动，即子工程。这些子工程（活动）之间互相制约，例如，一些活动必须在另一些活动完成之后才能开始。整个工程涉及两个问题：一个是活动执行的顺序安排；另一个是整个工程的最短完成时间。其实这就是有向图的两个应用：拓扑排序和关键路径。

6.5.1　AOV 网与拓扑排序

由 AOV 网可以得到拓扑排序。在介绍拓扑排序之前，先来介绍一下 AOV 网。

1. AOV 网

在每个工程中，可以将一个工程分为若干子工程，这些子工程称为活动。如果用图中的顶点表示活动，以有向图的弧表示活动之间的优先关系，这样的有向图称为 AOV 网，即顶点表示活动的网。在 AOV 网中，若从顶点 v_i 到顶点 v_j 之间存在一条路径，则顶点 v_i 是顶点 v_j 的前驱，顶点 v_j 为顶点 v_i 的后继。若<v_i,v_j>是有向网的一条弧，则称顶点 v_i 是顶点 v_j 的直接前驱，顶点 v_j 是顶点 v_i 的直接后继。

活动中的制约关系可以通过 AOV 网中的弧表示。例如，计算机科学与技术专业的学生必须修完一系列专业基础课程和专业课程才能毕业，学习这些课程的过程可以被看成是一个工程，每一门课程可以被看成是一个活动。计算机科学与技术专业的基本课程及选修课程的关系如表 6-2 所示。

表6-2　计算机科学与技术专业课程关系表

课程编号	课程名称	选修课程编号
C_1	程序设计语言	无
C_2	汇编语言	C_1
C_3	离散数学	C_1
C_4	数据结构	C_1,C_3
C_5	编译原理	C_2,C_4
C_6	高等数学	无
C_7	大学物理	C_6
C_8	数字电路	C_7
C_9	计算机组成结构	C_8
C_{10}	操作系统	C_9

在这些课程中，《高等数学》是基础课，它独立于其他课程。在修完《程序设计语言》和《离散数学》后，才能学习《数据结构》。这些课程构成的有向无环图如图 6-24 所示。

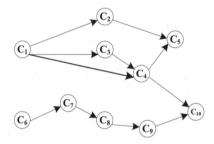

图 6-24　表示课程之间优先关系的有向无环图

在 AOV 网中，不允许出现环，如果出现环，就表示某个活动是自己的先决条件。因此，需要对 AOV 网判断是否存在环，可以利用有向图的拓扑排序进行判断。

2. 拓扑排序

拓扑排序就是将 AOV 网中的所有顶点排列成一个线性序列，并且序列满足以下条件：在 AOV 网中，若从顶点 v_i 到 v_j 存在一条路径，则在该线性序列中，顶点 v_i 一定出现在顶点 v_j 之前。因此，拓扑排序的过程就是将 AOV 网排成线性序列的操作。AOV 网表示一个工程图，而拓扑排序则是将 AOV 网中的各个活动组成一个可行的实施方案。

对 AOV 网进行拓扑排序的方法如下：

（1）在 AOV 网中任意选择一个没有前驱的顶点，即顶点入度为零，将该顶点输出。

（2）从 AOV 网中删除该顶点，以及从该顶点出发的弧。

（3）重复执行步骤（1）和步骤（2），直到 AOV 网中所有顶点都已经被输出，或者 AOV 网中不存在无前驱的顶点为止。

按照以上步骤，如图 6-24 所示的 AOV 网的拓扑序列为：$(C_1,C_2,C_3,C_4,C_5,C_6,C_7,C_8,C_9,C_{10})$ 或 $(C_6,C_7,C_8,C_9,C_1,C_2,C_3,C_4,C_5,C_{10})$。

AOV 网的拓扑序列的构造过程如图 6-25 所示，其拓扑序列为：V_1、V_2、V_3、V_5、V_4、V_6。

图 6-25 AOV 网构造拓扑序列的过程

在对 AOV 网进行拓扑排序结束后，可能会出现两种情况：一种是 AOV 网中的顶点全部输出，表示网中不存在回路；另一种是 AOV 网中还存在没有输出的顶点，未输出顶点的入度都不为零，表示网中存在回路。

采用邻接表存储结构的 AOV 网的拓扑排序的算法实现：遍历邻接表，将各个顶点的入度保存在数组 indegree 中。将入度为零的顶点入栈，依次将栈顶元素出栈并输出该顶点，对该顶点的邻接顶点的入度减 1，若邻接顶点的入度为零，则入栈，否则，将下一个邻接顶点的入度减 1 并进行相同的处理。然后继续将栈中的元素出栈，重复执行以上操作，直到栈空为止。

AOV 网的拓扑排序算法如下：

```
public int TopologicalOrder(AdjGraph G) throws Exception
//采用邻接表存储结构的有向图 G 的拓扑排序
{
  int count = 0;
  int[] indegree = new int[G.vexnum];        //数组 indegree 存储各顶点的入度
  //将图中各顶点的入度保存在数组 indegree 中
  for (int i = 0; i < G.vexnum; i++)         //为数组 indegree 赋初值
  {
    indegree[i] = 0;
  }
  for (int i = 0; i < G.vexnum; i++) {
    ArcNode p = G.vertex[i].firstarc;
    while (p != null) {
      int k = p.adjvex;
      indegree[k] += 1;
      p = p.nextarc;
    }
  }
  SeqStack<Integer> S = new SeqStack<Integer>();
  System.out.println("拓扑序列: ");
  for (int i = 0; i < G.vexnum; i++) {
    if (indegree[i] == 0)                     //将入度为零的顶点入栈
      S.PushStack(i);
  }
  while (!S.StackEmpty())                     //如果栈 S 不为空
  {
    int i = S.PopStack();                     //从栈 S 将已拓扑排序的顶点 i 弹出
```

```
        System.out.print(G.vertex[i].data + " ");
        count += 1;                              //对入栈 T 的顶点计数
        ArcNode p = G.vertex[i].firstarc;
        while (p != null)                        //处理编号为 i 的顶点的每个邻接点
        {
            int k = p.adjvex;                    //顶点序号为 k
            indegree[k] -= 1;
            if (indegree[k] == 0)                //若 k 的入度减 1 后变为 0，则将 k 入栈 S
                S.PushStack(k);
            p = p.nextarc;
        }
    }
    if (count < G.vexnum) {
        System.out.println("该有向网有回路");
        return 0;
    } else
        return 1;
}
```

在拓扑排序的实现过程中，入度为零的顶点入栈的时间复杂度为 O(n)，有向图的顶点入栈、出栈操作及 while 循环语句的执行次数是 e，因此，拓扑排序的时间复杂度为 O(n+e)。

6.5.2　AOE 网与关键路径

AOE 网是以边表示活动的有向无环网。AOE 网在工程计划和工程管理中有广泛的应用，在 AOE 网中，具有最大路径长度的路径称为关键路径，关键路径表示完成工程的最短工期。

1. AOE 网

AOE 网是一个带权的有向无环图。其中，用顶点表示事件，弧表示活动，权值表示两个活动持续的时间。AOE 网是以边表示活动的网（Activity On Edge Network）。

AOV 网描述了活动之间的优先关系，可以认为是一个定性的研究，但是有时还需要定量地研究工程的进度，如整个工程的最短完成时间、各个子工程影响整个工程的程度、每个子工程的最短完成时间和最长完成时间。在 AOE 网中，通过研究事件与活动之间的关系，从而可以确定整个工程的最短完成时间，明确活动之间的相互影响，确保整个工程的顺利进行。

在用 AOE 网表示一个工程计划时，用顶点表示各个事件，弧表示子工程的活动，权值表示子工程的活动需要的时间。用顶点表示的事件发生之后，从该顶点出发的有向弧所表示的活动才能开始。在进入某个顶点的有向弧所表示的活动完成之后，该顶点表示的事件才能发生。

如图 6-26 所示是一个具有 10 个活动、8 个事件的 AOE 网。V_1，V_2，…，V_8 表示 8 个事件，$<V_1$，$V_2>$、$<V_1$，$V_3>$，…，$<V_7$，$V_8>$ 表示 10 个活动，a_1，a_2，…，a_{10} 表示活动的执行时间。进入顶点的有向弧表示的活动已经完成，从顶点出发的有向弧表示的活动可以开始。顶点 V_1 表示整个工程的开始，V_8 表示整个工程的结束。顶点 V_5 表示活动 a_4、a_5 已经完成，活动 a_7 和 a_8 可以开始。其中，完成活动 a_1 和活动 a_3 分别需要 5 天和 6 天。

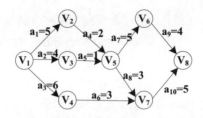

图 6-26 一个 AOE 网

对于一个工程来说，只有一个开始状态和一个结束状态。因此，在 AOE 网中，只有一个入度为零的点表示工程的开始，称为源点（V_1）；只有一个出度为零的点表示工程的结束，称为汇点（V_8）。

2. 关键路径

关键路径是指在 AOE 网中从源点到汇点最长的路径。这里的路径长度是指路径上各个活动持续时间之和。在 AOE 网中，有些活动是可以并行执行的。关键路径其实就是完成工程的最短时间所经过的路径，关键路径上的活动称为关键活动。

下面是与关键路径有关的几个概念。

（1）事件 v_i 的最早发生时间：从源点到顶点 v_i 的最长路径长度，称为事件 v_i 的最早发生时间，记作 ve(i)。求解 ve(i) 可以从源点 ve(0)=0 开始，按照拓扑排序规则根据递推得到：

$$ve(i)=Max\{ve(k)+dut(<k,i>)|<k,i>\in T,1\leqslant i\leqslant n-1\}$$

其中，T 是所有以第 i 个顶点为弧头的弧的集合，dut(<k,i>) 表示弧<k,i>对应的活动的持续时间。

（2）事件 v_i 的最晚发生时间：在保证整个工程完成的前提下，活动最迟必须开始的时间，记作 vl(i)。在求解事件 v_i 的最早发生时间 ve(i) 的前提 vl(n-1)=ve(n-1) 下，从汇点开始，向源点推进得到 vl(i)：

$$vl(i)=Min\{vl(k)-dut(<i,k>)|<i,k>\in S,0\leqslant i\leqslant n-2\}$$

其中，S 是所有以第 i 个顶点为弧尾的弧的集合，dut(<i,k>) 表示弧<i,k>对应的活动的持续时间。

（3）活动 a_i 的最早开始时间 e(i)：如果弧<v_k,v_j>表示活动 a_i，当事件 v_k 发生之后，活动 a_i 才开始。因此，事件 v_k 的最早发生时间也就是活动 a_i 的最早开始时间，即 e(i)=ve(k)。

（4）活动 a_i 的最晚开始时间 l(i)：在不推迟整个工程完成时间的基础上，活动 a_i 最迟必须开始的时间。若弧<v_k,v_j>表示活动 a_i，持续时间为 dut(<k,j>)，则活动 a_i 的最晚开始时间 l(i)=vl(j)-dut(<k,j>)。

（5）活动 a_i 的松弛时间：活动 a_i 的最晚开始时间与最早开始时间之差就是活动 a_i 的松弛时间，记作 l(i)-e(i)。

在如图 6-26 所示的 AOE 网中，从源点 v_1 到汇点 v_8 的关键路径是（v_1,v_2,v_5,v_6,v_8），路径长度为 16，也就是说 v_8 的最早发生时间为 16。活动 a_7 的最早开始时间是 7，最晚开始时间也是 7。活动 a_8 的最早开始时间是 7，最晚开始时间是 8，如果 a_8 推迟 1 天开始，不会影响整个工程的进度。

当 e(i)=l(i) 时，对应的活动 a_i 称为关键活动。在关键路径上的所有活动都称为关键活动，非关键活动提前完成或推迟完成并不会影响整个工程的进度。例如，活动 a_8 是非关键活动，a_7 是关键活动。

求 AOE 网的关键路径的算法如下：

（1）对 AOE 网中的顶点进行拓扑排序，若得到的拓扑序列的顶点个数小于 AOE 网中的顶点数，则说明 AOE 网中有环存在，不能求关键路径，终止算法；否则，从源点 v_0 开始，求出各个顶点的最早发生时间 ve(i)。

（2）从汇点 v_n 出发 vl(n-1)=ve(n-1)，按照逆拓扑序列求其他顶点的最晚发生时间 vl(i)。

（3）由各顶点的最早发生时间 ve(i) 和最晚发生时间 vl(i)，求出每个活动 a_i 的最早开始时间 e(i) 和最晚开始时间 l(i)。

（4）找出所有满足条件 e(i)=l(i) 的活动 a_i，a_i 即关键活动。

利用求 AOE 网的关键路径的算法，如图 6-26 所示的 AOE 网中的顶点对应事件最早发生时间 ve、最晚发生时间 vl 以及弧对应活动最早发生时间 e、最晚发生时间 1 如图 6-27 所示。

顶点	ve	vl	活动	e	l	l-e
V_1	0	0	a_1	0	0	0
V_2	5	5	a_2	0	2	2
V_3	4	6	a_3	0	2	2
V_4	6	8	a_4	5	5	0
V_5	7	7	a_5	4	6	2
V_6	12	12	a_6	6	8	2
V_7	10	11	a_7	7	7	0
V_8	16	16	a_8	7	8	1
			a_9	12	12	0
			a_{10}	10	11	1

关键路径

图 6-27　AOE 网的顶点发生时间与活动的开始时间

显然，网的关键路径是 (V_1,V_2,V_5,V_6,V_8)，关键活动是 a_1、a_4、a_7 和 a_9。

关键路径经过的顶点满足条件 ve(i)==vl(i)，即当事件的最早发生时间与最晚发生时间相等时，该顶点一定在关键路径上。同样，关键活动者的弧满足条件 e(i)=l(i)，即当活动的最早开始时间与最晚开始时间相等时，该活动一定是关键活动。因此，要求关键路径，首先要求出网中每个顶点的对应事件的最早开始时间，然后推出事件的最晚开始时间和活动的最早、最晚开始时间，最后判断顶点是否在关键路径上，得到网的关键路径。

要得到每一个顶点的最早开始时间，首先要将网中的顶点进行拓扑排序。在对顶点进行拓扑排序的过程中，同时计算顶点的最早发生时间 ve(i)。从源点开始，由与源点相关联的弧的权值，可以得到该弧相关联顶点对应事件的最早发生时间。同时定义一个栈 T，保存顶点的逆拓扑序列。拓扑排序和求 ve(i) 的算法实现如下：

```
public int TopologicalOrder(AdjGraph G) throws Exception
//采用邻接表存储结构的有向网 G 的拓扑排序，并求各顶点对应事件的最早发生时间 ve
//若 G 无回路，则用栈 T 返回 G 的一个拓扑序列，并返回 1，否则为 0
{
   int count = 0;
   int[] indegree = new int[G.vexnum];        //数组 indegree 存储各顶点的入度
   //将图中各顶点的入度保存在数组 indegree 中
   for (int i = 0; i < G.vexnum; i++)          //为数组 indegree 赋初值
   {
```

```
            indegree[i] = 0;
    }
    for (int i = 0; i < G.vexnum; i++) {
        ArcNode p = G.vertex[i].firstarc;
        while (p != null) {
            int k = p.adjvex;
            indegree[k] += 1;
            p = p.nextarc;
        }
    }
    SeqStack<Integer> S = new SeqStack<Integer>();
    System.out.println("拓扑序列: ");
    for (int i = 0; i < G.vexnum; i++) {
        if (indegree[i] == 0)                //将入度为零的顶点入栈
            S.PushStack(i);
    }
    T = new SeqStack();                      //创建拓扑序列顶点栈
    for (int i = 0; i < G.vexnum; i++)       //初始化 ve
        ve[i] = 0;
    while (!S.StackEmpty())                   //如果栈 S 不为空
    {
        int i = S.PopStack();                //从栈 S 将已拓扑排序的顶点 i 弹出
        System.out.print(G.vertex[i].data + " ");
        T.PushStack(i);                      //i 号顶点入逆拓扑排序栈 T
        count += 1;                          //对入栈 T 的顶点计数

        ArcNode p = G.vertex[i].firstarc;
        while (p != null)                     //处理编号为 i 的顶点的每个邻接点
        {
            int k = p.adjvex;                //顶点序号为 k
            indegree[k] -= 1;
            if (indegree[k] == 0)            //若 k 的入度减 1 后变为 0，则将 k 入栈 S
                S.PushStack(k);
            if (ve[i] + Integer.parseInt(p.info) > ve[k])    //计算顶点 k 对应的事件
的最早发生时间
                ve[k] = ve[i] + Integer.parseInt(p.info);
            p = p.nextarc;
        }
    }
    if (count < G.vexnum) {
        System.out.println("该有向网有回路");
        return 0;
    } else
        return 1;
}
```

在上面的算法中，语句

```
if(ve[i]+p.info>ve[k])
    ve[k]=ve[i]+p.info
```

用于求顶点 k 的对应事件的最早发生时间，其中域 info 保存的是对应弧的权值，在这里对图的邻接表类型定义做了简单的修改。

在求出事件的最早发生时间之后，按照逆拓扑序列就可以推出事件的最晚发生时间、活动的最早开始时间和最晚开始时间。在求出所有的参数之后，若 ve(i)==vl(i)，则输出关键路径经过的顶点。若 e(i)=l(i)，则将与对应弧关联的两个顶点存入数组 e1[]和 e2[]，用来输出关键活动。

关键路径算法实现如下：

```java
public int GetCriticalPath(AdjGraph G) throws Exception
//输出 N 的关键路径
{
    int vl[] = new int[G.vexnum];          //事件最晚发生时间
    int e1[] = new int[G.arcnum];
    int e2[] = new int[G.arcnum];
    int i,j;
    int flag = TopologicalOrder(G);
    if (flag == 0)                         //若有环存在，则返回 0
        return 0;
    int value = ve[0];
    for (i = 1; i < G.vexnum; i++)
        if (ve[i] > value)
            value = ve[i];                 //value 为事件的最早发生时间的最大值
    for (i = 0; i < G.vexnum; i++)         //将顶点事件的最晚发生时间初始化
        vl[i] = value;
    while (!T.StackEmpty())                //按逆拓扑排序求各顶点的 vl 值
    {
        j = T.PopStack();                  //弹出栈 T 的元素，赋给 j
        ArcNode p = G.vertex[j].firstarc;  //p 指向 j 的后继事件 k
        while (p != null) {
            int k = p.adjvex;
            int dut = Integer.parseInt(p.info);  //dut 为弧< j, k >的权值
            if (vl[k] - dut < vl[j])             //计算事件 j 的最迟发生时间
                vl[j] = vl[k] - dut;
            p = p.nextarc;
        }
    }
    System.out.println("\n 事件的最早发生时间和最晚发生时间\ni ve[i] vl[i]");
    for (i = 0; i < G.vexnum; i++)   //输出顶点对应的事件的最早发生时间和最晚发生时间
        System.out.println(i + "   " + ve[i] + "    " + vl[i]);
    System.out.print("关键路径为：(" + " ");
    for (i = 0; i < G.vexnum; i++)              //输出关键路径经过的顶点
    {
        if (ve[i] == vl[i])
            System.out.print(G.vertex[i].data + " ");
    }
    System.out.println(")");
    int count = 0;
    System.out.println("活动最早开始时间和最晚开始时间\n   弧    e   l   l-e");
    for (j = 0; j < G.vexnum; j++)   //求活动的最早开始时间 e 和最晚开始时间 l
    {
```

```
            ArcNode p = G.vertex[j].firstarc;
            while (p != null) {
                int k = p.adjvex;
                int dut = Integer.parseInt(p.info);    //dut 为弧 < j, k > 的权值
                int e = ve[j];                //e 就是活动 < j, k > 的最早开始时间
                int l = vl[k] - dut;          //l 就是活动 < j, k > 的最晚开始时间
                System.out.println(G.vertex[j].data + "→" + G.vertex[k].data + " "+
e + " " + l + " " + (l - e) + " ");
                if (e == l)                   //将关键活动保存在数组中
                {
                    e1[count] = j;
                    e2[count] = k;
                    count++;
                }
                p = p.nextarc;
            }
        }
    System.out.println("关键活动为: ");
    for (int k = 0; k < count; k++)      //输出关键路径
    {
        i = e1[k];
        j = e2[k];
        System.out.print("("+G.vertex[i].data+"→"+G.vertex[j].data+")"+" ");
    }
    System.out.println();
    return 1;
}
```

在以上两个算法中，其求解事件的最早发生时间和最晚发生时间为 O(n+e)。若网中存在多个关键路径，则需要同时改进所有的关键路径才能提高整个工程的进度。

其他部分代码见源程序文件。程序运行结果如下。

```
创建一个有向网 N:
请输入有向网 N 的顶点数,弧数(以空格分隔):
8 10
请输入 8 个顶点的值:
v1 v2 v3 v4 v5 v6 v7 v8
请输入弧尾 弧头 权值(以空格分隔):
v1 v2 5
v1 v3 4
v1 v4 6
v2 v5 2
v3 v5 1
v4 v7 3
v5 v7 3
v5 v6 5
v6 v8 4
v7 v8 5
拓扑序列:
v1 v2 v3 v5 v6 v4 v7 v8
```

```
事件的最早发生时间和最晚发生时间
i ve[i] vl[i]
0  0    0
1  5    5
2  4    6
3  6    8
4  7    7
5  12   12
6  10   11
7  16   16
关键路径为: ( v1 v2 v5 v6 v8 )
活动最早开始时间和最晚开始时间
    弧    e   l   l-e
v1→v4  0   2   2
v1→v3  0   2   2
v1→v2  0   0   0
v2→v5  5   5   0
v3→v5  4   6   2
v4→v7  6   8   2
v5→v6  7   7   0
v5→v7  7   8   1
v6→v8  12  12  0
v7→v8  10  11  1
关键活动为:
(v1→v2) (v2→v5) (v5→v6) (v6→v8)
```

思政元素：求解拓扑排序、关键路径告诉我们在日常生活中，要根据各种事情的轻重缓急，合理安排好做事情的优先顺序，只有这样才能提高工作效率。在学习和工作过程中，当遇到多件事情需要处理时，养成合理管理时间、科学合理规划工作安排的良好习惯，既能保证工作任务按计划完成，又能提高工作效率。

6.6 最 短 路 径

在日常生活中，经常会遇到求两个地点之间的最短距离的问题，如在交通网络中求城市 A 与城市 B 的最短路径。可以将每个城市作为图的顶点，两个城市的线路作为图的弧或者边，城市之间的距离作为权值，这样就把一个实际的问题转换为求图的顶点之间的最短路径问题。求图的最短路径的算法有两种：Dijkstra（迪杰斯特拉）算法和 Floyd（弗洛伊德）算法。其中，Dijkstra 算法求解的是图中某一顶点到其余各顶点的最短路径问题，即单源最短路径问题；Floyd 算法求解的是图中任何一对顶点的最短路径问题，即多源最短路径问题。

6.6.1 从某个顶点到其他顶点的最短路径

1. 从某个顶点到其他顶点的最短路径算法思想

带权有向图 G_7 及从顶点 v_0 出发到其他各个顶点的最短路径如图 6-28 所示。

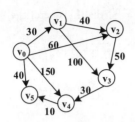

始点	终点	最短路径	路径长度
v_0	v_1	(v_0,v_1)	30
v_0	v_2	(v_0,v_2)	60
v_0	v_3	(v_0,v_2,v_3)	110
v_0	v_4	(v_0,v_2,v_3,v_4)	140
v_0	v_5	(v_0,v_5)	40

图 6-28　图 G_7 及从顶点 v_0 到其他各个顶点的最短路径

从图 6-28 中可以看出，从顶点 v_0 到顶点 v_2 有两条路径：(v_0,v_1,v_2) 和 (v_0,v_2)。其中，前者的路径长度为 70，后者的路径长度为 60。因此，(v_0,v_2) 是从顶点 v_0 到顶点 v_2 的最短路径。从顶点 v_0 到顶点 v_3 有 3 条路径：(v_0,v_1,v_2,v_3)、(v_0,v_2,v_3) 和 (v_0,v_1,v_3)。其中，第 1 条路径长度为 120，第 2 条路径长度为 110，第 3 条路径长度为 130。因此，(v_0,v_2,v_3) 是从顶点 v_0 到顶点 v_3 的最短路径。

下面介绍由 Dijkstra 提出的求最短路径的算法。它的基本思想是根据路径长度递增求解从顶点 v_0 到其他各顶点的最短路径。

设有一个带权有向图 $D=(V,E)$，定义一个数组 dist，数组中的每个元素 dist[i] 表示顶点 v_0 到顶点 v_i 的最短路径长度，则长度为 dist[j]=Min{dist[i]|$v_i \in V$} 的路径，表示从顶点 v_0 出发到顶点 v_j 的最短路径。也就是说，在所有的顶点 v_0 到顶点 v_i 的路径中，dist[j] 是最短的一条路径。而数组 dist 的初始状态是：若从顶点 v_0 到顶点 v_j 存在弧，则 dist[j] 的值是弧 $<v_0,v_j>$ 的权值，否则 dist[j] 的值为∞。

假设 S 表示求出的最短路径对应终点的集合。在按递增次序求出从顶点 v_0 出发到顶点 v_j 的最短路径之后，下一条最短路径是从顶点 v_0 到顶点 v_k 的最短路径，要么是弧 $<v_0,v_k>$，要么是经过集合 S 中某个顶点后到达顶点 v_k 的路径。从顶点 v_0 出发到顶点 v_k 的最短路径的长度要么是弧 $<v_0,v_k>$ 的权值，要么是 dist[j] 与 v_j 到 v_k 的权值之和。

求最短路径的长度满足：终点为 v_x 的最短路径要么是弧 $<v_0,v_x>$，要么是中间经过集合 S 中某个顶点后到达顶点 v_x 所经过的路径。下面用反证法证明此结论。

假设该最短路径有一个顶点 $v_z \in V-S$，即 $v_z \notin S$，则最短路径为 $(v_0,\cdots,v_z,\cdots,v_x)$，但是，这种情况是不可能出现的。因为最短路径是按照路径长度的递增顺序产生的，所以长度更短的路径已经出现，其终点一定在集合 S 中。因此，假设不成立，结论得证。

例如，从图 6-28 可以看出，(v_0,v_2) 是从 v_0 到 v_2 的最短路径，(v_0,v_2,v_3) 是从 v_0 到 v_3 的最短路径，经过了顶点 v_2；(v_0,v_2,v_3,v_4) 是从 v_0 到 v_4 的最短路径，经过了顶点 v_3。

在一般情况下，下一条最短路径的长度一定是：

$$dist[j]=Min\{dist[i]|v_i \in V-S\}$$

其中，dist[i] 要么是弧 $<v_0,v_i>$ 的权值，要么是 dist[k]($v_k \in S$) 与弧 $<v_k,v_i>$ 的权值之和。V-S 表示还没有求出的最短路径的终点集合。

Dijkstra 算法求解最短路径的步骤如下（假设有向图用邻接矩阵存储）：

（1）初始时，S 只包括源点 v_0，即 S={v_0}，V-S 包括除 v_0 外的图中的其他顶点。v_0 到其他顶点的路径初始化为 dist[i]=G.arc[0][i].adj。

（2）选择距离顶点 v_i 最短的顶点 v_k，使得 dist[k]=Min{dist[i]|$v_i \in V-S$}，dist[k] 表示从 v_0 到 v_k 的最短路径长度，v_k 表示对应的终点，将 v_k 加入 S 中。

（3）修改从 v_0 到顶点 v_i 的最短路径长度，其中 $v_i \in V-S$。若有 dist[k]+G.arc[k][i]<dist[i]，则修改 dist[i]，使得 dist[i]=dist[k]+G.arc[k][i].adj。

（4）重复执行步骤（2）和步骤（3），直到求出所有从 v_0 到其他顶点的最短路径长度。

利用 Dijkstra 算法求最短路径的思想，对如图 6-28 所示的图 G_7 求解从顶点 v_0 到其他顶点的最短路径，求解过程如图 6-29 所示。

$$G_7 = \begin{bmatrix} \infty & 30 & 60 & \infty & 150 & 40 \\ \infty & \infty & 40 & 100 & \infty & \infty \\ \infty & \infty & \infty & 50 & \infty & \infty \\ \infty & \infty & \infty & \infty & 30 & \infty \\ \infty & \infty & \infty & \infty & \infty & 10 \\ \infty & \infty & \infty & \infty & \infty & \infty \end{bmatrix}$$

终点	路径长度和路径数组	从顶点v_0到其他各顶点的最短路径的求解过程				
		i=1	i=2	i=3	i=4	i=5
v_1	dist	**30**				
	path	**(v_0,v_1)**				
v_2	dist	60	60	**60**		
	path	(v_0,v_2)	(v_0,v_2)	**(v_0,v_2)**		
v_3	dist	∞	130	130	**110**	
	path	-1	(v_0,v_1,v_3)	(v_0,v_1,v_3)	**(v_0,v_2,v_3)**	
v_4	dist	150	150	150	150	**140**
	path	(v_0,v_4)	(v_0,v_4)	(v_0,v_4)	(v_0,v_4)	**(v_0,v_2,v_3,v_4)**
v_5	dist	40	**40**			
	path	(v_0,v_5)	**(v_0,v_5)**			
最短路径终点		v_1	v_5	v_2	v_3	v_4
集合S		$\{v_0,v_1\}$	$\{v_0,v_1,v_5\}$	$\{v_0,v_1,v_5,v_2\}$	$\{v_0,v_1,v_5,v_2,v_3\}$	$\{v_0,v_1,v_5,v_2,v_3,v_4\}$

图 6-29　带权图 G_7 从顶点 v_0 到其他各顶点的最短路径的求解过程

根据 Dijkstra 算法，求图 G_7 的最短路径的过程中，数组 dist[] 和 path[] 的变化情况如图 6-30 所示。

（1）初始化：$S=\{v_0\}$、$V-S=\{v_1,v_2,v_3,v_4,v_5\}$、dist[]=[0,30,60,$\infty$,150,40]（根据邻接矩阵得到 v_0 到其他各顶点的权值）、path[]=[0,0,0,-1,0,0]（若顶点 v_0 到顶点 v_i 有边<v_0,v_i>存在，则它是从 v_0 到 v_i 的当前最短路径，令 path[i]=0，表示该最短路径上顶点 v_i 的前一个顶点是 v_0；若 v_0 到 v_i 没有路径，则令 path[i]=-1）。

S	V-S	dist	path
$\{v_0\}$	$\{v_1\ v_2\ v_3\ v_4\ v_5\}$	[0, 30, 60, ∞, 150, 40]	[0, 0, 0, -1, 0, 0]
$\{v_0\,v_1\}$	$\{v_2\ v_3\ v_4\ v_5\}$	[0, 30, 60, 130, 150, 40]	[0, 0, 0, 1, 0, 0]
$\{v_0\ v_1\ v_5\}$	$\{v_2\ v_3\ v_4\}$	[0, 30, 60, 130, 150, 40]	[0, 0, 0, 1, 0, 0]
$\{v_0\ v_1\ v_5\ v_2\}$	$\{v_3\ v_4\}$	[0, 30, 60, 110, 150, 40]	[0, 0, 0, 2, 0, 0]
$\{v_0\ v_1\ v_5\ v_2\ v_3\}$	$\{v_4\}$	[0, 30, 60, 110, 140, 40]	[0, 0, 0, 2, 3, 0]
$\{v_0\ v_1\ v_5\ v_2\ v_3\ v_4\}$	$\{\}$	[0, 30, 60, 110, 140, 40]	[0, 0, 0, 2, 3, 0]

图 6-30　求最短路径各变量的状态变化过程

（2）从 V-S 集合中找到一个顶点，该顶点与 S 集合中的顶点构成的路径最短，即 dist[] 数组中值最小的顶点为 v_1，将其添加到 S 中，则 $S=\{v_0,v_1\}$、$V-S=\{v_2,v_3,v_4,v_5\}$。考察顶点 v_1，发现从 v_1 到

v_2 和 v_3 存在边, 则得到:

dist[2]=min{dist[2], dist[1]+40}=60

dist[3]=min{dist[3], dist[1]+100}=130(修改)

则 dist[]=[0,30,60,**130**,150,40], 同时, 修改 v_1 到 v_3 路径上的前驱顶点, path[]=[0,0,0,**1**,0,0]。

(3)从 V–S 中找到一个顶点 v_5,它与 S 中顶点构成的路径最短, 即 dist[]数组中值最小的顶点, 将其添加到 S 中, 则 S={v_0,v_1,**v_5**}、V–S={v_2,v_3,v_4 }。考察顶点 v_5, 发现 v_5 与其他顶点不存在边, 则 dist[]和 path[]保持不变。

(4)从 V–S 中找到一个顶点 v_2,它与 S 中顶点构成的路径最短, 即 dist[]数组中值最小的顶点, 将其加入 S 中, 则 S={v_0,v_1,v_5,**v_2**}、V–S={v_3,v_4}。考察顶点 v_2, 从 v_2 到 v_3 存在边, 得到:

dist[3]=min{dist[3], dist[2]+50}=110(修改)

则 dist[]=[0,30,60,**110**,150,40], 同时修改 v_1 到 v_3 路径上的前驱顶点, path[]=[0,0,0,**2**,0,0]。

(5)从 V–S 中找到一个顶点 v_3,它与 S 中顶点构成的路径最短, 即 dist[]数组中值最小的顶点, 将其加入 S 中, 则 S={v_0,v_1,v_5,v_2,**v_3**}、V–S={v_4}。考察顶点 v_3, 从 v_3 到 v_4 存在边, 得到:

dist[4]=min{dist[4], dist[3]+30}=140(修改)

则 dist[]=[0,30,60,110,**140**,40], 同时修改 v_1 到 v_4 路径上的前驱顶点, path[]=[0,0,0,2,**3**,0]。

(6)从 V–S 中找到与 S 中顶点构成的路径最短的顶点 v_4, 即 dist[]数组中值最小的顶点, 将其加入 S 中, 则 S={v_0,v_1,v_5,v_2,v_3,**v_4**}、V–S={ }。考察顶点 v_4, 从 v_4 到 v_5 存在边, 得到:

dist[5]=min{dist[5], dist[4]+10}=40

则 dist[]和 path[]保持不变, 即 dist[]=[0,30,60,110,140,40]、path[]=[0,0,0,2,3,0]。

根据 dist[]和 path[]中的值输出从 v_0 到其他各顶点的最短路径。例如, 从 v_0 到 v_4 的最短路径可根据 path[]获得: 由 path[4]=3 得到 v_4 的前驱顶点为 v_3, 由 path[3]=2 得到 v_3 的前驱顶点为 v_2, 由 path[2]=0 得到 v_2 的前驱顶点为 v_0, 因此反推出从 v_0 到 v_4 的最短路径为 $v_0 \rightarrow v_2 \rightarrow v_3 \rightarrow v_4$, 最短路径长度为 dist[4], 即 140。

2. 从某个顶点到其他顶点的最短路径算法实现

求解最短路径的 Dijkstra 算法描述如下:

```
public void Dijkstra(MGraph M, int v0, int path[], double dist[], int set[])
//用 Dijkstra 算法求有向网 N 的 v0 顶点到其余各顶点 v 的最短路径 path[v]及带权长度 dist[v]
//final[v]为 1 表示 v∈S, 即已经求出从 v0 到 v 的最短路径
{
    int k = 0;
    for (int v = 0; v < M.vexnum; v++) //数组 dist 存储 v0 到 v 的最短距离, 初始化为 v0
到 v 的弧的距离
    {
        set[v]=0;
        dist[v] = M.arc[v0][v];  //记录与 v0 有连接的顶点的权值
        if (M.arc[v0][v] < Double.POSITIVE_INFINITY)
```

```
                    path[k++] = v0;
                else
                    path[k++] = -1;           //初始化路径数组 path 为 - 1
        }
        dist[v0] = 0;                          //v0 到 v0 的路径为 0
        set[v0]=1;                             //v0 顶点并入集合 S
        path[v0] = v0;
        //从 v0 到其余 G.vexnum-1 个顶点的最短路径，并将该顶点并入集合 S
        //利用循环每次求 v0 到某个顶点 v 的最短路径
        for (int v = 1; v < M.vexnum; v++) {
            double min = Double.POSITIVE_INFINITY;    //记录一次循环距离 v0 最近的距离
            for (int w = 0; w < M.vexnum; w++)        //找出距 v0 最近的顶点
            //final[w]为 0 表示该顶点还没有记录与它最近的顶点
            {
                if (set[w]==0 && dist[w]<min)//在不属于集合 S 的顶点中找到离 v0 最近的顶点
                {
                    k = w;                  //记录最小权值的下标，将其距 v0 最近的顶点 w 赋给 k
                    min = dist[w];          //记录最小权值
                }
            }
            //将目前找到的最接近 v0 的顶点的下标的位置置为 1，表示该顶点已被记录
            set[k] =1; //将 v 并入集合 S
            //修正当前最短路径，即距离
            for (int w = 0; w < M.vexnum; w++) //利用新并入集合 S 的顶点，更新 v0 到不属于
集合 S 的顶点的最短路径长度和最短路径数组
            //若经过顶点 v 的路径比现在这条路径短，则修改顶点 v0 到 w 的距离
            {
                if (set[w]==0 && min < Double.POSITIVE_INFINITY && M.arc[k][w] <
Double.POSITIVE_INFINITY && min + M.arc[k][w] < dist[w])
                {
                    dist[w] = min + M.arc[k][w];   //修改顶点 w 距离 v0 的最短长度
                    path[w] = k;                   //存储最短路径前驱结点的下标
                }
            }
        }
    }
    public void PrintShortPath(MGraph M,int v0,int path[],double dist[])
    {
        int k=0;
        int[] apath =new int [M.vexnum];
        System.out.println("存储最短路径前驱结点下标的数组 path 的值为：");
        System.out.print("数组下标：");
        for(int i=0;i<M.vexnum;i++)
            System.out.print(i+" ");
        System.out.print("\n 数组的值：");
        for(int i=0;i<M.vexnum;i++)
            System.out.print(path[i]+"  ");
        //存储最短路径前驱结点下标的数组 path 的值为：
        //数组下标： 0  1  2  3  4  5
        //数组的值： 0  0  0  2  3  0
```

```
        //当 path[4]=3 时表示，顶点 4 的前驱结点是顶点 3
        //找到顶点 3，有 path[3]=2，表示顶点 3 的前驱结点是顶点 2
        //找到顶点 2，有 path[2]=0，表示顶点 2 的前驱结点是顶点 0
        //因此由顶点 4 到顶点 0 的最短路径为：4 -> 3 -> 2 -> 0
        //将这个顺序倒过来即可得到顶点 0 到顶点 4 的最短路径
        System.out.println("\nv0 到其他顶点的最短路径如下：");
        for(int i=1;i<M.vexnum;i++) {
            k = 0;
            System.out.print("v" + v0 + " -> v" + i + ": ");
            int j = i;
            System.out.print(M.vex[v0] + " ");
            while (path[j] != 0) {
                apath[k] = path[j];
                j = path[j];
                k += 1;
            }
            for (j = k - 1; j > -1; j--)
                System.out.print(M.vex[apath[j]] + " ");
            System.out.println(M.vex[i]);
        }
    System.out.println("顶点 v" + v0 + "到各顶点的最短路径长度为：");
    for (int i = 1; i < M.vexnum; i++)
        System.out.println(M.vex[0] + " - " + M.vex[i] + ": " + dist[i]);   //dist
数组中存放 v0 到各顶点的最短路径
    }
```

其中，数组 dist[v]表示从顶点 v_0 到顶点 v 当前求出的最短路径长度。先利用 v_0 到其他顶点的弧对应的权值初始化数组 path[]和 dist[]，然后找出从 v_0 到顶点 v（不属于集合 S）的最短路径，并将 v 并入集合 S，最短路径长度赋给 min。接着利用新并入的顶点 v，更新 v_0 到其他顶点（不属于集合 S）的最短路径长度和直接前驱顶点。重复执行以上步骤，直到求出从 v_0 到所有其他顶点的最短路径为止。数组 path[v]存放顶点 v 的前驱顶点的下标，根据 path[]中的值，可依次求出相应顶点的前驱，直到源点 v_0，逆推回去可得到从 v_0 到其他各顶点的最短路径。

该算法的时间主要耗费在第 2 个 for 循环语句，外层 for 循环语句主要控制循环的次数，一次循环可得到从 v_0 到某个顶点的最短路径，两个内层 for 循环共执行 n 次，如果不考虑每次求解最短路径的耗费，那么该算法的时间复杂度是 $O(n^2)$。

下面通过一个具体例子来说明 Dijkstra 算法的应用。

【例 6-4】建立一个如图 6-28 所示的有向网 N，输出有向网 N 中从 v_0 出发到其他各顶点的最短路径及从 v_0 到各个顶点的最短路径长度。

```
public static void main(String args[])
{
    int vnum = 6;
    int arcnum = 9;
    class Weight
    {
        int v1,v2;
        double w;
```

```
    }
    double w[][]={{0, 1, 30}, {0, 2, 60}, {0, 4, 150}, {0, 5, 40}, {1, 2, 40},{1,
3, 100},{2, 3, 50},{3, 4, 30},{4, 5, 10}};

    String ch[] = {"v0", "v1", "v2", "v3", "v4", "v5"};
    int path[]=new int[vnum];              //存放最短路径所经过的顶点
    double dist[]=new double[vnum];        //存放最短路径长度
    MGraph N=new MGraph();
    int[] set=new int[vnum];
    N.CreateGraph(w, vnum, arcnum, ch); //创建有向网 N
    N.DisplayGraph();  //输出有向网 N
    ShortestPath ShortPath=new ShortestPath();
    ShortPath.Dijkstra(N,0, path, dist, set);
    ShortPath.PrintShortPath(N,0, path, dist); //打印最短路径
}
```

其他部分代码见源程序文件。程序运行结果如下。

```
有向网具有 6 个顶点 9 条弧，顶点依次是：v0 v1 v2 v3 v4 v5
有向网 N 的：
序号 i=
  0  1  2  3  4  5
0 ∞  30 60 ∞  150 40
1 ∞  ∞  40 100 ∞  ∞
2 ∞  ∞  ∞  50 ∞  ∞
3 ∞  ∞  ∞  ∞  30 ∞
4 ∞  ∞  ∞  ∞  ∞  10
5 ∞  ∞  ∞  ∞  ∞  ∞
存储最短路径前驱结点下标的数组 path 的值为：
数组下标：0 1 2 3 4 5
数组的值：0 0 0 2 3 0
v0 到其他顶点的最短路径如下：
v0 -> v1: v0 v1
v0 -> v2: v0 v2
v0 -> v3: v0 v2 v3
v0 -> v4: v0 v2 v3 v4
v0 -> v5: v0 v5
顶点 v0 到各顶点的最短路径长度为：
v0 - v1: 30.0
v0 - v2: 60.0
v0 - v3: 110.0
v0 - v4: 140.0
v0 - v5: 40.0
```

6.6.2　每一对顶点之间的最短路径

如果要计算每一对顶点之间的最短路径，只需要以任何一个顶点为出发点，将 Dijkstra 算法重复执行 n 次，就可以得到每一对顶点的最短路径。这样求出的每一个顶点之间的最短路径的时间复杂度为 $O(n^3)$。下面介绍另一个算法——Floyd 算法，其时间复杂度也是 $O(n^3)$。

1. 各个顶点之间的最短路径算法思想

求解各个顶点之间最短路径的 Floyd 算法的思想是：假设要求顶点 v_i 到顶点 v_j 的最短路径。若从顶点 v_i 到顶点 v_j 存在弧，但是该弧所在的路径不一定是 v_i 到 v_j 的最短路径，则需要进行 n 次比较。首先需要从顶点 v_0 开始，若存在路径(v_i,v_0,v_j)，则比较路径(v_i,v_j)和(v_i,v_0,v_j)，选择两者中最短的一个且中间顶点的序号不大于 0。

然后在路径上增加一个顶点 v_1，得到路径$(v_i,\cdots,v_1)$和$(v_1,\cdots,v_j)$，若两者都是中间顶点不大于 0 的最短路径，则将该路径$(v_i,\cdots,v_1,\cdots,v_j)$与上面已经求出的中间顶点序号不大于 0 的最短路径进行比较，选出其中最小的作为从 v_i 到 v_j 的中间路径顶点序号不大于 1 的最短路径。

接着在路径上增加顶点 v_2，得到路径$(v_i,\cdots,v_2)$和$(v_2,\cdots,v_j)$，按照以上方法进行比较，求出从 v_i 到 v_j 的中间路径顶点序号不大于 2 的最短路径。以此类推，经过 n 次比较，可以得到从 v_i 到 v_j 的中间顶点序号不大于 n-1 的最短路径。按照这种方法，可以得到各个顶点之间的最短路径。

假设采用邻接矩阵存储带权有向图 G，则各个顶点之间的最短路径可以保存在一个 n 阶方阵 D 中，每次求出的最短路径可以用矩阵表示为：D^{-1}、D^0、D^1、D^2、$\cdots$、D^{n-1}。其中 $D^{-1}[i][j]=G.arc[i][j].adj$、$D^k[i][j]=Min\{D^{k-1}[i][j],D^{k-1}[i][k]+D^{k-1}[k][j]|0\leq k\leq n-1\}$。其中，$D^k[i][j]$ 表示从顶点 v_i 到顶点 v_j 的中间顶点序号不大于 k 的最短路径长度，而 $D^{n-1}[i][j]$ 即为从顶点 v_i 到顶点 v_j 的最短路径长度。

根据 Floyd 算法，求解如图 6-28 所示的带权有向图 G_7 的每一对顶点之间的最短路径的过程如下（D 存放每一对顶点之间的最短路径长度，P 存放最短路径中到达某顶点的前驱顶点下标）：

（1）初始时，D 中元素的值为顶点间弧的权值，若两个顶点间不存在弧，则其值为∞。顶点 v_2 到 v_3 存在弧，权值为 50，故 $D^{-1}[2][3]=50$；路径(v_2,v_3)的前驱顶点为 v_2，故 $P^{-1}[2][3]=2$；顶点 v_4 到 v_5 存在弧，权值为 10，故 $D^{-1}[4][5]=10$；路径(v_4,v_5)的前驱顶点为 v_4，故 $P^{-1}[4][5]=4$。若没有前驱顶点，则 P 中相应的元素值为-1。D 和 P 的初始状态如图 6-31 所示。

$$D^{-1}=\begin{bmatrix} \infty & 30 & 60 & \infty & 150 & 40 \\ \infty & \infty & 40 & 100 & \infty & \infty \\ \infty & \infty & \infty & 50 & \infty & \infty \\ \infty & \infty & \infty & \infty & 30 & \infty \\ \infty & \infty & \infty & \infty & \infty & 10 \\ \infty & \infty & \infty & \infty & \infty & \infty \end{bmatrix} \quad P^{-1}=\begin{bmatrix} -1 & 0 & 0 & -1 & 0 & 0 \\ -1 & -1 & 1 & 1 & -1 & -1 \\ -1 & -1 & -1 & 2 & -1 & -1 \\ -1 & -1 & -1 & -1 & 3 & -1 \\ -1 & -1 & -1 & -1 & -1 & 4 \\ -1 & -1 & -1 & -1 & -1 & -1 \end{bmatrix}$$

图 6-31 D 和 P 的初始状态

（2）考察 v_0，经过比较得知，从顶点 v_i 到 v_j 经由顶点 v_0 的最短路径无变化，因此，D^0 和 P^0 如图 6-32 所示。

$$D^0=\begin{bmatrix} \infty & 30 & 60 & \infty & 150 & 40 \\ \infty & \infty & 40 & 100 & \infty & \infty \\ \infty & \infty & \infty & 50 & \infty & \infty \\ \infty & \infty & \infty & \infty & 30 & \infty \\ \infty & \infty & \infty & \infty & \infty & 10 \\ \infty & \infty & \infty & \infty & \infty & \infty \end{bmatrix} \quad P^0=\begin{bmatrix} -1 & 0 & 0 & -1 & 0 & 0 \\ -1 & -1 & 1 & 1 & -1 & -1 \\ -1 & -1 & -1 & 2 & -1 & -1 \\ -1 & -1 & -1 & -1 & 3 & -1 \\ -1 & -1 & -1 & -1 & -1 & 4 \\ -1 & -1 & -1 & -1 & -1 & -1 \end{bmatrix}$$

图 6-32 经由顶点 v_0 的 D^0 和 P^0 的存储状态

（3）考察顶点 v_1，从顶点 v_1 到 v_2 和 v_3 存在路径，由顶点 v_0 到 v_1 的路径可得到 v_0 到 v_2 和 v_3 的路径 $D^1[0][2]=70$（由于 70>60，因此 $D^1[0][2]$ 的值保持不变）和 $D^1[0][3]=130$（由于 130<∞，因此需要更新 $D^1[0][3]$ 的值为 130，同时前驱顶点 $P^1[0][3]$ 的值为 1），因此更新后的最短路径矩阵和前

驱顶点矩阵如图 6-33 所示。

$$D^1=\begin{bmatrix} \infty & 30 & 60 & 130 & 150 & 40 \\ \infty & \infty & 40 & 100 & \infty & \infty \\ \infty & \infty & \infty & 50 & \infty & \infty \\ \infty & \infty & \infty & \infty & 30 & \infty \\ \infty & \infty & \infty & \infty & \infty & 10 \\ \infty & \infty & \infty & \infty & \infty & \infty \end{bmatrix} \qquad P^1=\begin{bmatrix} -1 & 0 & 0 & 1 & 0 & 0 \\ -1 & -1 & 1 & 1 & -1 & -1 \\ -1 & -1 & -1 & 2 & -1 & -1 \\ -1 & -1 & -1 & -1 & 3 & -1 \\ -1 & -1 & -1 & -1 & -1 & 4 \\ -1 & -1 & -1 & -1 & -1 & -1 \end{bmatrix}$$

图 6-33　经由顶点 v_1 的 D^1 和 P^1 的存储状态

（4）考察顶点 v_2，从顶点 v_2 到 v_3 存在路径，由顶点 v_0 到 v_2 的路径可得到 v_0 到 v_3 的路径 $D^2[0][3]=110$（由于 110<130，因此需要更新 $D^2[0][3]$ 的值为 110，同时前驱顶点 $P^1[0][3]$ 的值为 2）。同时，修改从顶点 v_1 到 v_3 的路径（$D^2[1][3]=90<100$）和 $P^2[1][3]$ 的值，更新后的最短路径矩阵和前驱顶点矩阵如图 6-34 所示。

$$D^2=\begin{bmatrix} \infty & 30 & 60 & 110 & 150 & 40 \\ \infty & \infty & 40 & 90 & \infty & \infty \\ \infty & \infty & \infty & 50 & \infty & \infty \\ \infty & \infty & \infty & \infty & 30 & \infty \\ \infty & \infty & \infty & \infty & \infty & 10 \\ \infty & \infty & \infty & \infty & \infty & \infty \end{bmatrix} \qquad P^2=\begin{bmatrix} -1 & 0 & 0 & 2 & 0 & 0 \\ -1 & -1 & 1 & 2 & -1 & -1 \\ -1 & -1 & -1 & 2 & -1 & -1 \\ -1 & -1 & -1 & -1 & 3 & -1 \\ -1 & -1 & -1 & -1 & -1 & 4 \\ -1 & -1 & -1 & -1 & -1 & -1 \end{bmatrix}$$

图 6-34　经由顶点 v_2 的 D^2 和 P^2 的存储状态

（5）考察顶点 v_3，从顶点 v_3 到 v_4 存在路径，由顶点 v_0 到 v_3 的路径可得到 v_0 到 v_4 的路径 $D^3[0][4]=140$（由于 140<150，因此需要更新 $D^3[0][4]$ 的值为 140，同时前驱顶点 $P^3[0][4]$ 的值为 3）。同时，更新从 v_1、v_2 到 v_4 的最短路径长度和前驱顶点，更新后的最短路径矩阵和前驱顶点矩阵如图 6-35 所示。

$$D^3=\begin{bmatrix} \infty & 30 & 60 & 110 & 140 & 40 \\ \infty & \infty & 40 & 90 & 120 & \infty \\ \infty & \infty & \infty & 50 & 80 & \infty \\ \infty & \infty & \infty & \infty & 30 & \infty \\ \infty & \infty & \infty & \infty & \infty & 10 \\ \infty & \infty & \infty & \infty & \infty & \infty \end{bmatrix} \qquad P^3=\begin{bmatrix} -1 & 0 & 0 & 2 & 3 & 0 \\ -1 & -1 & 1 & 2 & 3 & -1 \\ -1 & -1 & -1 & 2 & 3 & -1 \\ -1 & -1 & -1 & -1 & 3 & -1 \\ -1 & -1 & -1 & -1 & -1 & 4 \\ -1 & -1 & -1 & -1 & -1 & -1 \end{bmatrix}$$

图 6-35　经由顶点 v_3 的 D^3 和 P^3 的存储状态

（6）考察顶点 v_4，从顶点 v_4 到 v_5 存在路径，按照以上方法计算从各顶点经由 v_4 到其他各顶点的路径长度和前驱顶点，更新后的最短路径矩阵和前驱顶点矩阵如图 6-36 所示。

$$D^4=\begin{bmatrix} \infty & 30 & 60 & 110 & 140 & 40 \\ \infty & \infty & 40 & 90 & 120 & 130 \\ \infty & \infty & \infty & 50 & 80 & 90 \\ \infty & \infty & \infty & \infty & 30 & 40 \\ \infty & \infty & \infty & \infty & \infty & 10 \\ \infty & \infty & \infty & \infty & \infty & \infty \end{bmatrix} \qquad P^4=\begin{bmatrix} -1 & 0 & 0 & 2 & 3 & 0 \\ -1 & -1 & 1 & 2 & 3 & 4 \\ -1 & -1 & -1 & 2 & 3 & 4 \\ -1 & -1 & -1 & -1 & 3 & 4 \\ -1 & -1 & -1 & -1 & -1 & 4 \\ -1 & -1 & -1 & -1 & -1 & -1 \end{bmatrix}$$

图 6-36　经由顶点 v_4 的 D^4 和 P^4 的存储状态

（7）考察顶点 v_5，从顶点 v_5 到其他各顶点不存在路径，故无须更新最短路径矩阵和前驱顶点矩阵。根据以上分析，图 G_7 的各个顶点间的最短路径及长度如图 6-37 所示。

D^{-1} 和 D^0

	0	1	2	3	4	5
0	∞	30	60	∞	150	40
1	∞	∞	40	100	∞	∞
2	∞	∞	∞	50	∞	∞
3	∞	∞	∞	∞	30	∞
4	∞	∞	∞	∞	∞	10
5	∞	∞	∞	∞	∞	∞

D^1

	0	1	2	3	4	5
0	∞	30	60	130	150	40
1	∞	∞	40	100	∞	∞
2	∞	∞	∞	50	∞	∞
3	∞	∞	∞	∞	30	∞
4	∞	∞	∞	∞	∞	10
5	∞	∞	∞	∞	∞	∞

D^2

	0	1	2	3	4	5
0	∞	30	60	110	150	40
1	∞	∞	40	90	∞	∞
2	∞	∞	∞	50	∞	∞
3	∞	∞	∞	∞	30	∞
4	∞	∞	∞	∞	∞	10
5	∞	∞	∞	∞	∞	∞

D^3

	0	1	2	3	4	5
0	∞	30	60	110	140	40
1	∞	∞	40	90	120	∞
2	∞	∞	∞	50	80	∞
3	∞	∞	∞	∞	30	∞
4	∞	∞	∞	∞	∞	10
5	∞	∞	∞	∞	∞	∞

D^4 和 D^5

	0	1	2	3	4	5
0	∞	30	60	110	140	40
1	∞	∞	40	90	120	130
2	∞	∞	∞	50	80	90
3	∞	∞	∞	∞	30	40
4	∞	∞	∞	∞	∞	10
5	∞	∞	∞	∞	∞	∞

P^{-1} 和 P^0

	0	1	2	3	4	5
0		v_0v_1	v_0v_2		v_0v_4	v_0v_5
1			v_1v_2	v_1v_3		
2				v_2v_3		
3					v_3v_4	
4						v_4v_5
5						

P^1

	0	1	2	3	4	5
0		v_0v_1	v_0v_2	$v_0v_1v_3$	v_0v_4	v_0v_5
1			v_1v_2	v_1v_3		
2				v_2v_3		
3					v_3v_4	
4						v_4v_5
5						

P^2

	0	1	2	3	4	5
0		v_0v_1	v_0v_2	$v_0v_2v_3$	v_0v_4	v_0v_5
1			v_1v_2	$v_1v_2v_3$		
2				v_2v_3		
3					v_3v_4	
4						v_4v_5
5						

P^3

	0	1	2	3	4	5
0		v_0v_1	v_0v_2	$v_0v_2v_3$	$v_0v_2v_3v_4$	v_0v_5
1			v_1v_2	$v_1v_2v_3$	$v_1v_2v_3v_4$	
2				v_2v_3	$v_2v_3v_4$	
3					v_3v_4	
4						v_4v_5
5						

P^4 和 P^5

	0	1	2	3	4	5
0		v_0v_1	v_0v_2	$v_0v_2v_3$	$v_0v_2v_3v_4$	v_0v_5
1			v_1v_2	$v_1v_2v_3$	$v_1v_2v_3v_4$	$v_1v_2v_3v_4v_5$
2				v_2v_3	$v_2v_3v_4$	$v_2v_3v_4v_5$
3					v_3v_4	$v_3v_4v_5$
4						v_4v_5
5						

图 6-37　带权有向图 G_7 的各个顶点之间的最短路径及长度

2. 各个顶点之间的最短路径算法实现

根据 Floyd 算法的思想，各个顶点之间的最短路径算法实现如下：

```
public void Floyd_Short_Path(MGraph M,double D[][],int P[][])
    //用 Floyd 算法求有向网 N 任意顶点之间的最短路径,其中 D[u][v]表示从 u 到 v 当前得到的最短路
径,P[u][v]存放的是 u 到 v 的前驱顶点
{
    final int MAXSIZE=20;
    for(int u=0;u<M.vexnum;u++)  //初始化最短路径长度 P 和前驱顶点矩阵 D
    {
        for(int v=0;v<M.vexnum;v++)
        {
            D[u][v]=M.arc[u][v];  //初始时,顶点 u 到顶点 v 的最短路径为 u 到 v 的弧的权值
            if(u!=v && M.arc[u][v]<Double.POSITIVE_INFINITY) //若顶点 u 到 v 存在弧
                P[u][v]=u;          //则路径（u, v）的前驱顶点为 u
            else                   //否则
                P[u][v]=-1;         //路径（u, v）的前驱顶点为-1
        }
    }
    for(int w=0;w<M.vexnum;w++)        //依次考察所有顶点
        for(int u=0;u<M.vexnum;u++)
            for(int v=0;v<M.vexnum;v++)
                if(D[u][v]>D[u][w]+D[w][v]) //从 u 经 w 到 v 的一条路径为当前最短的路径
                {
                    D[u][v] = D[u][w] + D[w][v];    //更新 u 到 v 的最短路径长度
                    P[u][v] = P[w][v];              //更新最短路径中 u 到 v 的前驱顶点
                }
}
```

根据以上算法实现，可以输出任何一对顶点之间的最短路径长度和最短路径上的各顶点。具体输出各顶点的最短路径实现代码与 Dijkstra 算法类似。

思政元素：从 A 到 B 可能存在多条路径，如何找到最短的那一条？Dijkstra 和 Floyd 算法告诉我们，对每一步采用贪心算法可得到最短路径。这不仅体现出整体和部分的关系，在求解的过程中，还要求每一步都要保持路径最短，这个过程更体现出做任何事情都要有精益求精、追求卓越的品质。因此，在做任何事情的时候，我们都应该养成精益求精、追求卓越的科学精神，只有这样才能把事情做到最好，才能到达成功的彼岸。

6.7 小　　结

图在数据结构中占据着非常重要的地位，图反映的是一种多对多的关系。

图由顶点和边（弧）构成，根据边的有向和无向可以将图分为两种：有向图和无向图。

图的存储结构有 4 种：邻接矩阵存储结构、邻接表存储结构、十字链表存储结构和邻接多重表存储结构。其中，常用的是邻接矩阵存储结构和邻接表存储结构。邻接矩阵采用二维数组即矩阵存

储图，用行号表示弧尾的顶点序号，用列号表示弧头的顶点序号，用矩阵中对应的值表示边的信息。图的邻接表表示是利用一个数组存储图中的各个顶点，各个顶点的后继分别指向一个链表，链表中的结点表示与该顶点相邻接的顶点。

图的遍历分为两种：广度优先遍历和深度优先遍历。图的广度优先遍历类似于树的层次遍历，图的深度优先遍历类似于树的先根遍历。

一个连通图的生成树是指一个极小连通子图，假设图中有 n 个顶点，则它包含图中的 n 个顶点和构成一棵树的 n-1 条边。最小生成树是指带权的无向连通图的所有生成树中代价最小的生成树，所谓代价最小，是指构成最小生成树的边的权值之和最小。

构造最小生成树的算法主要有两个：Prim 算法和 Kruskal 算法。Prim 算法的思想是：从一个顶点 v_0 出发，将顶点 v_0 加入集合 U，图中的其余顶点都属于 V，然后从集合 U 和 V 中分别选择一个顶点（两个顶点所在的边属于图），若边的代价最小，则将该边加入集合 TE，顶点也并入集合 U。Kruskal 算法的思想是：将所有的边的权值按照递增顺序排序，从小到大选择边，同时需要保证边的邻接顶点不属于同一个集合。

关键路径是指路径最长的路径，关键路径表示完成工程的最短工期。通常用图的顶点表示事件，弧表示活动，权值表示活动的持续时间。关键路径的活动称为关键活动，关键活动可以决定整个工程完成任务的日期。非关键活动不能决定工程的进度。

最短路径是指从一个顶点到另一个顶点路径长度最小的一条路径。最短路径的算法主要有两个：Dijkstra 算法和 Floyd 算法。Dijkstra 算法的思想是：每次都要选择从源点到其他各顶点路径最短的顶点，然后利用该顶点更新当前的最短路径。Floyd 算法的思想是：每次通过添加一个中间顶点，比较当前的最短路径长度与刚添加进去的中间顶点构成的路径的长度，选择较短的一个。

第7章

查 找

第 2~6 章已经介绍了各种线性和非线性数据结构，本章将讨论另一种在软件开发过程中大量使用的查找技术。在计算机处理非数值问题时，查找是一种经常使用的操作，例如，在学生信息表中查找叫"张三"的学生的信息，在某员工信息表中查找专业为"通信工程"的职工的信息。本章将系统介绍静态查找、动态查找、哈希查找等各种查找方法。

重点内容：

- 查找的基本概念：静态查找、动态查找和平均查找长度
- 有序表的查找和索引顺序表的查找
- 二叉排序树和平衡二叉树
- B-树和B+树
- 哈希表

7.1　查找的基本概念

在介绍有关查找的算法之前，先介绍与查找相关的基本概念。

- 查找表（Search Table）：是由同一种类型的数据元素构成的集合。查找表中的数据元素是完全松散的，数据元素之间没有直接的联系。
- 查找：根据关键字在特定的查找表中找到一个与给定关键字相同的数据元素的操作。若在表中找到相应的数据元素，则称查找是成功的，否则称查找是失败的。例如，表 7-1 为学生学籍信息表，考虑到关键字有相同的情况，可通过多个关键字进行组合查询，若查找姓名是"刘华平"且入学年份为"2019 年"的学生，则可以先利用姓名定位记录，再在入学年份中查找为 2019 的记录。

表7-1　学生学籍信息表

学号	姓名	性别	出生年月	所在院系	家庭住址	入学年份
202109001	张力	男	2002 年 09 月	信息管理	陕西西安	2021
202209002	张艺凡	女	2004 年 12 月	信息管理	四川成都	2022
202009107	陈红	女	2001 年 11 月	通信工程	安徽合肥	2020
201909021	刘华平	男	2001 年 05 月	计算机科学	江苏常州	2019
202009008	赵敏	女	2001 年 07 月	法学院	山东济宁	2020
202109206	刘华平	男	2003 年 09 月	文学院	湖北荆州	2021

- 关键字（Key）与主关键字（Primary Key）：关键字就是数据元素中的某个数据项。若该关键字可以将所有的数据元素区分开来，也就是说可以唯一标识一个数据元素，则该关键字被称为主关键字，否则被称为次关键字。特别是，若数据元素只有一个数据项，则该数据元素的值就是关键字。
- 静态查找（Static Search）：指的是仅在数据元素集合中查找是否存在与关键字相等的数据元素。在静态查找过程中的存储结构称为静态查找表。
- 动态查找（Dynamic Search）：在查找过程中，同时在数据元素集合中插入数据元素，或者在数据元素集合中删除某个数据元素，这样的查找称为动态查找。动态查找过程中所使用的存储结构称为动态查找表。
- 平均查找长度（Average Search Length）是指在查找过程中，需要比较关键字的平均次数，它是衡量查找算法的效率标准。平均查找长度的数学定义为：$ASL=\sum_{i=1}^{n}P_iC_i$。其中，P_i 表示查找表中第 i 个数据元素的概率，C_i 表示在找到第 i 个数据元素时，与关键字比较的次数。

7.2　静　态　查　找

静态查找主要包括顺序表、有序顺序表和索引顺序表的查找。

7.2.1　顺序表的查找

顺序表的查找是指从表的一端开始，逐个与关键字进行比较，若某个数据元素的关键字与给定的关键字相等，则查找成功，函数返回该数据元素所在的顺序表的位置；否则查找失败，返回 0。

为了算法实现方便，假设数据元素中只有一个关键字。顺序表的存储结构描述如下：

```
class DataType
{
   int key;
   DataType()
   {

   }
}
public class SSTable
{
   DataType list[];
   int length;
   final int MAXSIZE=50;
   SSTable()
   {
      list=new DataType[MAXSIZE];
      length=0;
   }
```

```
    SSTable(int length)
    {
        list=new DataType[length+1];
        this.length=length;
    }
}
```

顺序表的查找算法描述如下：

```
public int SeqSearch(DataType x)
//在顺序表中查找关键字为 x 的元素，若找到，则返回该元素在表中的位置，否则返回 0
{
    int i = 1;
    while(i<=length && list[i].key != x.key) //从顺序表的第一个元素开始比较
        i++;
    if(i > length)
        return 0;
    else
        return i;
}
```

以上算法也可以通过设置监视哨的方法来实现，其算法描述如下：

```
public int SeqSearch2(DataType x)
    //设置监视哨 S.list[0]，在顺序表中查找关键字为 x 的元素，若找到，则返回该元素在表中的位置，
否则返回 0
{
    int i = length;
    list[0] = x;                     //将关键字存放在第 0 号位置，防止越界
    while(list[i].key != x.key)      //从顺序表的最后一个元素开始向前比较
        i--;
    return i;
}
```

其中，S.list[0]被称为监视哨，可以防止出现数组下标越界。

在通过监视哨方法进行查找时，需要从数组的下标为 1 的位置开始存放顺序表中的元素，下标为 0 的位置需要预留出，以存放待查找的元素。创建顺序表的算法实现如下：

```
public void CreateTable(DataType data[]) {
    list[0]=new DataType();
    for(int i=0;i<data.length;i++) {
        list[i + 1]=new DataType();
        list[i + 1].key = data[i].key;
    }
    length = data.length;
}
```

下面分析带监视哨的查找算法的效率。假设表中有 n 个数据元素，且数据元素在表中出现的概率都相等，即 $\frac{1}{n}$，则顺序表在查找成功时的平均查找长度为：

$$ASL_{成功}=\sum_{i=1}^{n}P_iC_i=\sum_{i=1}^{n}\frac{1}{n}(n-i+1)=\frac{n+1}{2}$$

即查找成功时平均比较次数约为表长的一半。在查找失败时，即要查找的元素没有在表中，则每次比较都需要进行 n+1 次。

7.2.2　有序顺序表的查找

所谓有序顺序表，就是顺序表中的元素是以关键字进行有序排列的。对于有序顺序表的查找有两种方法：顺序查找和折半查找。

1. 顺序查找

有序顺序表的顺序查找算法与顺序表的查找算法类似。但是在通常情况下，不需要比较表中的所有元素。若要查找的元素在表中，则返回该元素的序号，否则返回 0。例如，一个有序顺序表的数据元素集合为{10,20,30,40,50,60,70,80}，如果要查找的数据元素关键字为 56，那么从最后一个元素开始与 50 比较，当比较到 50 时就不需要再往前比较了。由于前面的元素值都小于关键字 56，因此该表中不存在要查找的关键字。设置监视哨的有序顺序表的查找算法描述如下：

```
public int SeqSearch3 (DataType x)
//在有序顺序表中查找关键字为 x 的元素，监视哨为 S.list[0]，若找到，则返回该元素在表中的位置，
否则返回 0
{
    int i = length;
    list[0] = x;                    //将关键字存放在第 0 号位置，防止越界
    while(list[i].key > x.key) //从有序顺序表的最后一个元素开始向前比较
        i--;
    if(list[i].key!=x.key)
        return 0;
    return i;
}
```

假设表中有 n 个元素且要查找的数据元素在数据元素集合中出现的概率相等，即为 $\frac{1}{n}$，则有序顺序表在查找成功时的平均查找长度为：$ASL_{成功}=\sum_{i=1}^{n}P_iC_i=\sum_{i=1}^{n}\frac{1}{n}(n-i+1)=\frac{n+1}{2}$，即查找成功时，平均比较次数约为表长的一半。在查找失败时，即要查找的元素没有在表中，因为顺序表中的元素是有序的，所以可以提前结束比较，这个查找过程可以画成一棵查找树，每一层有一个结点，共 n 层，查找失败需要比较 n+1 个元素结点，故查找概率为 $\frac{1}{n+1}$，比较次数是比较失败时的上一个元素结点，则有序顺序表在查找失败时的平均查找长度为：$ASL_{失败}=\sum_{i=1}^{n}P_iC_i=\frac{1}{n+1}(1+2+\cdots+n+n)=\frac{n}{2}+\frac{n}{n+1}\approx\frac{n}{2}$，即查找失败时平均比较次数同样约为表长的一半。

2. 折半查找

折半查找的前提条件是表中的数据元素有序排列。所谓折半查找，就是在所要查找的元素集合的范围内，依次与表中间的元素进行比较，若找到与关键字相等的元素，则说明查找成功，否则利用中间位置将表分成两段。要查找的关键字小于中间位置的元素值，则进一步与前一个子表的中间位置的元素进行比较；否则与后一个子表的中间位置的元素进行比较。重复以上操作，直到找到与关键字相等的元素，表明查找成功。若子表为空表，则表明查找失败。折半查找又称为二分查找。

例如，一个有序顺序表为(9,23,26,32,36,47,56,63,79,81)，要查找 56，利用以上折半查找的思想，查找过程如图 7-1 所示。其中，图 7-1 中的 low 和 high 表示两个指针，分别指向待查找元素的下界和上界，mid 指向 low 和 high 的中间位置，即 mid=(low+high)/2。

图 7-1　折半查找过程

在图 7-1 中，当 mid=4 时，因为 36<56，说明要查找的元素应该在 36 之后的位置，所以需要将 low 移动到 mid 的下一个位置，即 low=5，而 high 不需要移动。这时有 mid=(5+9)/2=7，而 63>56，说明要查找的元素应该在 mid 之前，因此需要将 high 移动到 mid 的前一个位置，即 high=mid-1=6。这时有 mid=(5+6)/2=5，又因为 47<56，所以需要修改 low，使 low=6。这时有 low=high=6、mid=(6+6)/2=6，有 list[mid].key==x.key，所以查找成功。若 low>high，则表示表中没有与关键字相等的元素，查找失败。

折半查找的算法描述如下：

```java
public int BinarySearch(DataType x)
//在有序顺序表中，折半查找关键字为 x 的元素，若找到，则返回该元素在表中的位置，否则返回 0
{
    int low = 1;
    int high = length;                 //设置待查找元素范围的下界和上界
    while(low <= high) {
        int mid = (low + high) / 2;
        if (list[mid].key == x.key)        //若找到元素，则返回该元素所在的位置
            return mid;
        else if (list[mid].key < x.key)  //若mid所指示的元素小于关键字，则修改low指针
            low = mid + 1;
        else if (list[mid].key > x.key)//若mid所指示的元素大于关键字，则修改high指针
            high = mid - 1;
    }
    return 0;
```

```
        }
```

用折半查找算法查找元素 56，需要比较的次数为 4。从图 7-1 中可以看出，查找元素 36 时需要
比较 1 次，查找元素 63 时需要比较 2 次，查找元素 47 时需要比较 3 次，查找元素 56 时需要比较 4
次。整个查找过程可以用如图 7-2 所示的二叉判定树来表示。树中的每个结点表示表中的元素的关
键字。

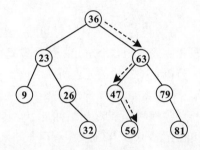

图 7-2　折半查找元素 56 的二叉判定树

从如图 7-2 所示的二叉判定树可以看出，查找元素 56 的过程正好是从根结点到元素 56 的结点
的路径。所要查找的元素所在判定树的层次就是折半查找要比较的次数。因此，假设表中有 n 个元
素，折半查找成功时，至多需要比较的次数为 $\lfloor \log_2 n \rfloor +1$。

对于有 n 个结点的有序表，刚好能够构成一个深度为 h 的满二叉树，则有 $h=\lfloor \log_2(n+1) \rfloor$。二
叉树中第 i 层的结点个数是 2^{i-1}，假设表中每个元素的查找概率相等，即 $P_i=\dfrac{1}{n}$，则有序表折半查找
成功时的平均查找长度为：$ASL_{成功}=\sum_{i=1}^{n}P_iC_i=\sum_{i=1}^{h}\dfrac{1}{n}i2^{i-1}=\dfrac{n+1}{n}\log_2(n+1)-1$。在查找失败时，即要查找
的元素没有在表中，则有序顺序表折半查找失败时的平均查找长度为：$ASL_{失败}=\sum_{i=1}^{n}P_iC_i=\sum_{i=1}^{h}\dfrac{1}{n}\log_2(n+1)\approx$
$\log_2(n+1)$。

7.2.3　索引顺序表的查找

索引顺序表的查找就是将顺序表分成几个单元，然后为这几个单元建立一个索引，利用索引在
其中一个单元中进行查找。索引顺序表的查找也称为分块查找，主要应用在表中存在大量的数据元
素的时候，通过为顺序表建立索引和分块来提高查找的效率。

通常将为顺序表提供索引的表称为索引表，索引表分为两部分：一部分用来存储顺序表中每个
单元的最大的关键字，另一部分用来存储顺序表中每个单元的第一个元素的下标。索引表中的关键
字是有序的，后一个单元中的所有元素的关键字都大于前一个单元中的元素的关键字。一个索引顺
序表如图 7-3 所示。

图 7-3 索引顺序表

从图 7-3 中可以看出，索引表将主表分为 4 个单元，每个单元有 5 个元素。要查找主表中的某个元素，需要分为两步查找，第一步确定要查找的元素所在的单元，第二步在该单元中进行查找。例如，要查找关键字为 47 的元素，首先需要将 47 与索引表中的关键字进行比较，因为 41<关键字47<52，所以需要在第 3 个单元中查找，该单元的起始下标是 10，因此从主表中的下标为 10 的位置开始查找，直到找到关键字为 47 的元素为止。若主表中不存在该元素，则只需要将关键字 47 与第3 个单元中的 5 个元素进行比较，若都不相等，则说明查找失败。

因为索引表中的元素是按照关键字有序排列的，所以在确定元素所在的单元时，可以采用顺序查找法查找索引表，也可以采用折半查找法查找索引表。但是在主表中的元素是无序的，因此只能够采用顺序查找法。索引顺序表的平均查找长度可以表示为：$ASL=L_{index}+L_{unit}$。其中，L_{index} 是索引表的平均查找长度，L_{unit} 是单元中元素的平均查找长度。

假设主表中的元素个数为 n，将该主表平均分为 b 个单元，且每个单元有 s 个元素，即 b=n/s。若表中的元素查找概率相等，则每个单元中元素的查找概率是 1/s，主表中每个单元的查找概率是 1/b。若用顺序查找法查找索引表中的元素，则索引顺序表查找成功时的平均查找长度为：

$$ASL_{成功}=L_{index}+L_{unit}=\frac{1}{b}\sum_{i=1}^{b}i+\frac{1}{s}\sum_{j=1}^{s}j=\frac{b+1}{2}+\frac{s+1}{2}=\frac{1}{2}\left(\frac{n}{s}+s\right)+1。$$

若用折半查找法查找索引表中的元素，则有 $L_{index}=\frac{b+1}{b}\log_2(b+1)+1\approx\log_2(b+1)-1$，将其代入：$ASL_{成功}=L_{index}+L_{unit}$ 中，则索引顺序表查找成功时的平均查找长度为：$ASL_{成功}=L_{index}+L_{unit}=\log_2(b+1)$

$$-1+\frac{1}{s}\sum_{j=1}^{s}j=\log_2(b+1)-1+\frac{s+1}{2}\approx\log_2(n/s+1)+\frac{s}{2}。$$

当然，如果主表中每个单元中的元素个数不相等，就需要在索引表中增加一项，用来存储主表中每个单元元素的个数。将这种利用索引表示的顺序表称为不等长索引顺序表。例如，一个不等长索引顺序表如图 7-4 所示。

图 7-4 不等长索引顺序表

7.3 动 态 查 找

动态查找是指在查找的过程中动态生成表结构，对于给定的关键字，若表中存在该关键字，则返回其位置，表示查找成功，否则插入该关键字的元素。动态查找包括二叉树和树结构两种类型的查找。

7.3.1 二叉排序树

二叉排序树也称为二叉查找树。二叉排序树的查找是一种常用的动态查找方法。下面介绍二叉排序树的查找、插入和删除。

1. 二叉排序树的定义与查找

所谓二叉排序树，要么是一棵空二叉树，要么二叉树具有以下性质：

（1）若二叉树的左子树不为空，则左子树上的每一个结点的值都小于其对应根结点的值。

（2）若二叉树的右子树不为空，则右子树上的每一个结点的值都大于其对应根结点的值。

（3）该二叉树的左子树和右子树满足性质（1）和性质（2），即左子树和右子树也是一棵二叉排序树。

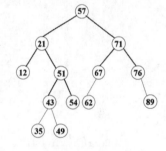

图 7-5 二叉排序树

显然，这是一个递归的定义。如图 7-5 所示为一棵二叉排序树。图中的每个结点是对应元素关键字的值。

从图 7-5 可以看出，图中的每个结点的值都大于其所有左子树结点的值，而小于其所有右子树结点的值。若要查找与二叉树中某个关键字相等的结点，则可以从根结点开始，与给定的关键字比较，若相等，则查找成功。若给定的关键字小于根结点的值，则在该根结点的左子树中查找。若给定的关键字大于根结点的值，则在该根结点的右子树中查找。

采用二叉树的链式存储结构，二叉排序树的类型定义如下：

```
class BTNode
{
   int data;
   BTNode lchild,rchild;
   BTNode(int data,BTNode lchild,BTNode rchild)
   {
       this.data = data;
       this.lchild = lchild;
       this.rchild = rchild;
   }
   BTNode(int data)
   {
       this.data=data;
       this.lchild=this.rchild=null;
   }
```

```
    BTNode()
    {
    }
}
```

二叉排序树的查找算法描述如下：

```
public class BiSearchTree {
    BTNode root;
    BiSearchTree()
    {
        root =null;
    }
    public void CreateBiSearchTree(int table[])
    {
        for(int i=0;i<table.length;i++)
            BSTInsert2(table[i]);
    }
    public BTNode BSTSearch(int x)
    //二叉排序树的查找，若找到元素 x，则返回指向结点的指针，否则返回 null
    {
        BTNode p=root;
        if (root != null)            //如果二叉排序树不为空
            p = root;
        while (p != null) {
            if (p.data == x)          //若找到，则返回指向该结点的指针
                return p;
            else if (x < p.data)   //若关键字小于 p 指向的结点的值，则在左子树中查找
                p = p.lchild;
            else
                p = p.rchild;          //若关键字大于 p 指向的结点的值，则在右子树中查找
        }
        return null;
    }
}
```

利用二叉排序树的查找算法的思想，若要查找关键字为 x.key=62 的元素，则从根结点开始，依次将该关键字与二叉树的根结点比较。因为有 62>57，所以需要在结点为 57 的右子树中进行查找。因为有 62<71，所以需要在以 71 为结点的左子树中继续查找。因为有 62<67，所以需要在结点为 67 的左子树中查找。因为该关键字与结点为 67 的左孩子结点对应的关键字相等，所以查找成功，返回结点 62 对应的指针。如果要查找关键字为 23 的元素，当比较到结点为 12 的元素时，因为关键字 12 对应的结点不存在右子树，所以查找失败，返回 null。

在二叉排序树的查找过程中，查找某个结点的过程正好是走了从根结点到要查找的结点的路径，其比较的次数正好是路径长度+1，这类似于折半查找，区别在于，由 n 个结点构成的判定树是唯一的，而由 n 个结点构成的二叉排序树则不唯一（与结点的顺序有关）。例如，如图 7-6 所示为两棵二叉排序树，其元素的关键字序列分别是{57,21,71,12,51,67,76}和{12,21,51,57,67,71,76}。

二叉排序树的高度为3　　　　　　　　二叉排序树的高度为7

图 7-6　两种不同形态的二叉排序树

在图 7-6 中，假设每个元素的查找概率都相等，则左边的树的平均查找长度为 ASL $_{成功}=\frac{1}{7}\times(1+2\times2+4\times3)=\frac{17}{7}$，右边的树的平均查找长度为 ASL $_{成功}=\frac{1}{7}\times(1+2+3+4+5+6+7)=\frac{28}{7}$。因此，树的平均查找长度与树的形态有关。若二叉排序树有 n 个结点，则在最坏的情况下，平均查找长度为 $\frac{n+1}{2}$。在最好的情况下，平均查找长度为 $\log_2 n$。

2. 二叉排序树的插入操作

二叉排序树的插入操作过程其实就是二叉排序树的建立过程。二叉树的插入操作从根结点开始，首先要检查当前结点是不是要查找的元素，若是，则不进行插入操作，否则将结点插入查找失败时结点的左指针或右指针处。在算法的实现过程中，需要设置一个指向下一个要访问结点的双亲结点指针 parent，就是需要记下前驱结点的位置，以便在查找失败时进行插入操作。

假设当前结点指针 cur 为空，则说明查找失败，需要插入结点。若 parent.data 小于要插入的结点 x，则需要将 parent 的左指针指向 x，使 x 成为 parent 的左孩子结点；若 parent.data 大于要插入的结点 x，则需要将 parent 的右指针指向 x，使 x 成为 parent 的右孩子结点；若二叉排序树为空树，则使当前结点成为根结点。在整个二叉排序树的插入过程中，其插入操作都是在叶子结点处进行的。

二叉排序树的插入操作算法描述如下：

```
public void BSTInsert(int x)
//二叉排序树的插入操作，若树中不存在元素 x，则将 x 插入正确的位置
{
    if (root == null) {
        root = new BTNode(x);
        return;
    }
    BTNode parent = root;
    while (true) {
        int e = parent.data;
        if (x < e) {
            if (parent.lchild == null)
                parent.lchild = new BTNode(x);
            else
                parent = parent.lchild;
        } else if (x > e) {
            if (parent.rchild == null)
                parent.rchild = new BTNode(x);
```

```
        else
            parent = parent.rchild;
    } else
        return;
    }
}
```

对于一个关键字序列{37,32,35,62,82,95,73,12,5}，根据二叉排序树的插入算法的思想，对应的二叉排序树的插入过程如图 7-7 所示。

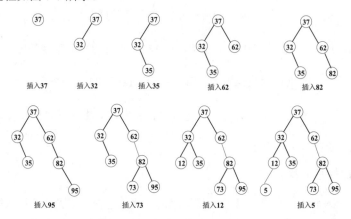

图 7-7　二叉排序树的插入过程

从图 7-7 中可以看出，通过中序遍历二叉排序树，可以得到一个关键字有序的序列{5,12,32,35,37,62,73,82,95}。因此，构造二叉排序树的过程就是对一个无序的序列排序的过程，且每次插入的结点都是叶子结点，在二叉排序树的插入过程中，不需要移动结点，仅需要移动结点指针，实现起来较为容易。注意：即使结点相同，插入的结点顺序不同，其二叉排序树的形态也不一样。

3. 二叉排序树的删除操作

在二叉排序树中删除一个结点后，剩下的结点仍然构成一棵二叉排序树，即保持原来的特性。删除二叉排序树中的一个结点可以分为 3 种情况讨论。假设要删除的结点为 S，由 S 指示，p 指向 S 的双亲结点，设 S 为 p 的左孩子结点。二叉排序树的各种删除情形如图 7-8 所示。

图 7-8　二叉排序树的删除操作的各种情形

（1）如果 S 指向的结点为叶子结点，其左子树和右子树为空，删除叶子结点不会影响树的结构特性，因此只需要修改 p 的指向即可。

（2）如果 S 指向的结点只有左子树或右子树，在删除结点 S 后，只需要将 S 的左子树 S_L 或右子树 S_R 作为 p 的左孩子，即 p.lchild=s.lchild 或 p.lchid=s.rchild。

（3）如果 S 的左子树和右子树都存在，在删除结点 S 之前，二叉排序树的中序序列为 $\{\cdots Q_L Q \cdots X_L X Y_L Y S S_R P \cdots\}$，因此，在删除结点 S 之后，有两种方法调整使该二叉树仍然保持原来的性质不变。第一种方法是使结点 S 的左子树作为结点 P 的左子树，结点 S 的右子树成为结点 Y 的右子树。第二种方法是使结点 S 的直接前驱取代结点 S，并删除 S 的直接前驱结点 Y，然后令结点 Y 原来的左子树作为结点 X 的右子树。通过这两种方法均可以使二叉排序树的性质不变。

二叉排序树的删除操作算法描述如下：

```
public boolean BSTDelete(int x)
//在二叉排序树 T 中存在值为 x 的数据元素时，删除该数据元素结点，并返回 true，否则返回 false
{
    BTNode p=null, s=root;
    if(s==null) //若不存在值为 x 的数据元素，则返回 false
    {
        System.out.println("二叉树为空，不能进行删除操作");
        return false;
    }
    else {
        while (s != null) {
            if (s.data != x)
                p = s;
            else        //若找到值为 x 的数据元素，则 s 为要删除的结点
                break;
            if (x < s.data) //若当前元素的值大于 x 的值，则在该结点的左子树中查找并删除之
                s = s.lchild;
            else        //若当前元素的值小于 x 的值，则在该结点的右子树中查找并删除
                s = s.rchild;
        }
    }
    //从二叉排序树中删除结点 s，并使该二叉排序树的性质不变
    if(s.lchild==null) //若 s 的左子树为空，则使 s 的右子树成为被删除结点的双亲结点的左子树
    {
        if (p == null)
            root = s.rchild;
        else if(s==p.lchild)
            p.lchild = s.rchild;
    else
     p.rchild = s.rchild;
        return true;
    }
    if(s.rchild==null)   //若 s 的右子树为空，则使 s 的左子树成为被删除结点的双亲结点的左子树
```

```
    {
        if (p == null)
            root = s.lchild;
        else if (s == p.lchild)
            p.lchild = s.lchild;
        else
            p.rchild = s.lchild;
        return true;
    }
    //若 s 的左、右子树都存在，则使 s 的直接前驱结点代替 s，并使其直接前驱结点的左子树成为其
双亲结点的右子树结点
    BTNode x_node = s;
    BTNode y_node = s.lchild;
    while(y_node.rchild!=null) {
        x_node = y_node;
        y_node = y_node.rchild;
    }
    s.data = y_node.data;       //结点 s 被 y_node 取代
    if(x_node != s)             //如果结点 s 的左孩子结点存在右子树
        x_node.rchild = y_node.lchild;   //使 y_node 的左子树成为 x_node 的右子树
    else                        //如果结点 s 的左孩子结点不存在右子树
        x_node.lchild = y_node.lchild;   //使 y_node 的左子树成为 x_node 的左子树
    return true;
}
```

删除二叉排序树中的任意一个结点后，二叉排序树的性质保持不变。

4. 二叉排序树的应用举例

【例 7-1】给定一组元素序列{37, 32, 35, 62, 82, 95, 73, 12, 5}，利用二叉排序树的插入算法创建一棵二叉排序树，然后查找元素值为 32 的元素，并删除该元素，然后以中序序列输出该元素序列。

【分析】通过给定一组元素值，利用插入算法将元素插入二叉树中构成一棵二叉排序树，然后利用查找算法实现二叉排序树的查找。

```java
public static void main(String args[])
{
    int table[]= {37, 32, 35, 62, 82, 95, 73, 12, 5};
    BiSearchTree S= new BiSearchTree();
    S.CreateBiSearchTree(table);
    BTNode T=S.root;
    System.out.println("中序遍历二叉排序树得到的序列为：");
    S.InOrderTraverse(T);
    Scanner sc=new Scanner(System.in);
    System.out.print("\n 请输入要查找的元素：");
    int x=Integer.parseInt(sc.nextLine());
    BTNode p=S.BSTSearch(x);
    if(p != null)
        System.out.println("二叉排序树查找，关键字"+x+"存在！");
    else
        System.out.println("查找失败！");
```

```
    S.BSTDelete(x);
    System.out.println("删除"+x+"后，二叉排序树的元素序列: ");
    S.InOrderTraverse(T);
}
```

程序运行结果如下。

```
中序遍历二叉排序树得到的序列为:
5 12 32 35 37 62 73 82 95
请输入要查找的元素: 62
二叉排序树查找，关键字 62 存在!
删除 62 后，二叉排序树的元素序列:
5 12 32 35 37 73 82 95
```

7.3.2 平衡二叉树

二叉排序树查找在最坏的情况下，二叉排序树的深度为 n，其平均查找长度为 n。为了减小二叉排序树的查找次数，需要进行平衡化处理，平衡化处理得到的二叉树称为平衡二叉树。

1. 平衡二叉树的定义

平衡二叉树要么是一棵空二叉树，要么是具有以下性质的二叉树：平衡二叉树的左子树和右子树的深度之差的绝对值小于或等于 1，且左子树和右子树也是平衡二叉树。平衡二叉树也称为 AVL 树。

若将二叉树中结点的平衡因子定义为结点的左子树与右子树之差，则平衡二叉树中每个结点的平衡因子的值只有 3 种可能：-1、0 和 1。例如，如图 7-9 所示为平衡二叉树，结点的右边表示平衡因子，因为该二叉树既是二叉排序树又是平衡树，因此该二叉树称为平衡二叉排序树。若在二叉树中有一个结点的平衡因子的绝对值大于 1，则该二叉树是不平衡的。例如，如图 7-10 所示为不平衡二叉树。

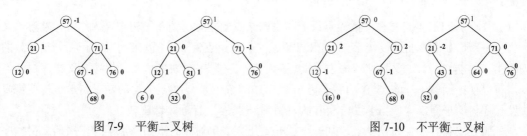

图 7-9　平衡二叉树　　　　　　　　图 7-10　不平衡二叉树

若二叉排序树是平衡二叉树，则其平均查找长度与 $\log_2 n$ 是同数量级的，可以尽量减少与关键字比较的次数。

2. 二叉排序树的平衡处理

在二叉排序树中插入一个新结点后，如何保证该二叉树是平衡二叉排序树呢？假设有一个关键字序列{5,34,45,76,65}，依照此关键字序列建立二叉排序树，且使该二叉排序树是平衡二叉排序树。构造平衡二叉排序树的过程如图 7-11 所示。

初始时，二叉树是空树，因此是平衡二叉树。在空二叉树中插入结点 5，该二叉树依然是平衡的。当插入结点 34 后，该二叉树仍然是平衡的，结点 5 的平衡因子变为-1。当插入结点 45 后，结点 5 的平衡因子变为-2，二叉树不平衡，需要进行调整。只需要以结点 34 为轴进行逆时针旋转，将二叉树变为以 34 为根，这时各个结点的平衡因子都为 0，二叉树即可转换为平衡二叉树。

　　继续插入结点 76，二叉树仍然是平衡的。当插入结点 65 时，该二叉树失去平衡，如果仍然按照上述方法，仅以结点 45 为轴进行旋转，就会失去二叉排序树的性质。既要保持二叉排序树的性质，又要保证该二叉树是平衡的，需要进行两次调整：先以结点 76 为轴进行顺时针旋转，再以结点 65 为轴进行逆时针旋转。

图 7-11　平衡二叉排序树的调整过程

　　一般情况下，新插入结点可能使二叉排序树失去平衡，通过使插入点最近的祖先结点恢复平衡，从而使上一层的祖先结点恢复平衡。因此，为了使二叉排序树恢复平衡，需要从离插入点最近的结点开始调整。失去平衡的二叉排序树的类型及调整方法可以归纳为以下 4 种情形。

　　（1）LL 型。LL 型是指在离插入点最近的失衡结点的左子树的左子树中插入结点，导致二叉排序树失去平衡，如图 7-12 所示。距离插入点最近的失衡结点为 A，插入新结点 X 后，结点 A 的平衡因子由 1 变为 2，该二叉排序树失去平衡。为了使二叉排序树恢复平衡且保持二叉排序树的性质不变，可以使结点 A 作为结点 B 的右子树，结点 B 的右子树作为结点 A 的左子树。这样就恢复了该二叉排序树的平衡，这相当于以结点 B 为轴，对结点 A 进行顺时针旋转。

　　为平衡二叉排序树的每个结点增加一个域 bf，用来表示对应结点的平衡因子，平衡二叉排序树的类型定义描述如下：

```
public class BSTNode //平衡二叉排序树的类型定义
{
    int data;
    int bf;
    BSTNode lchild,rchild;
    static boolean taller; //平衡化处理时判断高度是否增长
}
```

图 7-12　LL 型二叉排序树的调整

（2）LR 型。LR 型是指在离插入点最近的失衡结点的左子树的右子树中插入结点，导致二叉排序树失去平衡，如图 7-13 所示。

距离插入点最近的失衡结点为 A，在 C 的左子树 C_L 下插入新结点 X 后，结点 A 的平衡因子由 1 变为 2，该二叉排序树失去平衡。为了使二叉排序树恢复平衡且保持二叉排序树的性质不变，可以使结点 B 作为结点 C 的左子树，结点 C 的左子树作为结点 B 的右子树。将结点 C 作为新的根结点，结点 A 作为 C 的右子树的根结点，结点 C 的右子树作为 A 的左子树。这样就恢复了该二叉排序树的平衡。这相当于以结点 B 为轴，对结点 C 先做一次逆时针旋转，再以结点 C 为轴对结点 A 做一次顺时针旋转。

图 7-13　LR 型二叉排序树的调整

（3）RL 型。RL 型是指在离插入点最近的失衡结点的右子树的左子树中插入结点，导致二叉排序树失去平衡，如图 7-14 所示。

距离插入点最近的失衡结点为 A，在 C 的右子树 C_R 下插入新结点 X 后，结点 A 的平衡因子由 -1 变为 -2，该二叉排序树失去平衡。为了使二叉排序树恢复平衡且保持二叉排序树的性质不变，可以使结点 B 作为结点 C 的右子树，结点 C 的右子树作为结点 B 的左子树。将结点 C 作为新的根结点，结点 A 作为 C 的右子树的根结点，结点 C 的左子树作为 A 的右子树。这样就恢复了该二叉排序树的平衡。这相当于以结点 B 为轴，对结点 C 先做一次顺时针旋转，再以结点 C 为轴对结点 A 做一次逆时针旋转。

图 7-14　RL 型二叉排序树的调整

（4）RR 型。RR 型是指在离插入点最近的失衡结点的右子树的右子树中插入结点，导致二叉排序树失去平衡，如图 7-15 所示。

距离插入点最近的失衡结点为 A，在结点 B 的右子树 B_R 下插入新结点 X 后，结点 A 的平衡因子由-1 变为-2，该二叉排序树失去平衡。为了使二叉排序树恢复平衡且保持二叉排序树的性质不变，可以使结点 A 作为结点 B 的左子树的根结点，结点 B 的左子树作为结点 A 的右子树。这样就恢复了该二叉排序树的平衡。这相当于以结点 B 为轴，对结点 A 做一次逆时针旋转。

图 7-15　RR 型二叉排序树的调整

综合以上 4 种情况，在平衡二叉排序树中插入一个新结点 e 的算法描述如下：

（1）若平衡二叉排序树是空树，则插入的新结点作为根结点，同时将该树的深度增加 1。

（2）若二叉树中已经存在与结点 e 的关键字相等的结点，则不进行插入操作。

（3）若结点 e 的关键字小于要插入位置的结点的关键字，则将 e 插入该结点的左子树，并将该结点的左子树高度增加 1，同时修改该结点的平衡因子；若该结点的平衡因子的绝对值大于 1，则需要进行平衡化处理。

（4）若结点 e 的关键字大于要插入位置的结点的关键字，则将 e 插入该结点的右子树，并将该结点的右子树高度增加 1，同时修改该结点的平衡因子；若该结点的平衡因子的绝对值大于 1，则需要进行平衡化处理。

二叉排序树的平衡处理算法实现包括 4 种情形：LL 型、LR 型、RL 型和 RR 型。其具体实现如下。

1）LL 型的平衡处理

对于 LL 型失去平衡的情形，只需要对离插入点最近的失衡结点进行一次顺时针旋转处理即可。其实现代码如下：

```
public void RightRotate(BSTNode p)
//对以 p 为根的二叉排序树进行右旋转，处理之后 p 指向新的根结点，即旋转处理之前的左子树的根结点
{
    BSTNode lc = p.lchild;          //lc 指向 p 的左子树的根结点
    p.lchild = lc.rchild;           //将 lc 的右子树作为 p 的左子树
    lc.rchild = p;
    p.bf = 0;
    lc.bf = 0;
    p = lc;                         //p 指向新的根结点
}
```

2）LR 型的平衡处理

对于 LR 型失去平衡的情形，需要进行两次旋转处理：先进行一次逆时针旋转，再进行一次顺时针旋转。其实现代码如下：

```
public void LeftBalance(BSTNode T)
//对以 T 所指结点为根的二叉树进行左旋转平衡处理，并使 T 指向新的根结点
{
    BSTNode lc = T.lchild;      //lc 指向 T 的左子树的根结点
    switch(lc.bf)               //检查 T 的左子树的平衡度，并进行相应的平衡处理
    {
        case 1:        //LL 型失衡处理。新结点插入 T 的左孩子的左子树上，需要进行单右旋处理
            T.bf=lc.bf=0;
            RightRotate(T);
            break;
        case -1:       //LR 型失衡处理。新结点插入 T 的左孩子的右子树上，需要进行双旋处理
            BSTNode rd=lc.rchild;    //rd 指向 T 的左孩子的右子树的根结点
            switch(rd.bf)            //修改 T 及其左孩子的平衡因子
            {
                case 1:
                    T.bf=-1;
                    lc.bf=0;
                    break;
                case 0:
                    T.bf=0;
                    lc.bf=0;
                    break;
                case -1:
                    T.bf=0;
                    lc.bf=1;
                    break;
            }
            rd.bf=0;
            LeftRotate(T.lchild);        //对 T 的左子树进行左旋平衡处理
            RightRotate(T);              //对 T 进行右旋平衡处理
```

```
    }
}
```

3）RL 型的平衡处理

对于 RL 型失去平衡的情形，需要进行两次旋转处理：先进行一次顺时针旋转，再进行一次逆时针旋转。其实现代码如下：

```java
public void RightBalance(BSTNode T)
//对以 T 所指结点为根的二叉树进行右旋转平衡处理，并使 T 指向新的根结点
{
    BSTNode rc = T.rchild;          //rc 指向 T 的右子树的根结点
    switch(rc.bf)                   //检查 T 的右子树的平衡度，并进行相应的平衡处理
    {
        case -1:    //调用 RR 型平衡处理。新结点插入 T 的右孩子的右子树，要进行单左旋处理
            T.bf = 0;
            rc.bf = 0;
            LeftRotate(T);
            break;
        case 1:     //RL 型平衡处理。新结点插入 T 的右孩子的左子树，需要进行双旋处理
            BSTNode rd = rc.lchild;    //rd 指向 T 的右孩子的左子树的根结点
            {
                switch(rd.bf) {
                    case -1:                //修改 T 及其右孩子的平衡因子
                        T.bf = 1;
                        rc.bf = 0;
                        break;
                    case 0:
                        T.bf = 0;
                        rc.bf = 0;
                        break;
                    case 1:
                        T.bf = 0;
                        rc.bf = -1;
                        break;
                }
                rd.bf=0;
                RightRotate(T.rchild);    //对 T 的右子树进行右旋平衡处理
                LeftRotate(T);            //对 T 进行左旋平衡处理
            }
        }
    }
}
```

4）RR 型的平衡处理

对于 RR 型失去平衡的情形，只需要对离插入点最近的失衡结点进行一次逆时针旋转处理即可。其实现代码如下：

```java
public void LeftRotate(BSTNode p)
//对以 p 为根的二叉排序树进行左旋，处理之后 p 指向新的根结点，即旋转处理之前的右子树的根结点
{
    BSTNode rc = p.rchild;        //rc 指向 p 的右子树的根结点
```

```
    p.rchild = rc.lchild;        //将 rc 的左子树作为 p 的右子树
    rc.lchild = p;
    p = rc;                      //p 指向新的根结点
}
```

平衡二叉排序树的查找过程与二叉排序树类似，其比较次数最多为树的深度，若树的结点个数为 n，则时间复杂度为 O(log₂n)。

思政元素：有序顺序表、索引顺序表、二叉排序树的查找均体现出发现规律、掌握规律的重要性。对于有序顺序表的查找，通过发现查找表中元素的规律而设置哨兵，以减少查找过程中的比较次数，从而提高查找效率。对于索引顺序表，通过构造索引缩小查找范围以提高查找效率。对于二叉排序树的查找，通过构造出的二叉树满足性质：左孩子结点的元素值≤根结点的元素值≤右孩子结点元素值，在查找时按照比较结果确定待查找元素所在的子树，以缩小查找范围。这些查找策略是充分利用事物的规律而设计的。

7.4 B-树与B+树

B-树与 B+树是两种特殊的动态查找树。

7.4.1 B-树

B-树与二叉排序树类似，它是一种特殊的动态查找树，也是一种 m 叉排序树。下面介绍 B-树的定义、查找、插入与删除操作。

1. B-树的定义

B-树是一种平衡的排序树，也称为 m 路（阶）查找树。一棵 m 阶 B-树要么是一棵空树，要么是满足以下性质的 m 叉树：

（1）树中的任何一个结点最多有 m 棵子树。

（2）根结点要么是叶子结点，要么至少有两棵子树。

（3）除根结点外，所有的非叶子结点至少应有 $\lceil m/2 \rceil$ 棵子树。

（4）所有的叶子结点处于同一层次上，且不包括任何关键字信息。

（5）所有的非叶子结点的结构如下：

| n | P_0 | K_1 | P_1 | K_2 | ... | K_n | P_n |

其中，n 表示对应结点中的关键字的个数，P_i 表示指向子树的根结点的指针，并且 P_i 指向的子树中每个结点的关键字都小于 K_{i+1}（i=0,1,···,n-1）。

例如，一棵深度为 4 的 4 阶 B-树如图 7-16 所示。

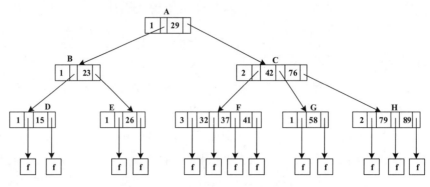

图 7-16　一棵深度为 4 的 4 阶 B-树

2. B-树的查找操作

在 B-树中，查找某个关键字的过程与二叉排序树的查找过程类似。在 B-树中的查找过程如下：

（1）若 B-树为空，则查找失败，否则将待比较元素的关键字 key 与根结点元素的每个关键字 K_i（$1 \leqslant i \leqslant n-1$）进行比较。

（2）若 key 与 K_i 相等，则查找成功。

（3）若 key<K_i，则在 P_{i-1} 指向的子树中查找。

（4）若 K_i<key<K_{i+1}，则在 P_i 指向的子树中查找。

（5）若 key>K_{i+1}，则在 P_{i+1} 指向的子树中查找。

例如，要查找关键字为 41 的元素，首先从根结点开始，将 41 与 A 结点的关键字 29 比较，因为 41>29，所以应该在 P_1 所指向的子树中查找。由于 P_1 指向结点 C，因此需要将 41 与结点 C 中的关键字逐个进行比较，因为有 41<42，所以应该在 P_0 指向的子树中查找。由于 P_0 指向结点 F，因此需要将 41 与结点 F 中的关键字逐个进行比较，由于在结点 F 中存在关键字为 41 的元素，因此查找成功。

在 B-树中的查找过程其实就是对二叉排序树的查找的扩展，与二叉排序树不同的是，在 B-树中，每个结点有不止一棵子树。在 B-树中进行查找需要顺着 P_i 找到对应的结点，然后在结点中顺序查找。

B-树的类型描述如下：

```
public class BTNode       //B-树的类型定义
{
    final int m=4;        //B-树的阶数
    int keynum;           //每个结点中的关键字个数
    BTNode parent;        //指向双亲结点
    int data[];           //结点中的关键字信息
    BTNode ptr[];         //指针向量
    BTNode()
    {
        data=new int[m+1];
        ptr=new BTNode[m+1];
        parent=null;
        keynum=0;
```

```
    }
}
```

B-树的查找算法描述如下：

```
class Result            //返回结果的类型定义
{
    BTNode pt;          //指向找到的结点
    int pos;            //关键字在结点中的序号
    boolean flag;       //查找成功与否标志
}
```

3. B-树的插入操作

B-树的插入操作与二叉排序树的插入操作类似，都是使插入后，结点左边的子树中每个结点的关键字小于根结点的关键字，右边的子树的结点的关键字大于根结点的关键字。而与二叉排序树不同的是，插入的关键字不是树的叶子结点，而是树中处于最底层的非叶子结点，同时该结点的关键字个数最少应该是 $\lceil m/2 \rceil -1$，最大应该是 m-1，否则需要对该结点进行分裂。

例如，如图 7-17 所示为一棵 3 阶 B-树（省略了叶子结点），在该 B-树中依次插入关键字 35、25、78 和 43。

图 7-17　一棵 3 阶 B-树

（1）插入关键字 35：首先从根结点开始，确定关键字 35 应插入的位置应该是结点 E。因为插入后结点 E 中的关键字个数大于 1（$\lceil m/2 \rceil -1$）且小于 2（m-1），所以插入成功。插入后的 B-树如图 7-18 所示。

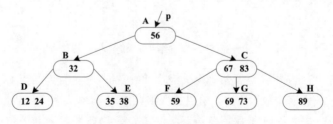

图 7-18　插入关键字 35 的过程

（2）插入关键字 25：从根结点开始确定关键字 25 应插入的位置为结点 D。因为插入后结点 D 中的关键字个数大于 2，需要将结点 D 分裂为两个结点，关键字 24 被插入双亲结点 B 中，关键字 12 被保留在结点 D 中，关键字 25 被插入新生成的结点 D'中，并使关键字 24 的右指针指向结点 D'。插入关键字 25 的过程如图 7-19 所示。

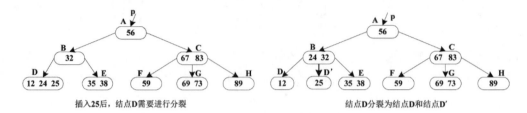

图 7-19　插入关键字 25 的过程

（3）插入关键字 78：从根结点开始确定关键字 78 应插入的位置为结点 G。因为插入后结点 G 中的关键字个数大于 2，所以需要将结点 G 分裂为两个结点，其中关键字 73 被插入结点 C 中，关键字 69 被保留在结点 F 中，关键字 78 被插入新的结点 G′中，并使关键字 73 的右指针指向结点 G′。插入关键字 78 的过程及结点 C 的分裂过程如图 7-20 所示。

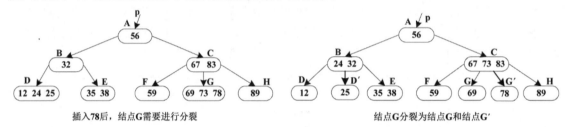

图 7-20　插入关键字 78 及结点 C 的分裂过程

此时，结点 C 的关键字个数大于 2，因此需要将结点 C 分裂为两个结点。将中间的关键字 73 插入双亲结点 A 中，关键字 83 保留在 C 中，关键字 67 被插入新结点 C′中，并使关键字 56 的右指针指向结点 C′，关键字 73 的右指针指向结点 C。结点 C 的分裂过程如图 7-21 所示。

图 7-21　结点 C 分裂为结点 C 和结点 C′的过程

（4）插入关键字 43：从根结点开始确定关键字 43 应插入的位置为结点 E，如图 7-22 所示。因为插入后结点 E 中的关键字个数大于 2，所以需要将结点 E 分裂为两个结点，其中中间关键字 38 被插入双亲结点 B 中，关键字 43 被保留在结点 E 中，关键字 35 被插入新的结点 E′中，并使关键字 32 的右指针指向结点 E′，关键字 38 的右指针指向结点 E。结点 E 的分裂过程如图 7-23 所示。

此时，结点 B 中的关键字个数大于 2，需要进一步分解结点 B，其中关键字 32 被插入双亲结点 A 中，关键字 24 被保留在结点 B 中，关键字 32 被插入新结点 B′中，关键字 24 的左、右指针分别指向结点 D 和 D′，关键字 32 的左、右指针分别指向结点 E 和 E′。结点 B 的分裂过程如图 7-24 所示。

关键字 32 被插入结点 A 中后，结点 A 的关键字个数大于 2，因此需要将结点 A 分裂为两个结点，因为结点 A 是根结点，所以需要生成一个新结点 R 作为根结点，将结点 A 中的中间关键字 56 插入 R 中，关键字 32 被保留在结点 A 中，关键字 73 被插入新结点 A′中，关键字 56 的左、右指针分别指向结点 A 和结点 A′。关键字 32 的左、右指针分别指向结点 B 和结点 B′，关键字 73 的左、右指针分别指向结点 C 和结点 C′。结点 A 的分裂过程如图 7-25 所示。

插入关键字43后，结点E需要分裂

图 7-22　插入关键字 43 的过程

结点E分裂为结点E和结点E′

图 7-23　结点 E 的分裂过程

结点B分裂为结点B和结点B′

图 7-24　结点 B 的分裂过程

结点A分裂为结点A和结点A′

图 7-25　结点 A 的分裂过程

4.B-树的删除操作

对于要在 B-树中删除一个关键字的操作，首先利用 B-树的查找算法找到关键字所在的结点，然后将该关键字从该结点删除。如果删除该关键字后，该结点中的关键字个数仍然大于或等于

$\lceil m/2 \rceil -1$，则删除完成，否则需要合并结点。

B-树的删除操作有以下 3 种可能：

（1）要删除的关键字所在结点的关键字个数大于或等于 $\lceil m/2 \rceil$，则只需将关键字 K_i 和对应的指针 P_i 从该结点中删除即可。因为删除该关键字后，该结点的关键字个数仍然不小于 $\lceil m/2 \rceil -1$。例如，图 7-26 显示了从结点 E 中删除关键字 35 的过程。

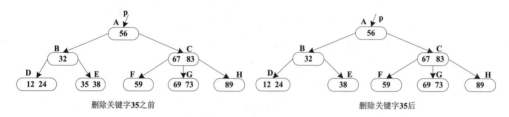

图 7-26　删除关键字 35 的过程

（2）要删除的关键字所在结点的关键字个数等于 $\lceil m/2 \rceil -1$，而与该结点相邻的兄弟结点（左兄弟或右兄弟）中的关键字个数大于 $\lceil m/2 \rceil -1$，则删除该关键字后，需要将其兄弟结点中最小（或最大）的关键字移动到双亲结点中，将小于（或大于）并且离移动的关键字最近的关键字移动到被删关键字所在的结点中。例如，将关键字 89 删除后，需要将关键字 73 向上移动到双亲结点 C 中，并将关键字 83 下移到结点 H 中，得到如图 7-27 所示的 B-树。

（3）要删除的关键字所在结点的关键字个数等于 $\lceil m/2 \rceil -1$，而与该结点相邻的兄弟结点（左兄弟或右兄弟）中的关键字个数也等于 $\lceil m/2 \rceil -1$，则删除关键字（假设该关键字由指针 P_i 指示）后，需要将剩余的关键字与其双亲结点中的关键字 K_i 与兄弟结点（左兄弟或右兄弟）中的关键字进行合并，同时与其双亲结点的指针 P_i 一起合并。例，将关键字 83 删除后，需要将关键字 83 的左兄弟结点的关键字 69 与其双亲结点中的关键字 73 合并到一起，得到如图 7-28 所示的 B-树。

图 7-27　删除关键字 89 的过程

图 7-28　删除关键字 83 的过程

7.4.2 B+树

B+树是 B-树的一种变型。它与 B-树的主要区别在于：

（1）若一个结点有 n 棵子树，则该结点必有 n 个关键字，即关键字个数与结点的子树个数相等。

（2）所有的非叶子结点包含子树的根结点的最大或者最小的关键字信息，因此所有的非叶子结点可以作为索引。

（3）叶子结点包含所有关键字信息和关键字记录的指针，所有叶子结点中的关键字按照从小到大的顺序依次通过指针链接。

由此可以看出，B+树的存储方式类似于索引顺序表的存储结构，所有的记录存储在叶子结点中，非叶子结点作为一个索引表。如图 7-29 所示为一棵 3 阶 B+树。

图 7-29　一棵 3 阶 B+树

在图 7-29 中，B+树有两个指针：一个是指向根结点的指针，另一个是指向叶子结点的指针。因此，对 B+树的查找可以从根结点开始，也可以从指向叶子结点的指针开始。从根结点开始的查找是一种索引方式的查找，而从叶子结点开始的查找是顺序查找，类似于链表的访问。

从根结点在 B+树中查找给定的关键字，是从根结点开始，经过非叶子结点到叶子结点。查找每个结点，无论查找是否成功，都是走了一条从根结点到叶子结点的路径。在 B+树上插入一个关键字和删除一个关键字都是在叶子结点中进行，在插入关键字时，要保证每个结点中的关键字个数不能大于 m，否则需要对该结点进行分裂。在删除关键字时，要保证每个结点中的关键字个数不能小于 $\lceil m/2 \rceil$，否则需要与兄弟结点合并。

7.5　哈　希　表

前面讨论过的查找算法都经过了一系列与关键字比较的处理过程，这类算法是建立在"比较"的基础上的，查找算法的效率的高低取决于比较的次数。而比较理想的情况是不经过比较就能直接确定要查找元素的位置，这就必须在记录的存储位置和它的关键字之间建立一个确定的对应关系，使得每个关键字和记录中的存储位置相对应，通过数据元素的关键字直接确定其存放的位置。这就是本节将要介绍的哈希表。

7.5.1　哈希表的定义

如何在查找元素的过程中，不与给定的关键字进行比较，就能确定所查找的元素的存放位置。这就需要在元素的关键字与元素的存储位置之间建立一种对应关系，使得元素的关键字与唯一的存储位置对应。有了这种对应关系，在查找某个元素时，只需要利用这种确定的对应关系，由给定的关键字就可以直接找到该元素。若用 key 表示元素的关键字，f 表示对应关系，则 f(key) 表示元素的存储地址，将这种对应关系 f 称为哈希（Hash）函数，利用哈希函数可以建立哈希表。哈希函数也称为散列函数。

例如，一个班级有 30 名学生，将这些学生用各自姓氏的拼音排序，其中姓氏首字母相同的学生放在一起。根据学生姓名的拼音首字母建立的哈希表如表 7-2 所示。

表7-2　哈希表示例

序　号	姓氏拼音	学生姓名
1	A	安紫衣
2	B	白小翼
3	C	陈立本、陈冲
4	D	邓华
5	E	
6	F	冯高峰
7	G	耿敏、弓宁
8	H	何山、郝国庆
…	…	…

这样，如在查找姓名为"冯高峰"的学生时，就可以从序号为 6 的一行直接找到该学生。这种方法要比在一堆杂乱无章的姓名中查找方便得多，但是，如果要查找姓名为"郝国庆"的学生，而拼音首字母为 H 的学生有多个，这就需要在该行中进行顺序查找。像这种不同的关键字 key 出现在同一地址上，即有 key1≠key2、f(key1)=f(key2) 的情况称为哈希冲突。

一般情况下，要尽可能避免冲突的发生或者尽可能少发生冲突。元素的关键字越多，越容易发生冲突。只有少发生冲突，才能尽可能快地利用关键字找到对应的元素。因此，为了更加高效地查找集合中的某个元素，不仅需要建立一个哈希函数，还需要一个解决哈希函数冲突的方法。所谓哈希表，就是根据哈希函数和解决冲突的方法，将元素的关键字映射到一个有限且连续的地址，并将元素存储在该地址上的表。

7.5.2　哈希函数的构造方法

构造哈希函数主要是为了使哈希地址尽可能均匀地分布以减少冲突的可能性，并使计算方法尽可能简便以提高运算效率。哈希函数的构造方法有许多，常见的构造哈希函数的方法介绍如下。

1. 直接定址法

直接定址法就是直接取关键字的线性函数值作为哈希函数的地址。直接定址法可以表示如下：

h(key)=x*key+y

其中 x 和 y 是常数。直接定址法的计算比较简单且不会发生冲突。但是，这种方法会使产生的哈希函数地址比较分散，造成内存的大量浪费。例如，任意给定一组关键字 {230,125,456,46,320,760,610,109}，若令 x=1、y=0，则需要 714（最大的关键字减去最小的关键字，即 760-46）个内存单元存储这 8 个关键字。

2. 平方取中法

平方取中法就是将关键字的平方得到的值的其中几位作为哈希函数的地址。由于一个数取平方后，每一位数字都与该数的每一位相关，因此采用平方取中法得到的哈希地址与关键字的每一位都相关，使得哈希地址有了较好的分散性，从而避免冲突的发生。

例如，给定关键字 key=3456，则关键字取平方后，即 key^2=11943936，取中间的 4 位得到哈希函数的地址，即 h(key)=9439。在得到关键字的平方后，具体取哪几位作为哈希函数的地址根据具体情况决定。

3. 折叠法

折叠法是将关键字平均分隔为若干等份，最后一部分不够可以空缺，然后将这几等份叠加求和作为哈希地址。这种方法主要用在关键字的位数特别多且每一个关键字的位数分布大体相当的情况。例如，给定一个关键字 23478245983，可以按照 3 位将该关键字分隔为几部分，其折叠计算方法如下：

$$
\begin{array}{r}
234 \\
782 \\
459 \\
83 \\
\hline
h(key)=1558
\end{array}
$$

然后去掉进位，将 558 作为关键字 key 的哈希地址。

4. 除留余数法

除留余数法主要是通过对关键字取余，将得到的余数作为哈希地址。其主要方法为：设哈希表长为 m，p 为小于或等于 m 的数，则哈希函数为 h(key)=key%p。除留余数法是一种常用的求哈希函数的方法。

例如，给定一组关键字 {75,149,123,183,230,56,37,91}，设哈希表长 m 为 14，取 p=13，则这组关键字的哈希地址存储情况如图 7-30 所示。

	0	1	2	3	4	5	6	7	8	9	10	11	12	13
hash 地址	91	183			56		123	149		230	75	37		

图 7-30 哈希地址存储情况

在求解关键字的哈希地址时，一般情况下，p 为小于或等于表长的最大质数。

7.5.3 处理冲突的方法

在构造哈希函数的过程中，不可避免地会出现冲突的情况。所谓处理冲突，就是在有冲突发生时，为产生冲突的关键字找到另一个地址存放该关键字。在解决冲突的过程中，可能会得到一系列

哈希地址 h_i（$i=1,2,\cdots,n$），也就是第一次发生冲突时，将经过处理后得到的第一个新地址记作 h_1，如果 h_1 仍然会冲突，则处理后得到第二个地址 h_2，以此类推，直到 h_n 不产生冲突，将 h_n 作为关键字的存储地址。

处理冲突的方法比较常用的有开放定址法、再哈希法和链地址法。

1. 开放定址法

开放定址法是解决冲突比较常用的方法。开放定址法就是利用哈希表中的空地址存储产生冲突的关键字。当冲突发生时，按照下列公式处理冲突：

$h_i=(h(key)+d_i)\%m$, $i=1,2,\cdots,m-1$

其中，$h(key)$ 为哈希函数，m 为哈希表长，d_i 为地址增量。地址增量 d_i 可以通过以下 3 种方法获得：

（1）线性探测再散列：在冲突发生时，地址增量 d_i 依次取 $1,2,\cdots,m-1$ 自然数列，即 $d_i=1,2,\cdots,m-1$。

（2）二次探测再散列：在冲突发生时，地址增量 d_i 依次取自然数的平方，即 $d_i=1^2,-1^2,2^2,-2^2,\cdots,k^2,-k^2$。

（3）伪随机数再散列：在冲突发生时，地址增量 d_i 依次取随机数序列。

例如，在长度为 14 的哈希表中，将关键字 183、123、230、91 存放在哈希表中的情况如图 7-31 所示。

	0	1	2	3	4	5	6	7	8	9	10	11	12	13
hash 地址	91	183					123			230				

图 7-31　哈希表冲突发生前

当要插入关键字 149 时，由哈希函数 $h(149)=149\%13=6$，而单元 6 已经存在关键字，产生冲突，利用线性探测再散列法解决冲突，即 $h_1=(6+1)\%14=7$，因此将 149 存储在单元 7 中，如图 7-32 所示。

	0	1	2	3	4	5	6	7	8	9	10	11	12	13
hash 地址	91	183					123	149		230				

图 7-32　插入关键字 149 后

当要插入关键字 227 时，由哈希函数 $h(227)=227\%13=6$，而单元 6 已经存在关键字，产生冲突，利用线性探测再散列法解决冲突，即 $h_1=(6+1)\%14=7$，仍然冲突，继续利用线性探测再散列法解决冲突，即 $h_2=(6+2)\%14=8$，单元 8 空闲，因此将 227 存储在单元 8 中，如图 7-33 所示。

	0	1	2	3	4	5	6	7	8	9	10	11	12	13
hash 地址	91	183					123	149	227	230				

图 7-33　插入关键字 227 后

当然，在冲突发生时，也可以利用二次探测再散列法解决冲突。如图 7-32 所示，如果要插入关键字 227，因为产生冲突，利用二次探测再散列法解决冲突，即 $h_1=(6+1)\%14=7$，再次产生冲突时，有 $h_2=(6-1)\%14=5$，将 227 存储在单元 5 中，如图 7-34 所示。

	0	1	2	3	4	5	6	7	8	9	10	11	12	13
hash 地址	91	183				227	123	149		230				

图 7-34 利用二次探测再散列法解决冲突

2．再哈希法

再哈希法就是在冲突发生时，利用另一个哈希函数再次求哈希函数的地址，直到冲突不再发生为止，即：

$h_i=rehash(key)$，$i=1,2,\cdots,n$

其中，rehash 表示不同的哈希函数。这种再哈希法一般不容易再次发生冲突，但是需要事先构造多个哈希函数，这是一件不太容易也不现实的事情。

3．链地址法

链地址法就是将具有相同散列地址的关键字用一个线性链表存储起来。每个线性链表设置一个头指针指向该链表。链地址法的存储表示类似于图的邻接表表示。在每个链表中，所有的元素都是按照关键字有序排列的。链地址法的主要优点是在哈希表中增加元素和删除元素很方便。

例如，一组关键字序列{23,35,12,56,123,39,342,90,78,110}，按照哈希函数 h(key)=key%13 和链地址法处理冲突，其哈希表如图 7-35 所示。

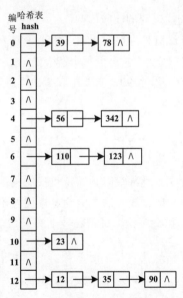

图 7-35 链地址法处理冲突的哈希表

7.5.4 哈希表的查找与分析

哈希表的查找过程与哈希表的构造过程类似，对于给定的关键字 key，按照哈希函数获得哈希地址，若哈希地址所指位置已有记录，且其关键字不等于给定值 key，则根据冲突处理方法求出 key 应存放的下一个地址，直到求得的哈希地址空闲或存储的关键字等于给定的 key 为止。若求得的哈希地址对应内存单元中存储的关键字等于 key，则表明查找成功；若求得的哈希地址对应的存储单元空闲，则查找失败。

在哈希查找过程中，查找效率的高低除与解决冲突的方法有关外，在处理冲突方法相同的情况下，其平均查找时间还依赖于哈希表的装填因子，哈希表的装填因子 α 定义为：

$$\alpha = \frac{\text{表中填入的记录数}}{\text{哈希表的长度}}$$

装填因子越小，表中填入的记录就越小，发生冲突的可能性就越小；反之，表中填入的记录越多，再继续填充记录时，发生冲突的可能性就越大，则查找时进行关键字查找的比较次数就越多。

（1）查找成功时的平均查找长度定义如下：

$$\text{ASL}_{成功} = \frac{1}{\text{表中的元素总个数n}} \times \sum_{i=1}^{n} C_i$$

其中，C_i 为查找第 i 个元素时所需的比较次数。

（2）查找失败时的平均查找长度定义如下：

$$\text{ASL}_{失败} = \frac{1}{\text{哈希函数取值个数r}} \times \sum_{i=1}^{n} C_i$$

其中，C_i 为哈希函数取值为 i 时查找失败的比较次数。

如图 7-35 所示，采用链地址法处理冲突时，对于每个单链表中的第一个关键字，即 39、56、110、23、12，查找成功时只需要比较一次。对于每个链表的第二个关键字，即 78、342、123、35，查找成功时只需要比较两次。对于关键字 90，需要比较 3 次可确定查找成功。因此，查找成功时的平均查找长度为：

$$\text{ASL}_{成功} = \frac{1}{10} \times (1 \times 5 + 2 \times 4 + 3) = 1.6$$

如图 7-35 所示，采用链地址法处理冲突时，若待查找的关键字不在表中，当 h(key)=0 时，其所指向的单链表有 2 个结点，所以需要比较 3 次才能确定查找失败；当 h(key)=1 时，其指针域为空，只需比较一次即可确定查找失败。以此类推，对 h(key)=2,3,…,12 的情况分别进行分析，可得查找失败时的平均查找长度为：

$$\text{ASL}_{失败} = \frac{1}{13} \times (1 \times 8 + 3 + 3 + 3 + 2 + 4) = 1.77$$

7.5.5 哈希表应用举例

【例 7-2】给定一组元素的关键字 hash[]={23,35,12,56,123,39,342,90}，表长为 11，利用除留余数法和线性探测再散列法将元素存储在哈希表中，并查找给定的关键字，求解查找成功时的平均查找长度，最后编程验证。

【分析】主要考查哈希函数的构造方法、解决冲突的方法。算法实现主要包括 4 部分：构建哈希表、在哈希表中查找给定的关键字、输出哈希表以及求平均查找长度。由于哈希表的长度 m 为 11，则 p 取 11，利用除留余数法求哈希函数，即 h(key)=key%p，利用线性探测再散列法解决冲突，即 $h_i=(h(key)+d_i)$，哈希表如图 7-36 所示。

hash	0	1	2	3	4	5	6	7	8	9	10
地址		23	35	12	56	123	39	342	90		
冲突次数		1	1	3	4	4	1	7	7		

图 7-36 哈希表

哈希表的查找过程与创建哈希表的过程类似。例如，要查找 key=12，由哈希函数 h(12)=12%11=1，此时与第 1 号单元中的关键字 23 比较，因为 23≠12，又 h_1=(1+1)%11=2，所以将第 2 号单元的关键字 35 与 12 比较，因为 35≠12，又 h_2=(1+2)%11=3，所以将第 3 号单元中的关键字 12 与 key 比较，因为 key=12，所以查找成功，返回序号 2。

尽管利用哈希函数可以利用关键字直接找到对应的元素，但是不可避免地会产生冲突，在查找的过程中，比较仍然不可避免，因此，仍然以平均查找长度衡量哈希表查找效率的高低。假设每个关键字的查找概率都是相等的，则在图 7-36 的哈希表中，查找某个元素成功时的平均查找长度 ASL 成功 $=\frac{1}{8}*(1*3+3+4*2+7*2)=3.5$。查找失败时的平均查找长度 ASL 失败 $=\frac{1}{11}*(2+9+8+7+6+5+4+3+2+1+1)=4.27$。

1. 哈希表的操作

哈希表的操作主要包括哈希表的创建、查找与求哈希表的平均查找长度。

```
class HashData
//元素类型定义
{
    int key;
    int hi;          //比较次数
    int hi2;         //查找不成功时的比较次数
    HashData(int key,int hi,int hi2)
    {
        this.key=key;
        this.hi=hi;
        this.hi2=hi2;
    }
}
public class HashSearch
//哈希表类型定义
{
    HashData data[];
    int tableSize;    //哈希表的长度
    int keynum;       //表中的关键字个数
    HashSearch(int tablesize,int keynum)
    {
        tableSize=tablesize;
        this.keynum=keynum;
        data=new HashData[tablesize];
    }
```

```java
public void CreateHashTable(int m,int p,int hash[],int n)
//构造一个空的哈希表，并处理冲突
{
    int k = 1;
    for(int i=0;i<m;i++)    //初始化哈希表
        data[i] = new HashData(-1, 0,0);
    for(int i=0;i<n;i++)    //求哈希函数地址并处理冲突
    {
        int compare_count = 0;          //比较次数
        int di = Func_Hash(hash[i],p);   //利用除留余数法求哈希函数地址
        if (data[di].key == -1)          //若不冲突，则将元素存储在表中
        {
            data[di].key = hash[i];
            data[di].hi = 1;
        }
        else            //用线性探测再散列法处理冲突
        {
            while (data[di].key != -1) {
                di = (di + k) % m;
                compare_count += 1;
            }
            data[di].key = hash[i];
            data[di].hi = compare_count + 1;
        }
    }
    keynum = n;        //哈希表中的关键字个数为n
    tableSize = m;     //哈希表的长度
}
public int Func_Hash(int key,int p)
{
    return key%p;
}


public int SearchHash(int k,int p)
//在哈希表 H 中查找关键字 k 的元素
{
    int m = tableSize;
    int d = Func_Hash(k,p) % m;
    int d1 = Func_Hash(k,p) % m;    //求 k 的哈希地址
    while(data[d].key != -1) {
        if(data[d].key == k)            //若是要查找的关键字 k，则返回 k 的位置
            return d;
        else            //继续往后查找
            d = (d + 1) % m;
        if(d == d1)        //若查找了哈希表中的所有位置没有找到，则返回 0
            return 0;
    }
    return 0;            //该位置不存在关键字 k
}
```

```java
    public void HashASL(int m,int p)  //求哈希表的平均查找长度
    {
        float average = 0;
        for (int i = 0; i < m; i++)
            average += data[i].hi;
        average = average / keynum;
        System.out.println("查找成功时的平均查找长度 ASL_succ=" +average);
        average=0;
        int k,count;
        for(int i=0;i<p;i++)
        {
            k=0;
            count=1;
            while(data[i+k].key!=-1)
            {
                count++;
                k++;
            }
            data[i].hi2=count;
            average+=data[i].hi2;
        }
        average=average/p;
        System.out.println("查找不成功时的平均查找长度 ASL_unsucc=" +average);
    }
}
```

2. 测试部分

```java
public void DisplayHash (int m)
//输出哈希表
{
    System.out.print("哈希表地址: ");
    for(int i=0;i<m;i++)
    {
        String str=String.format("%-5d",i);
        System.out.print(str);
    }
    System.out.println();
    System.out.print("关键字 key: ");
    for(int i=0;i<m;i++)
    {
        String str=String.format("%-5d",data[i].key);
        System.out.print(str);
    }
    System.out.println();
    System.out.print("比较次数:    ");
    for(int i=0;i<m;i++)
    {
        String str=String.format("%-5d",data[i].hi);
        System.out.print(str);
    }
}
```

```
    System.out.println();
}
public static void main(String args[])
{
    int hash[]={23,35,12,56,123,39,342,90};
    int m = 11,p=11,n=hash.length;
    HashSearch hashtable = new HashSearch(m,n);
    hashtable.CreateHashTable(m, p, hash, n);
    hashtable.DisplayHash(m);
    int k = 123;
    int pos = hashtable.SearchHash(k,p);
    System.out.println("关键字"+k+"在哈希表中的位置为: " +pos);
    hashtable.HashASL(m,p);
}
```

程序运行结果如下。

```
哈希表地址: 0   1   2   3   4   5    6   7    8    9   10
关键字 key: -1  23  35  12  56  123  39  342  90  -1  -1
比较次数:   0   1   1   3   4   4    1   7    7    0   0
关键字 123 在哈希表中的位置为: 5
查找成功时的平均查找长度 ASL_succ=3.5
查找不成功时的平均查找长度 ASL_unsucc=4.27272
```

思政元素：在查找过程中，静态查找和动态查找各有其优势。对于数据元素不变的情况，可采用静态查找方式；对于数据元素不确定的情况，可采用动态查找方式，边查找边建立查找结构——树，若树中不存在待查找的元素，则可将该元素插入树中。对于动态查找，树的结构是不断变化的，而查找过程中，它又是静止的。静态查找和动态查找体现出动态与静止、特殊与一般的辩证关系，以及静止和动态的关系。只有承认相对静止，才能区分事物，进而理解物质的多样性。

7.6 小　　结

查找分为两种：静态查找与动态查找。静态查找是指在数据元素集合中查找与给定的关键字相等的元素。而动态查找是指在查找过程中，若数据元素集合中不存在与给定的关键字相等的元素，则将该元素插入数据元素集合中。

静态查找主要包括顺序表、有序顺序表和索引顺序表的查找。动态查找主要包括二叉排序树、平衡二叉树、B-树和 B+树的查找。静态查找中，顺序查找的平均查找长度为 O(n)，折半查找的平均查找长度为 $O(\log_2 n)$。动态查找中，二叉排序树的查找类似于折半查找，其平均查找长度为 $O(\log_2 n)$。

在进行哈希查找的过程中，解决冲突常用的方法有两个：开放定址法和链地址法。其中，开放定址法是利用哈希表中的空地址存储产生冲突的关键字，解决冲突可以利用地址增量解决，方法有两个：线性探测再散列和二次探测再散列。链地址法是将具有相同散列地址的关键字用一个线性链表存储起来。每个线性链表设置一个头指针指向该链表。在每个链表中，所有的元素都是按照关键字有序排列的。

第8章

排　序

排序（Sorting）是计算机程序设计中的一种重要技术，它的作用是将一个数据元素（或记录）的任意序列重新按关键字排列成一个有序的序列。它的应用领域非常广泛，在数据处理过程中，对数据进行排序是不可避免的。在元素的查找过程中就涉及对数据的排序，例如，排列有序的折半查找算法要比顺序查找的效率高许多。排序按照内存和外存的使用情况可分为内排序和外排序。我们主要讲的是内排序。

重点内容：
- 排序的基本概念
- 插入排序、选择排序、交换排序、归并排序、基数排序的算法思想及实现

8.1　排序的基本概念

在介绍排序算法之前，先来介绍一下排序相关的基本概念。

（1）排序：把一个无序的元素序列按照元素的关键字递增或递减排列为有序的序列。设包含 n 个元素的序列$(E_1,E_2,\cdots,E_n)$，其对应的关键字为$(k_1,k_2,\cdots,k_n)$，为了将元素非递减（或非递增）排列，需要将下标 $1,2,\cdots,n$ 构成一种能够让元素按照非递减（或非递增顺序）的排列，即 $p_1,p_2,\cdots,p_n$，使关键字呈非递减（或非递增）排列，即 $k_{p1}{\leqslant}k_{p2}{\leqslant}\cdots{\leqslant}k_{pn}$，从而使元素构成一个非递减（或非递增）排列的序列，即$(E_{p1},E_{p2},\cdots,E_{pn})$。这种操作被称为排序。

（2）稳定排序和不稳定排序：在排列过程中，如果存在两个关键字相等，即 $k_i=k_j$（$1{\leqslant}i{\leqslant}n$，$1{\leqslant}j{\leqslant}n$，$i{\neq}j$），在排序之前，对应的元素 E_i 在 E_j 之前。在排序之后，若元素 E_i 仍然在 E_j 之前，则称这种排序方法是稳定的。若经过排序之后，元素 E_i 位于 E_j 之后，则称这种排序方法是不稳定的。

无论是稳定的排序方法还是不稳定的排序方法，都能正确地完成排序。一个排序算法的好坏主要通过时间复杂度、空间复杂度和稳定性来衡量。

（3）内排序和外排序：根据排序过程中所利用的内存储器和外存储器的情况，将排序分为两类：内部排序和外部排序。内部排序也称为内排序，外部排序也称为外排序。所谓内排序，是指需要排序的元素数量不是特别大，排序过程完全在内存中进行的方法。所谓外排序，是指需要排序的

元素数量非常大，在内存中不能一次完成排序，需要不断地在内存和外存中交替才能完成的排序。

内排序的方法有许多，按照排序过程中采用的策略将排序分为四大类：插入排序、选择排序、交换排序和归并排序。这些排序方法各有优点和不足，在使用时，可根据具体情况选择比较合适的方法。

在排序过程中，主要需要以下两种基本操作：

● 比较两个元素相应关键字的大小。
● 将元素从一个位置移动到另一个位置。

其中，移动元素通过采用链表存储方式可以避免，而比较关键字的大小，无论采用哪种存储结构都是不可避免的。

待排序的元素的存储方式有两种：

● 顺序存储。将待排序的元素存储在一组连续的存储单元中，这类似于线性表的顺序存储，元素 E_i 和 E_j 逻辑上相邻，其物理位置也相邻。在排序过程中，需要移动元素。
● 链式存储。将待排序的元素存储在一组不连续的存储单元中，这类似于线性表的链式存储，元素 E_i 和 E_j 逻辑上相邻，其物理位置不一定相邻。在进行排序时，不需要移动元素，只需要修改相应的指针即可。

为了方便描述，本章的排序算法主要采用顺序存储，相应的数据类型描述如下：

```
class SqList//顺序表类型定义
{
    int data[];
    int length;
    final int MAXSIZE = 30;

    SqList() {
        this.data = new int[MAXSIZE];
        this.length = 0;
    }
}
```

8.2 插 入 排 序

插入排序的算法思想：在一个有序的元素序列中，不断地将新元素插入已经有序的元素序列的合适位置，直到所有元素都插入合适位置为止。

8.2.1 直接插入排序

直接插入排序的基本思想：假设前 i-1 个元素已经有序，将第 i 个元素的关键字与前 i-1 个元素的关键字进行比较，找到合适的位置，将第 i 个元素插入。按照类似的方法，将剩下的元素依次插入已经有序的序列中，完成插入排序。

假设待排序的元素有 n 个，对应的关键字分别是 $a_1,a_2,\cdots,a_n$，因为第 1 个元素是有序的，所以从第 2 个元素开始,将 a_2 与 a_1 进行比较。若 $a_2<a_1$,则将 a_2 插入 a_1 之前,否则说明已经有序,不需要移动 a_2。

这样,有序的元素个数变为 2,然后将 a_3 与 a_2、a_1 进行比较,确定 a_3 的位置。首先将 a_3 与 a_2 进行比较,若 $a_3 \geqslant a_2$,则说明 a_1、a_2、a_3 已经有序排列。若 $a_3<a_2$,则继续将 a_3 与 a_1 比较,若 $a_3<a_1$,则将 a_3 插入 a_1 之前,否则将 a_3 插入 a_1 与 a_2 之间,即可完成 a_1、a_2、a_3 的排列。以此类推,直到最后一个关键字 a_n 插入前 n-1 个有序序列。

例如,给定一个含有 8 个元素的序列,对应的关键字序列为(45,23,56,12,97,76,29,68),将这些元素按照关键字从小到大进行直接插入排序的过程如图 8-1 所示。

序号	1	2	3	4	5	6	7	8
初始状态	[45]	23	56	12	97	76	29	68
i=2	[23	45]	56	12	97	76	29	68
i=3	[23	45	56]	12	97	76	29	68
i=4	[12	23	45	56]	97	76	29	68
i=5	[12	23	45	56	97]	76	29	68
i=6	[12	23	45	56	76	97]	29	68
i=7	[12	23	29	45	56	76	97]	68
i=8	[12	23	29	45	56	68	76	97]

图 8-1 直接插入排序的过程

直接插入排序算法描述如下:

```
public void DirectInsertSort()
//直接插入排序
{
    int i=0, t=-1, j=0;
    for (i = 0; i < length - 1; i++) //前 i 个元素已经有序,从第 i + 1 个元素开始与前
i 个有序的关键字进行比较
    {
        t = data[i + 1];                //取出第 i + 1 个元素,即待排序的元素
        j = i;
        while (j > -1 && t < data[j])   //寻找当前元素的合适位置
        {
            data[j + 1] = data[j];
            j --;
        }
        data[j + 1] = t;                //将当前元素插入合适的位置
    }
}
```

从上面的算法可以看出,直接插入排序算法简单且容易实现。在最好的情况下,即所有元素的关键字已经基本有序,直接插入排序算法的时间复杂度为 O(n)。在最坏的情况下,即所有元素的关键字都是按逆序排列的,内层 while 循环的比较次数均为 i+1,整个比较次数为 $\sum_{i=1}^{n-1}(i+1)=\dfrac{(n+2)(n-1)}{2}$,移动次数为 $\sum_{i=1}^{n-1}(i+2)=\dfrac{(n+4)(n-1)}{2}$,即在最坏的情况下的时间复杂度为 $O(n^2)$。若元素的关键字是随机排列的,其比较次数和移动次数约为 $n^2/4$,此时直接插入排序算法的时间复杂度为 $O(n^2)$,直接插入排序算法的空间复杂度为 O(1)。直接插入排序是一种稳定的排序算法。

8.2.2 折半插入排序

在插入排序中，要将待排序元素插入已经有序的元素序列的正确位置，因此，在查找正确的插入位置时，可以采用折半查找的思想寻找插入位置。这种插入排序算法称为折半插入排序。

对直接插入排序算法简单修改后，得到以下折半插入排序算法。

```
public void BinInsertSort()
//折半插入排序
{
    int t, low, high, mid;
    for (int i = 0; i < length - 1; i++) //前 i 个元素已经有序，从第 i + 1 个元素开始
与前 i 个有序的关键字比较
    {
        t = data[i + 1];        //取出第 i + 1 个元素，即待排序的元素
        low = 0;
        high = i;
        while (low <= high)    //利用折半查找思想寻找当前元素的合适位置
        {
            mid = (low + high) / 2;
            if (data[mid] > t)
                high = mid - 1;
            else
                low = mid + 1;
        }
        for (int j = i; j > low - 1; j--) //移动元素，空出要插入的位置
            data[j + 1] = data[j];
        data[low] = t; //将当前元素插入合适的位置
    }
}
```

折半插入排序算法与直接插入排序算法的区别在于查找插入的位置，折半插入排序减少了关键字间的比较次数，每次插入一个元素，需要比较的次数为判定树的深度，其平均比较时间复杂度为 $O(n\log_2 n)$。但是，折半插入排序并没有减少移动元素的次数，因此，折半插入排序算法的整体平均时间复杂度为 $O(n^2)$。折半插入排序是一种稳定的排序算法。

8.2.3 希尔排序

希尔排序也称为缩小增量排序，它的基本思想是：通过将待排序的元素分为若干子序列，利用直接插入排序思想对子序列进行排序。然后将该子序列缩小，接着对子序列进行直接插入排序。按照这种思想，直到所有的元素都按照关键字有序排列。

假设待排序的元素有 n 个，对应的关键字分别是 $a_1,a_2,\cdots,a_n$，设距离（增量）为 $c_1=4$ 的元素为同一个子序列，则元素的关键字 $a_1,a_5,\cdots,a_i,a_{i+5},\cdots,a_{n-5}$ 为一个子序列，同理，关键字 $a_2,a_6,\cdots,a_{i+1},a_{i+6},\cdots,a_{n-4}$ 为一个子序列。然后分别对同一个子序列的关键字，利用直接插入排序进行排序。之后，缩小增量，令 $c_2=2$，分别对同一个子序列的关键字进行插入排序。以此类推，最后令增量为 1，这时只有一个子序列，对整个元素进行排序。

例如，利用希尔排序的算法思想，对元素的关键字序列(56,22,67,32,59,12,89,26,48,37)进行排序，其排序过程如图 8-2 所示。

图 8-2　希尔排序过程

希尔排序算法描述如下：

```
public void ShellInsert(int c)
//对顺序表 L 进行一次希尔排序，c 是增量
{
    int t,j;
    for (int i = c; i < length; i++)//将距离为 c 的元素作为一个子序列进行排序
    {
        if (data[i] < data[i - c])    //若后者小于前者，则需要移动元素
        {
            t = data[i];
            j = i - c;
            while (j > -1 && t < data[j]) {
                data[j + c] = data[j];
                j -= c;
            }
            data[j + c] = t;            //依次将元素插入正确的位置
        }
    }
}
public void ShellInsertSort (int delta[], int m)
//希尔排序，每次调用算法 ShellInsert，delta 是存放增量的数组
{
    for(int i=0;i<m;i++)//进行 m 次希尔插入排序
        ShellInsert(delta[i]);
}
```

对希尔排序的分析是一件非常复杂的事情，问题主要在于希尔排序选择的增量，但是经过大量的研究，当增量的序列为 $2^{m-k+1}-1$ 时，其中 m 为排序的次数，$1 \leqslant k \leqslant t$，其时间复杂度为 $O(n^{3/2})$。希尔排序的空间复杂度为 $O(1)$。因此，说明希尔排序是一种不稳定的排序算法。

8.2.4　插入排序应用举例

【例 8-1】利用直接插入排序、折半插入排序和希尔排序对关键字为(56,22,67,32,59,12,89,26,48,37)的元素序列进行排序。

```
public static void main(String args[])
{
    int a[]= {56, 22, 67, 32, 59, 12, 89, 26, 48, 37};
    int delta[] ={5, 3, 1};
    int n=a.length, m = delta.length;
     //直接插入排序
```

```
        SqList L = new SqList();
        L.InitSeqList(a, n);
        System.out.print("排序前: ");
        L.DispList();
        L.DirectInsertSort();
        System.out.print("直接插入排序结果: ");
        L.DispList();
        //折半插入排序
        L = new SqList();
        L.InitSeqList(a, n);
        System.out.print("排序前: ");
        L.DispList();
        L.BinInsertSort();
        System.out.print("折半插入排序结果: ");
        L.DispList();
        //希尔排序
        L = new SqList();
        L.InitSeqList(a, n);
        System.out.print("排序前: ");
        L.DispList();
        L.ShellInsertSort(delta, m);
        System.out.print("希尔排序结果: ");
        L.DispList();
}
```

程序运行结果如下。

```
排序前: 56 22 67 32 59 12 89 26 48 37
直接插入排序结果: 12 22 26 32 37 48 56 59 67 89
排序前: 56 22 67 32 59 12 89 26 48 37
折半插入排序结果: 12 22 26 32 37 48 56 59 67 89
排序前: 56 22 67 32 59 12 89 26 48 37
希尔排序结果: 12 22 26 32 37 48 56 59 67 89
```

8.3 选 择 排 序

选择排序的基本思想是，不断从待排序的元素序列中选择关键字最小（或最大）的元素，将其放在已排序元素序列的最前面（或最后面），直到待排序的元素序列中没有元素。

8.3.1 简单选择排序

简单选择排序的基本思想是，假设待排序的元素序列有 n 个，第一趟排序经过 n-1 次比较，从 n 个元素序列中选择关键字最小的元素，并将其放在元素序列的最前面，即第一个位置。第二趟排序经过 n-2 次比较，从剩余的 n-1 个元素中选择关键字最小的元素，并将其放在第二个位置。以此类推，直到没有待比较的元素，简单选择排序算法结束。

简单选择排序的算法描述如下：

```
public void SimpleSelectSort()
//简单选择排序
{
    //将第 i 个元素与后面的[i + 1…n]个元素进行比较，将值最小的元素放在第 i 个位置
    for(int i=0;i<length-1;i++) {
```

```
        int j = i;
        for (int k = i + 1; k < length; k++) //值最小的元素的序号为j
        {
            if (data[k] < data[j])
                j = k;
        }
        if (j != i) //若序号i不等于j,则需要将序号i和序号j的元素交换
        {
            int t = data[i];
            data[i] = data[j];
            data[j] = t;
        }
    }
}
```

给定一组元素序列,其元素的关键字为(56,22,67,32,59,12,89,26),简单选择排序的过程如图 8-3 所示。

图 8-3　简单选择排序

简单选择排序的空间复杂度为 O(1)。简单选择排序在最好的情况下,其元素序列已经是非递减有序序列,不需要移动元素。在最坏的情况下,其元素序列是递减排列的,在每一趟排序的过程中都需要移动元素,因此需要移动元素的次数为 3(n-1)。而简单选择排序的比较次数与元素的关键字排列无关,在任何情况下,都需要比较 n(n-1)/2 次。因此,综合以上考虑,简单选择排序的时间复杂度为 O(n²)。简单选择排序是一种不稳定的排序算法。

8.3.2　堆排序

堆排序的算法思想主要是利用二叉树的性质进行排序。

1. 堆的定义

堆排序是利用二叉树的树形结构,按照完全二叉树的编号次序,将元素序列的关键字依次存放

在相应的结点。然后从叶子结点开始，从互为兄弟的两个结点中（没有兄弟结点的除外）选择一个较大（或较小）者与其双亲结点比较，若该结点大于（或小于）双亲结点，则将两者进行交换，使较大（或较小）者成为双亲结点。对所有的结点都进行类似操作，直到根结点为止。此时，根结点的元素值的关键字最大（或最小）。

这样就构成了堆，堆中的每一个结点都大于（或小于）其孩子结点。堆的数学形式定义为：假设存在 n 个元素，其关键字序列为 $(k_1,k_2,\cdots,k_i,\cdots,k_n)$，如果有：

$$\begin{cases} k_i \leqslant k_{2i} \\ k_i \leqslant k_{2i+1} \end{cases} \quad 或 \quad \begin{cases} k_i \geqslant k_{2i} \\ k_i \geqslant k_{2i+1} \end{cases}$$

其中，$i=1,2,\cdots,\left\lfloor \dfrac{n}{2} \right\rfloor$。称此元素序列构成了一个堆。若将这些元素的关键字存放在数组中，将此数组中的元素与完全二叉树一一对应起来，则完全二叉树中的每个非叶子结点的值都不小于（或不大于）孩子结点的值。

在堆中，堆的根结点元素值一定是所有结点元素值的最大值或最小值。例如，序列(87,64,53,51,23,21,48,32)和(12,35,27,46,41,39,48,55,89,76)都是堆，相应的完全二叉树表示如图 8-4 所示。

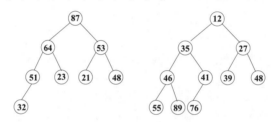

图 8-4　大顶堆和小顶堆

在图 8-4 中，一个是非叶子结点的元素值不小于其孩子结点的元素值，这样的堆称为大顶堆；另一个是非叶子结点的元素值不大于其孩子结点的元素值，这样的堆称为小顶堆。

若将堆中的根结点（堆顶）输出之后，将剩余的 n-1 个结点的元素值重新建立一个堆，则新堆的堆顶元素值是次大（或次小）值，将该堆顶元素输出。然后将剩余的 n-2 个结点的元素值重新建立一个堆，反复执行以上操作，直到堆中没有结点，就构成了一个有序序列，这样的重复建堆并输出堆顶元素的过程称为堆排序。

2. 建堆

堆排序的过程就是建立堆和不断调整使剩余结点构成新堆的过程。假设将待排序的元素的关键字存放在数组 a 中，第 1 个元素的关键字 a[1]表示二叉树的根结点，剩下的元素的关键字 a[2…n]分别与二叉树中的结点按照层次从左到右一一对应。例如，根结点的左孩子结点存放在 a[2]中，右孩子结点存放在 a[3]中，a[i]的左孩子结点存放在 a[2i]中，右孩子结点存放在 a[2i+1]中。

若是大顶堆，则有 a[i].key≥a[2i].key 且 a[i].key≥a[2i+1].key（$i=1,2,\cdots,\left\lfloor \dfrac{n}{2} \right\rfloor$）。若是小顶堆，则有 a[i].key≤a[2i].key 且 a[i].key≤a[2i+1].key（$i=1,2,\cdots,\left\lfloor \dfrac{n}{2} \right\rfloor$）。

建立一个大顶堆就是将一个无序的关键字序列构建为一个满足条件 a[i]≥a[2i]与 a[i]≥a[2i+1]

（i=1,2,…,$\left\lfloor\dfrac{n}{2}\right\rfloor$）的序列。

建立大顶堆的算法思想：从位于元素序列中的最后一个非叶子结点，即第 $\left\lfloor\dfrac{n}{2}\right\rfloor$ 个元素开始，逐层比较，直到根结点为止。假设当前结点的序号为 i，则当前元素为 a[i]，其左、右孩子结点元素分别为 a[2i] 和 a[2i+1]。将 a[2i].key 和 a[2i+1].key 较大者与 a[i] 比较，若孩子结点的元素值大于当前结点值，则交换两者，否则不进行交换。逐层向上执行此操作，直到根结点，这样就建立了一个大顶堆。建立小顶堆的算法与此类似。

例如，给定一组元素，其关键字序列为(21,47,39,51,39,57,48,56)，建立大顶堆的过程如图 8-5 所示。结点的旁边为对应的序号。

图 8-5　建立大顶堆的过程

从图 8-6 可以看出，建立后的大顶堆，其非叶子结点的元素值均不小于左、右子树结点的元素值。
建立大顶堆的算法描述如下：

```java
public void CreateHeap(int n)
 //建立大顶堆
{
    for(int i=n/2-1;i>=0;i--)  //从序号 n/2 开始建立大顶堆
        AdjustHeap(i, n-1);
}
 public void AdjustHeap(int s, int m)
//调整 H.data[s...m]的关键字，使其成为一个大顶堆
{
    int t = data[s];   //将根结点暂时保存在 t 中
    int j=2*s+1;
    while(j<=m) {
        if (j < m && data[j] < data[j + 1]) //沿关键字较大的孩子结点向下筛选
            j++;                //j 为关键字较大的结点的下标
        if (t > data[j])        //若孩子结点的值小于根结点的值，则不进行交换
            break;
        data[s] = data[j];
        s = j;
```

```
        j *= 2 + 1;
    }
    data[s] = t;        //将根结点插入正确位置
}
```

3. 调整堆

建立一个大顶堆后，当输出堆顶元素后，如何调整剩下的元素，使其构成一个新的大顶堆呢？其实，这也是一个建堆的过程，由于除堆顶元素外，剩下的元素本身就具有 a[i].key≥a[2i].key 且 a[i].key≥a[2i+1].key（i=1,2,…,$\left\lfloor \dfrac{n}{2} \right\rfloor$）的性质，关键字按照由大到小的顺序逐层排列，因此调整剩下的元素构成新的大顶堆，只需要从上往下进行比较，找出最大的关键字并将其放在根结点的位置，就构成了一个新堆。

具体实现：当堆顶元素输出后，可以将堆顶元素放在堆的最后，即将第 1 个元素与最后一个元素交换，需要调整的元素序列就是 a[1…n-1]。从根结点开始，若其左、右子树结点的元素值大于根结点的元素值，则选择较大的一个进行交换。也就是说，若 a[2]>a[3]，则将 a[1]与 a[2]进行比较，若 a[1]>a[2]，则将 a[1]与 a[2]交换，否则不交换。若 a[2]<a[3]，则将 a[1]与 a[3]进行比较，若 a[1]>a[3]，则将 a[1]与 a[3]交换，否则不交换。重复执行此操作，直到叶子结点不存在，就完成了堆的调整，构成了一个新堆。

例如，一个大顶堆的关键字序列为(87,64,53,51,23,21,48,32)，当输出 87 后，调整剩余的关键字序列为一个新的大顶堆的过程如图 8-6 所示。

图 8-6 输出堆顶元素后，调整堆的过程

重复输出堆顶元素，即将堆顶元素与堆的最后一个元素交换，然后重新调整剩余的元素序列使其构成一个新的大顶堆，直到没有需要输出的元素为止。重复执行以上操作，就会把元素序列调整为一个有序序列，即完成排序的过程。

```
public void HeapSort()
//对顺序表 H 进行堆排序
{
    CreateHeap(length); //创建堆
    for(int i=length-1;i>0;i--) //将堆顶元素与最后一个元素交换，重新调整堆
    {
        int t = data[0];
        data[0] = data[i];
        data[i] = t;
        AdjustHeap(0, i - 1); //将 data[1~i - 1]调整为大顶堆
    }
}
```

例如，一个大顶堆的元素的关键字序列为(87,64,49,51,49,21,48,32)，其相应的完整的堆排序过程如图8-7所示。

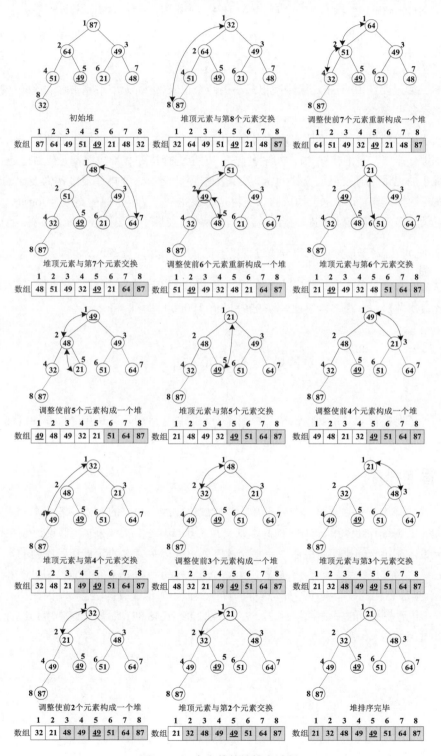

图8-7　一个完整的堆排序过程

堆排序是一种不稳定的排序。堆排序的时间主要耗费在建立堆和不断调整堆的过程。一个深度为 h、元素个数为 n 的堆，其调整算法的比较次数最多为 2(h-1)，而建立一个堆，其比较次数最多为 4n。一个完整的堆排序过程总共的比较次数为 2($\lfloor \log_2(n-1) \rfloor + \lfloor \log_2(n-2) \rfloor + \cdots + \lfloor \log_2 2 \rfloor$)<2nlog₂n，因此堆排序在最坏的情况下时间复杂度为 O(nlog₂n)。堆排序适用于待排序的数据量较大的情况。

【例 8-2】如果要在 10 万条记录中找出最小的两个记录，你认为采用哪个算法比较的次数最少？最多需要比较多少次？

【分析】采用树形选择排序比较次数最少。因为只需要找出关键字最小的两个记录，不需要对所有记录都进行排序，冒泡排序、简单选择排序、树形选择排序和堆排序都是经过一趟筛选即可找到关键字最小的记录。假设记录个数为 n，则冒泡排序和简单选择排序最多都需要比较(n-1)*(n-2)次；对于树形选择排序，n 个记录构成的二叉树是一棵完全二叉树，树的高度为 log₂n+1，找出关键字最大的记录最多需要比较 n-1 次，找出关键字次小的记录最多需要比较 $\lceil \log_2 n \rceil$ 次，总的比较次数就是 n-1+$\lceil \log_2 n \rceil$；对于堆排序，建堆的过程需要比较 $2\sum_{i=1}^{n/2} \log_2 \frac{n}{i} \leqslant 4n$ 次，即最多需要比较 4n 次，找关键字次小的元素最多需要比较 $2\lfloor \log_2 n \rfloor$ 次，故总的比较次数为 4n+2$\lfloor \log_2 n \rfloor$ 次。因此，树形选择排序的比较次数最少，最多需要比较 99999+$\lceil \log_2 100000 \rceil$ 次。

8.4 交 换 排 序

交换排序的基本思想是，通过依次交换逆序的元素实现排序。交换排序可分为冒泡排序和快速排序。

8.4.1 冒泡排序

冒泡排序的基本思想：从第一个元素开始，依次比较两个相邻的元素，若两个元素逆序，则进行交换，即若 L.data[i].key>L.data[i+1].key，则交换 L.data[i]与 L.data[i+1]。假设元素序列中有 n 个待比较的元素，在第一趟排序结束后，会将元素序列中关键字最大的元素移到序列的末尾，即第 n 个位置。在第二趟排序结束后，会将关键字次大的元素移动到第 n-1 个位置。以此类推，经过 n-1 趟排序后，元素序列构成一个有序序列。这样的排序类似于气泡慢慢向上浮动，因此称为冒泡排序。

例如，一组元素序列的关键字为(56,22,67,32,59,12,89,26,48,37)，对该关键字序列进行冒泡排序，第一趟排序过程如图 8-8 所示。

序号	1	2	3	4	5	6	7	8
初始状态	[56	22	67	32	59	12	89	26]
第一趟排序：将第1个元素与第2个元素交换	[22	56	67	32	59	12	89	26]
第一趟排序：a[2].key <a[3].key，不需要交换	[22	56	67	32	59	12	89	26]
第一趟排序：将第3个元素与第4个元素交换	[22	56	32	67	59	12	89	26]
第一趟排序：第4个元素与第5个元素交换	[22	56	32	59	67	12	89	26]
第一趟排序：将第5个元素与第6个元素交换	[22	56	32	59	12	67	89	26]
第一趟排序：a[6].key <a[7].key，不需要交换	[22	56	32	59	12	67	89	26]
第一趟排序：将第7个元素与第8个元素交换	[22	56	32	59	12	67	26	89]
第一趟排序结果	22	56	32	59	12	67	26	[89]

图 8-8　第一趟排序过程

从图 8-8 可以看出，第一趟排序结束后，关键字最大的元素被移动到序列的末尾。按照这种方法，冒泡排序的全过程如图 8-9 所示。

序号	1	2	3	4	5	6	7	8
初始状态	[56	22	67	32	59	12	89	26]
第一趟排序结果：	22	56	32	59	12	67	26	[89]
第二趟排序结果：	22	32	56	12	59	26	[67	89]
第三趟排序结果：	22	32	12	56	26	[59	67	89]
第四趟排序结果：	22	12	32	26	[56	59	67	89]
第五趟排序结果：	12	22	26	[32	56	59	67	89]
第六趟排序结果：	12	22	[26	32	56	59	67	89]
第七趟排序结果：	12	[22	26	32	56	59	67	89]
最后排序结果：	12	22	26	32	56	59	67	89

图 8-9　冒泡排序的全过程

从图 8-9 可以看出，在第五趟排序结束后，其实该元素序列已经有序，第六趟和第七趟排序就不需要进行比较了。因此，在设计算法时，可以设置一个标志为 flag，若在某一趟循环中，所有元素已经有序，则令 flag=true，表示该序列已经有序，不需要再进行后面的比较了。

冒泡排序的算法实现如下：

```
public void BubbleSort(int n)
//冒泡排序
{
    boolean flag = true;
    for (int i = 0; i < n - 1; i++) {
        if (flag)    //需要进行n-1趟排序
        {
            flag = false;
            for (int j = 0; j < length - i - 1; j++) //每一趟排序需要比较n-i次
```

```
        {
            if (data[j] > data[j + 1]) {
                int t = data[j];
                data[j] = data[j + 1];
                data[j + 1] = t;
                flag = true;
            }
        }
        DispList2(count);
        count++;
        }
    }
}
```

可以发现，冒泡排序的空间复杂度为 O(1)。在进行冒泡排序的过程中，假设待排序的元素序列为 n 个，则需要进行 n-1 趟排序，每一趟需要进行 n-i 次比较，其中 i=1,2,…,n-1。因此，整个冒泡排序过程需要比较的次数为 $\sum_{i=1}^{n-1} i = \frac{n(n-1)}{2}$，移动次数为 $3\frac{n(n-1)}{2}$，冒泡排序的时间复杂度为 O(n^2)。因此，冒泡排序是一种稳定的排序算法。

8.4.2　快速排序

快速排序是冒泡排序的一种改进，与冒泡排序类似，快速排序是将元素序列中的关键字与指定的元素进行比较，将逆序的两个元素进行交换。快速排序的基本思想：设待排序的元素序列的个数为 n，分别存放在数组 data[1…n]中，令第一个元素作为枢轴元素，即将 a[1]作为参考元素，令 pivot=a[1]。初始时，令 i=1、j=n，然后按照以下方法操作：

（1）从序列的 j 位置往前，依次将元素的关键字与枢轴元素比较。若当前元素的关键字大于或等于枢轴元素的关键字，则将前一个元素的关键字与枢轴元素的关键字比较，否则将当前元素移动到位置 i，即比较 a[j].key 与 pivot.key，若 a[j].key≥pivot.key，则连续执行 j--操作，直到找到一个元素使 a[j].key<pivot.key，则将 a[j]移动到 a[i]中，并执行一次 i++操作。

（2）从序列的 i 位置开始，依次将该元素的关键字与枢轴元素比较。若当前元素的关键字小于或等于枢轴元素的关键字，则将后一个元素的关键字与枢轴元素的关键字比较，否则将当前元素移动到位置 j，即比较 a[i].key 与 pivot.key，若 a[i].key≤pivot.key，则连续执行 i++，直到遇到一个元素使 a[i].key>pivot.key，则将 a[i]移动到 a[j]中，并执行一次 j--操作。

（3）循环执行步骤（1）和步骤（2），直到出现 i≥j，则将元素 pivot 移动到 a[i]中。此时整个元素序列在位置 i 被划分成两部分，前一部分的元素关键字都等于 pivot.key，后一部分元素的关键字都大于或等于 pivot.key，即可完成一趟快速排序。

如果按照以上方法，在每个部分继续进行以上划分操作，直到每个部分只剩下一个元素，不能继续划分为止，这样整个元素序列就按照关键字非递增排列了。

例如，一组元素序列的关键字为(37,19,43,22,22,89,26,92)，根据快速排序算法的思想，第一趟快速排序过程如图 8-10 所示。

图 8-10 第一趟快速排序过程

从图 8-10 中可以看出，当第一趟快速排序完成之后，整个元素序列被枢轴元素 37 划分为两部分，前一部分元素的关键字都小于 37，后一部分元素的关键字都大于或等于 37。其实，快速排序的过程就是以枢轴为中心对元素序列进行划分的过程，直到所有的序列被划分为单独的元素，快速排序完毕。快速排序的全过程如图 8-11 所示。

图 8-11 快速排序的全过程

进行一趟快速排序，即将元素序列进行一次划分的算法描述如下：

```
public int Partition(int low, int high)
//对顺序表 L.r[low..high]的元素进行一趟排序，使枢轴前面的元素关键字小于枢轴元素的关键字，
枢轴后面的元素关键字大于或等于枢轴元素的关键字，并返回枢轴位置
{
    int pivotkey = data[low];      //将表的第一个元素作为枢轴元素
    int t = data[low];
    while (low < high)             //从表的两端交替地向中间扫描
    {
        while (low < high && data[high] >= pivotkey) //从表的末端向前扫描
            high--;
        if (low < high)            //将当前 high 指向的元素保存在 low 位置
        {
            data[low] = data[high];
            low++;
        }
        while (low < high && data[low] <= pivotkey) //从表的始端向后扫描
            low++;
```

```
        if (low < high)  //将当前 low 指向的元素保存在 high 位置
        {
            data[high] = data[low];
            high--;
        }
        data[low] = t;   //将枢轴元素保存在 low = high 的位置
    }
    return low;              //返回枢轴所在位置
}
```

快速排序算法通过多次递归调用一次划分算法，即一趟排序算法，可实现快速排序，其算法描述如下：

```
public void QuickSort(int low, int high)
//对顺序表 L 进行快速排序
{
    if (low < high)  //如果元素序列的长度大于 1
    {
        int pivot = Partition(low, high);//将待排序序列 L.r[low..high]划分为两部分
        QuickSort(low, pivot - 1);     //对左边的子表进行递归排序，pivot 是枢轴位置
        QuickSort(pivot + 1, high);    //对右边的子表进行递归排序
    }
}
```

可以看出，快速排序是一种不稳定的排序算法，其空间复杂度为 $O(\log_2 n)$。

在最好的情况下，每趟排序均将元素序列正好划分为相等的两个子序列，这样快速排序的划分过程就使元素序列构成一棵完全二叉树的结构，分解的次数等于树的深度，即 $\log_2 n$，因此快速排序总的比较次数为 $T(n) \leq n+2T(n/2) \leq n+2(n/2+2T(n/4))=2n+4T(n/4) \leq 3n+8T(n/8) \leq \cdots \leq n\log_2 n+nT(1)$。因此，在最好的情况下，时间复杂度为 $O(n\log_2 n)$。

在最坏的情况下，待排序的元素序列已经是有序序列，则第一趟需要比较 $n-1$ 次，第二趟需要比较 $n-2$ 次，以此类推，共需要比较 $n(n-1)/2$ 次，因此时间复杂度为 $O(n^2)$。

在平均情况下，快速排序的时间复杂度为 $O(n\log_2 n)$。

8.4.3 交换排序应用举例

【例 8-3】由 n 个元素组成的线性表进行快速排序时，对关键字的比较次数与这 n 个元素的初始排列有关。若 n=7，请回答以下问题：

（1）在最好的情况下，需要对关键字进行多少次比较？请说明理由。

（2）请给出一个最好情况下的初始排序的实例。

（3）在最坏的情况下，需要对关键字进行多少次比较？请说明理由。

（4）请给出一个最坏情况下的初始排序的实例。

【分析】

（1）在最好的情况下，每次划分能得到两个长度相等的子序列。假设待排序的元素个数为

n=2^k-1，那么第一趟划分得到两个长度均为 $\left\lfloor\dfrac{n}{2}\right\rfloor$ 的子序列，第二趟划分得到 4 个长度为 $\left\lfloor\dfrac{n}{4}\right\rfloor$ 的子序列，以此类推，总共进行 k=$\log_2(n+1)$ 趟划分，此时各子序列的长度为 1。对于 n=7，即 k=3，在最好的情况下，第一趟划分需要将关键字比较 6 次，第二趟需要分别对两个子序列中的关键字各比较 2 次，因此，总共需要比较 10 次。

（2）在最好的情况下，快速排序的初始序列为 4，1，3，2，6，5，7。

（3）在最坏的情况下，每次划分都以最小的元素或最大的元素作为枢轴元素，则经过一次划分后，得到的子序列中的元素比之前的序列中的元素少一个。若原序列中的元素按关键字递减排列，需要进行递增排列时，与冒泡排序的效率相同，时间复杂度为 O(n^2)。当 n=7 时，在最坏的情况下，关键字的比较次数为 21。

（4）在最坏的情况下，初始序列为 7，6，5，4，3，2，1。

【例 8-4】一组元素的关键字序列为(37,22,43,32,19,12,89,26,48,92)，使用冒泡排序和快速排序对该元素进行排序，并输出冒泡排序和快速排序每趟排序的结果。

```java
public class ExchangeSort {
    int data[];
    int length;
    final int MAXSIZE = 30;
    int count;

    ExchangeSort() {
        this.data = new int[MAXSIZE];
        this.length = 0;
        count=1;
    }

    public void InitSeqList(int a[], int n) {
        int i = 0;
        for (i = 0; i < n; i++)
            data[i] = a[i];
        length = n;
    }

    public void QuickSort(int low, int high)
    //对顺序表 L 进行快速排序
    {
        if (low < high)  //如果元素序列的长度大于 1
        {
            int pivot = Partition(low, high); //将待排序序列 L.r[low..high]划分为两
部分
            DispList3(pivot, count); //输出每次划分的结果
            count++;
            QuickSort(low, pivot - 1);  //对左边的子表进行递归排序，pivot 是枢轴位置
            QuickSort(pivot + 1, high); //对右边的子表进行递归排序
        }
    }
```

```java
    public void DispList(int n)  //输出表中的元素
    {
        for (int i = 0; i < n; i++)
            System.out.print(data[i] + " ");
        System.out.println();
    }

    public void DispList2(int count)
    //输出表中的元素
    {
        System.out.print("第" + count + "趟排序结果:");
        for (int i = 0; i < length; i++)
            System.out.print(data[i] + " ");
        System.out.println();
    }

    public void DispList3(int pivot, int count)
    {
        System.out.print("第" + count + "趟排序结:[");
        for (int i = 0; i < pivot; i++)
            System.out.print(String.format("%-4d", data[i]));
        System.out.print("]");
        System.out.print(String.format("%3d ", data[pivot]));
        System.out.print("[");
        for (int i = pivot + 1; i < length; i++)
            System.out.print(String.format("%-4d", data[i]));
        System.out.println("]");
    }
    public static void main(String args[])
    {
        int a[] = {37, 19, 43, 22, 22, 89, 26, 92};
        int n = a.length;
        ExchangeSort L=new ExchangeSort();
        L.InitSeqList(a, n);
        System.out.print("冒泡排序前: ");
        L.DispList(n);
        L.BubbleSort(n);
        System.out.print("冒泡排序结果: ");
        L.DispList(n); //快速排序
        L = new ExchangeSort();
        L.InitSeqList(a, n);
        System.out.print("快速排序前: ");
        L.DispList(n);
        L.QuickSort(0, n - 1);
        System.out.print("快速排序结果: ");
        L.DispList(n);
    }
}
```

程序运行结果如下。

```
冒泡排序前: 37 19 43 22 22 89 26 92
第 1 趟排序结果: 19 37 22 22 43 26 89 92
第 2 趟排序结果: 19 22 22 37 26 43 89 92
第 3 趟排序结果: 19 22 22 26 37 43 89 92
第 4 趟排序结果: 19 22 22 26 37 43 89 92
冒泡排序结果: 19 22 22 26 37 43 89 92
快速排序前: 37 19 43 22 22 89 26 92
第 1 趟排序结果: [26  19  22  22 ] 37 [89  43  92 ]
第 2 趟排序结果: [22  19  22 ] 26 [37  89  43  92 ]
第 3 趟排序结果: [19 ] 22 [22  26  37  89  43  92 ]
第 4 趟排序结果: [19  22  22  26  37  43 ] 89 [92 ]
快速排序结果: 19 22 22 26 37 43 89 92
```

思政元素: 插入、选择、交换排序算法策略虽然不尽相同, 但它们的共同目标都是将元素放在相对合适的位置, 最终使元素有序排列。在日常生活中, 合理安排事情的先后顺序有助于目标的达成。

8.5 归并排序

归并排序的基本思想是, 将两个或两个以上元素的有序序列组合, 使其成为一个有序序列。其中最为常用的是 2 路归并排序。

2 路归并排序的主要思想: 假设元素的个数是 n, 将每个元素作为一个有序的子序列, 然后将相邻的子序列两两合并, 得到 $\lceil \frac{n}{2} \rceil$ 个长度为 2 的有序子序列。继续将相邻的有序子序列两两合并, 得到 $\lceil \frac{n}{4} \rceil$ 个长度为 4 的有序子序列。以此类推, 重复执行以上操作, 直到有序序列合并为一个为止。这样就得到了一个有序序列。

一组元素序列的关键字序列为(37,19,43,22,57,89,26,92), 2 路归并排序过程如图 8-12 所示。

图 8-12　2 路归并排序过程

可以看出, 2 路归并排序其实就是不断地将两个相邻的子序列合并为一个子序列的过程。其合并算法如下:

```
public void Merge(int s[], int t[], int low, int mid, int high)
//将有序的 s[low…mid] 和 s[mid + 1…high] 归并为有序的 t[low…high]
```

```
    {
        int i = low;
        int j = mid + 1;
        int k = low;
        while(i <= mid && j <=high) //将 s 中的元素由小到大地合并到 t
        {
            if (s[i] <= s[j])
            {
                t[k] = s[i];
                i++;
            }
            else {
                t[k] = s[j];
                j++;
            }
            k++;
        }
        while(i <= mid)   //将剩余的 s[i…mid]复制到 t
        {
            t[k] = s[i];
            k++;
            i++;
        }
        while(j <= high) //将剩余的 s[j…high]复制到 t
        {
            t[k] = s[j];
            k++;
            j++;
        }
    }
```

以上是合并两个子表的算法，可通过递归调用以上算法合并所有子表，从而实现 2 路归并排序。2 路归并排序算法描述如下：

```
public void TwoWayMergeSort (int s[], int t[], int low, int high)
//使用 2 路归并排序将 s[low...high]归并排序并存储到 t[low...high]中
{
    int t2[] = new int[s.length];
    if(low == high)
        t[low] = s[low];
    else {
        int mid = (low + high) / 2;        //将 s[low...high]分为 s[low...mid]和
s[mid+1...high]
        TwoWayMergeSort(s, t2, low, mid);  //将 s[low...mid]归并为有序的
t2[low...mid]
        TwoWayMergeSort(s, t2, mid + 1, high); //将 s[mid + 1...high]归并为有序的
t2[mid + 1...high]
        Merge(t2, t, low, mid, high);   //将 t2[low...mid]和 t2[mid + 1...high] 归
并到 t[low...high]
    }
}
```

归并排序的空间复杂度为 O(n)。由于 2 路归并排序所使用的空间过大，因此它主要用于外部排序。2 路归并排序算法需要多次递归调用自己，其递归调用的过程可以构成一棵二叉树，它的时间复杂度为 $T(n) \leq n+2T(n/2) \leq n+2(n/2+2T(n/4))=2n+4T(n/4) \leq 3n+8T(n/8) \leq \cdots \leq n\log_2 n+nT(1)$，即 $O(n\log_2 n)$。2 路归并排序是一种稳定的排序算法。

8.6 基 数 排 序

基数排序是一种与前面各种排序方法完全不同的方法，前面的排序方法是通过对元素的关键字进行比较，然后移动元素实现的，而基数排序不需要对关键字进行比较。

8.6.1 基数排序算法

基数排序主要是利用多个关键字进行排序，在日常生活中，扑克牌就是一种多关键字的排序问题。扑克牌有 4 种花色，即红桃、方块、梅花和黑桃，每种花色从 A 到 K 共 13 张牌。这 4 种花色就相当于 4 个关键字，而每种花色从 A 到 K 就相当于对不同的关键字进行排序。

基数排序正是借助这种思想，对不同类的元素进行分类，然后对同一类元素进行排序，通过这样的过程完成对元素序列的排序。在基数排序中，通常将对不同元素的分类称为分配，排序的过程称为收集。

具体算法思想：假设第 i 个元素 a_i 的关键字为 key_i，key_i 是由 d 位十进制数组成的，即 $key_i=k_i^d k_i^{d-1} \cdots k_i^1$，其中 k_i^1 为最低位，k_i^d 为最高位。关键字的每一位数字都可作为一个子关键字。首先将元素序列按照最低的关键字进行排序，然后从低位到高位直到最高位依次进行排序，这样就完成了排序过程。

例如，一组元素序列的关键字为(334,45,21,467,821,562,342,45)。这组关键字最多为 3 位，在排序之前，首先将所有的关键字都看作一个由 3 位数字组成的数，即(324,285,021,467,821,562,342,045)。对这组关键字进行基数排序需要进行 3 趟分配和收集。首先需要对该关键字序列的最低位进行分配和搜集，然后对十位数字进行分配和收集，最后对最高位数字进行分配和收集。一般情况下，可采用链表实现基数排序。对最低位进行分配和收集的过程如图 8-13 所示。其中，数组 f[i]保存第 i 个链表的头指针，数组 r[i]保存第 i 个链表的尾指针。

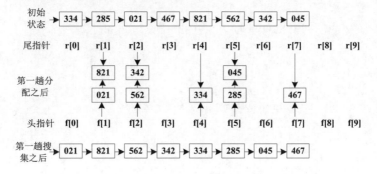

图 8-13　第一趟分配和收集的过程

对十位数字分配和收集的过程如图 8-14 所示。

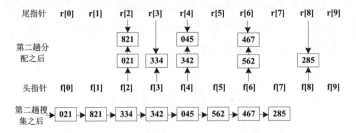

图 8-14　第二趟分配和收集的过程

对百位数字分配和收集的过程如图 8-15 所示。

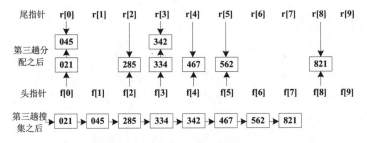

图 8-15　第三趟分配和收集的过程

经过第一趟排序，即将个位数字作为关键字进行分配后，关键字被分为 10 类，个位数字相同的数字被划分为一类，然后对分配后的关键字进行收集，得到以个位数字非递减排序的序列。同理，经过第二趟分配和收集后，得到以十位数字非递减排序的序列。经过第三趟分配和收集后，得到最终的排序结果。

基数排序的算法主要包括分配和收集。链表类型描述如下：

```java
class SListCell //链表的结点类型
{
   String key[];
   int next;
   final int MaxKeyNum=20;
   SListCell(int keynum)
   {
      key =new String[keynum]; //关键字
      next = -1;
   }
   SListCell()
   {
      key =new String[MaxKeyNum]; //关键字
      next = -1;
   }
}
public class RadixSort
{
   SListCell data[];
```

```
    int keynum;
    int length;
    RadixSort(int keynum,int length)
    {
        this.length=length;              //链表的当前长度
        data=new SListCell[length+1];    //存储元素,data[0]为头结点
        this.keynum=keynum;              //每个元素的当前关键字个数
        for(int i=0;i<=length;i++) {
            data[i] = new SListCell(length+1);
            for(int j=0;j<keynum;j++)
                data[i].key[j]=new String();
        }
    }
}
```

基数排序的分配算法实现如下:

```
public void Distribute(int i, int f[], int r[], int radix)
//为 data 中的第 i 个关键字 key[i]建立 radix 个子表,使同一子表中的元素的 key[i]相同
//f[0…radix - 1]和 r[0…radix - 1]分别指向各个子表中第一个元素和最后一个元素
{
    for(int j=0;j<radix;j++)  //将各个子表初始化为空表
        f[j] = 0;
    int p = data[0].next;
    while(p != 0) {
        int j = Integer.parseInt(data[p].key[i]);//将对应的关键字字符转换为整数类型
        if (f[j] == 0)  //若 f[j]是空表,则 f[j]指示第一个元素
            f[j] = p;
        else
            data[r[j]].next = p;
        r[j] = p;  //将 p 所指的结点插入第 j 个子表中
        p = data[p].next;
    }
}
```

其中,数组 f[j]和 r[j]分别存放第 j 个子表的第一个元素的位置和最后一个元素的位置。基数排序的收集算法实现如下:

```
public void Collect(int f[], int r[], int radix)
//按 key[i]将 f[0…Radix - 1]所指的各个子表依次链接成一个链表
{
    int j = 0;
    while(f[j] == 0)      //找第一个非空子表
        j++;
    data[0].next = f[j]; //data[0].next 指向第一个非空子表中的第一个结点
    int t = r[j];
    while(j<radix -1) {
        j++;
        while (j < radix - 1 && f[j] == 0) //找下一个非空子表
            j++;
        if (f[j] != 0)   //将非空链表链接在一起
```

```
    {
        data[t].next = f[j];
        t = r[j];
    }
}
data[t].next = 0; //t 指向最后一个非空子表中的最后一个结点
}
```

基数排序通过多次调用分配算法和收集算法来实现排序，其算法实现如下：

```
public void RadixSort(int radix)
//对 L 进行基数排序，使得 L 成为按关键字非递减的链表，L.r[0]为头结点
{
    int f[] = new int[radix];
    int r[] = new int[radix];
    for(int j=0;j<radix;j++) //将各个子表初始化为空表
        f[j]=0;
    for(int j=0;j<radix;j++) //将各个子表初始化为空表
        r[j]=0;
    for(int i=0;i<keynum;i++) //由低位到高位依次对各关键字进行分配和收集
    {
        Distribute(i, f, r,radix);    //第 i 趟分配
        Collect(f, r,radix);          //第 i 趟收集
        System.out.print("第"+(i+1)+"趟收集后:");
        PrintList2();
    }
}
```

容易看出，基数排序需要 2radix 个队列指针，分别指向每个队列的队头和队尾。假设待排序的元素为 n 个，每个元素的关键字为 d 个，则基数排序的时间复杂度为 $O(d\times(n+radix))$。

8.6.2　基数排序应用举例

【例 8-5】一组元素序列的关键字为(268,126,63,730,587,184)，使用基数排序算法对该元素序列排序，并输出每一趟基数排序的结果。

【分析】主要考察基数排序的算法思想。基数排序就是利用多个关键字先进行分配，再对每趟排序结果进行收集，通过多趟分配和收集后，得到最终的排序结果。十进制数有 0~9 共 10 个数字，利用 10 个链表分别存放每个关键字各个位为 0~9 的元素，然后通过收集将每个链表链接在一起，构成一个链表，通过 3 次（因为最大关键字是 3 位数）分配和收集就完成了排序。

1. 链表的初始化

链表的初始化的主要功能包括：① 求出关键字最大的元素，并通过该元素值得到子关键字的个数，通过对数函数实现；② 将每个元素的关键字转换为字符类型，不足的位数用字符"0"补齐，子关键字即元素的关键字的每个位的值存放在 key 域中；③ 将每个结点通过链域链接起来，构成一个链表。

链表的初始化代码如下：

```
public void InitList(int a[],int n)
//初始化链表
{
    String ch=new String();
    length = n;   //待排序元素的个数
    for(int i=1;i<n+1;i++) {
        ch = String.valueOf(a[i - 1]); //将整型转换为字符类型，并存入 ch
        for (int j = ch.length(); j < keynum; j++) //若 ch 的长度<max 的位数，则在
ch 前补"0"
            ch = "0" + ch;
        for (int j = 0; j < keynum; j++) //将每个关键字的各个位数存入 key
            data[i].key[j] = String.valueOf(ch.charAt(keynum - 1 - j));
    }
    for(int i=0;i<length;i++)  //初始化链表
    {
        data[i].next = i + 1;
        data[length].next = 0;
    }
}
```

2. 测试代码

```
public static int GetKeyLength(int a[])
{
    int max = a[0];
    for(int i=1;i<a.length;i++)  //将最大的关键字存入 max
        if(max<a[i])
            max = a[i];
    int num = (int) (Math.log10(max)) + 1;  //求子关键字的个数
    return num;
}
public void PrintList2()
//按链表形式输出
{
    int i = data[0].next;
    while (i != 0) {
        for (int j = keynum - 1; j >= 0; j--)
            System.out.print(data[i].key[j]);
        System.out.print(" ");
        i = data[i].next;
    }
    System.out.println();
}
public void PrintList()
//按数组序号形式输出
{
    System.out.println("链表中第一个元素的地址是："+data[0].next);
    System.out.println("序号 关键字 下一个元素的地址");
    for(int i=1;i<length+1;i++) {
        System.out.print(String.format("%2d     ", i));
```

```
        for (int j = keynum - 1; j > -1; j--)
            System.out.print(data[i].key[j]);
        System.out.println(String.format("   %d", data[i].next));
    }
}

public static void main(String args[])

{
    int d[] = {352,218,69,651,463,8,123};
    int N = d.length,radix=10;
    int keynum=GetKeyLength(d);
    RadixSort L=new RadixSort(keynum,d.length);
    L.InitList(d, d.length);
    System.out.println("待排序元素个数是"+L.length+"个，关键字个数为"+L.keynum+"个
");
    System.out.println("排序前的元素:");
    L.PrintList2();
    System.out.println("排序前元素的存放位置:");
    L.PrintList();
    L.RadixSort(radix);
    System.out.println("排序后的元素:");
    L.PrintList2();
    System.out.println("排序后元素的存放位置:");
    L.PrintList();
}
```

程序运行结果如下。

```
待排序元素个数是 6 个，关键字个数为 3 个
排序前的元素:
268 126 063 730 587 184
排序前元素的存放位置:
链表中第一个元素的地址是: 1
序号 关键字 下一个元素的地址
  1    268    2
  2    126    3
  3    063    4
  4    730    5
  5    587    6
  6    184    0
第 1 趟收集后: 730 063 184 126 587 268
第 2 趟收集后: 126 730 063 268 184 587
第 3 趟收集后: 063 126 184 268 587 730
排序后的元素:
063 126 184 268 587 730
排序后元素的存放位置:
链表中第一个元素的地址是: 3
```

```
序号  关键字  下一个元素的地址
  1    268    5
  2    126    6
  3    063    2
  4    730    0
  5    587    4
  6    184    1
```

思政元素：归并排序通过选择增量使当前元素的子序列是有序的，通过不断缩小增量，直至增量为 1，使最终的元素序列有序。基数排序分布对百位、十位、个位上的数字进行分配和收集，最终使元素有序。这些排序算法先将原问题划分为子问题，分别对子问题进行排序，然后合并子问题，从而得到最终的排序结果。这充分说明了整体与部分的辩证关系，理解整体与部分的辩证关系有利于分析并解决实际问题。

8.7 小　结

在计算机的非数值处理中，排序是一种非常重要且常用的操作。根据排序使用内存储器和外存储器的情况，可将排序分为内排序和外排序两种。待排序的数据量不是特别大的情况下，一般采用内排序；反之，则采用外排序。衡量排序算法的主要性能是时间复杂度、空间复杂度和稳定性。

根据排序所采用的方法，内排序可分为插入排序、选择排序、交换排序、归并排序和基数排序。其中，插入排序可以分为直接插入排序、折半插入排序和希尔排序。直接插入排序的算法实现最为简单，其算法的时间复杂度在最好、最坏和平均情况下都是 $O(n^2)$，空间复杂度为 $O(1)$，是一种稳定的排序算法。希尔排序的平均时间复杂度是 $O(n^{1.3})$，空间复杂度为 $O(1)$，是一种不稳定的排序算法。

选择排序可分为简单选择排序和堆排序。简单选择排序算法的时间复杂度在最好、最坏和平均情况下都是 $O(n^2)$，而堆排序的时间复杂度在最好、最坏和平均情况下都是 $O(n\log_2 n)$。两者的空间复杂度都是 $O(1)$。

交换排序可分为冒泡排序和快速排序。冒泡排序在最好的情况下，即在已经有序的情况下，时间复杂度为 $O(n)$。其他情况下，时间复杂度为 $O(n^2)$，空间复杂度为 $O(1)$，它是一种稳定的排序算法。快速排序在最好和平均情况下，时间复杂度都为 $O(n\log_2 n)$，在最坏情况下，时间复杂度为 $O(n^2)$。其空间复杂度为 $O(\log_2 n)$，它是一种不稳定的排序算法。

归并排序是将两个或两个以上元素的有序序列组合，使其成为一个有序序列。其中最为常用的是 2 路归并排序。归并排序在最好、最坏和平均情况下，时间复杂度均为 $O(n\log_2 n)$，其空间复杂度为 $O(n)$，它是一种稳定的排序算法。

基数排序是一种不需要对关键字进行比较的排序方法。基数排序在任何情况下，时间复杂度均为 $O(d(n+rd))$，空间复杂度均为 $O(n+rd)$，也是一种稳定的排序算法。

各种排序方法的综合性能比较如表 8-1 所示。

表8-1　各种排序算法的综合性能比较

排序方法	平均时间复杂度	最好情况下的时间复杂度	最坏情况下的时间复杂度	辅助空间	稳定性
直接插入排序	$O(n^2)$	$O(n)$	$O(n^2)$	$O(1)$	稳定
折半插入排序	$O(n^2)$	$O(n\log_2 n)$	$O(n^2)$	$O(1)$	稳定
希尔排序	$O(n^{1.3})$	—	—	$O(1)$	不稳定
冒泡排序	$O(n^2)$	$O(n)$	$O(n^2)$	$O(1)$	稳定
快速排序	$O(n\log_2 n)$	$O(n\log_2 n)$	$O(n^2)$	$O(\log_2 n)$	不稳定
简单选择排序	$O(n^2)$	$O(n^2)$	$O(n^2)$	$O(1)$	不稳定
堆排序	$O(n\log_2 n)$	$O(n\log_2 n)$	$O(n\log_2 n)$	$O(1)$	不稳定
归并排序	$O(n\log_2 n)$	$O(n\log_2 n)$	$O(n\log_2 n)$	$O(n)$	稳定
基数排序	$O(d(n+rd))$	$O(d(n+rd))$	$O(d(n+rd))$	$O(n+rd)$	稳定

从时间耗费来看，快速排序、堆排序和归并排序最佳，但是快速排序在最坏情况下的时间耗费比堆排序和归并排序高。归并排序需要使用大量的存储空间，适用于外部排序。堆排序适合数据量较大的情况，直接插入排序和简单选择排序适合数据量较小的情况。基数排序适合数据量较大而关键字位数较少的情况。

从稳定性来看，直接插入排序、折半插入排序、冒泡排序、归并排序和基数排序都是稳定的，简单选择排序、希尔排序、快速排序、堆排序都是不稳定的。稳定性主要取决于排序的具体算法，通常情况下，对两个相邻关键字进行比较的排序方法都是稳定的，反之，则是不稳定的。每种排序方法都有各自的适用范围，各有所长，各有所短，在选择排序算法时，要根据具体情况进行选择。

第9章

分治算法

分治法是将一个规模为 N 的问题分解为 K 个规模较小的子问题进行求解,这些子问题相互独立且与原问题性质相同。求出子问题的解,就可以得到原问题的解。快速排序、归并排序、最大子序列和、求 x 的 n 次幂问题就可以利用分治策略的算法思想实现。

重点内容:

● 分治算法的基本思想
● 最大子序列和、求 x 的 n 次幂、众数问题、求 n 个数中的最大者和最小者、整数划分等算法思想及实现

9.1　分治算法的基本思想

分治,即"分而治之",就是把一个复杂的问题分成两个或更多的相同或相似的子问题,再把子问题分成更小的子问题……直到最后子问题可以简单地直接求解,原问题的解即子问题的解的合并。经典的归并排序、快速排序、二分查找就是利用分治算法的思想,以一个经典的问题来说明分治法的好处。

有 100 枚硬币(见图 9-1),其中一枚是假币,真币和假币的重量是不一样的,假币会略轻一些。如何快速找出这枚假币?为了找出这枚假币,可以用天平一枚一枚硬币来称重,如果两枚硬币的重量不同,就找出了假币。采用这种方法需要 50 次称重才能找出假币。有没有更好的称重办法呢?可以把 100 枚硬币平均分成 3 份,每份硬币的数量分别是 33、33 和 34。用天平分别对这 3 份硬币称重,若前两份硬币的重量相等,则说明假币在最后一份硬币中;否则,假币在前两份硬币中较轻的一份中。下面分情况讨论:

(1)若假币在前两份硬币中,则需要在较轻的硬币中寻找假币。将 33 枚硬币分为 3 份,每份硬币数量均为 11 枚,继续用天平对每份硬币称重,重量较轻的必定包含假币。

(2)若假币在 34 枚硬币中,则将 34 枚硬币分为 3 份,每份硬币的数量分别是 11、11 和 12,若前两份硬币的重量相等,则假币在第 3 份硬币中;否则,假币在前两份中较轻的硬币中。

(3)若假币在第 3 份硬币中,则继续将硬币分成 3 份,每份硬币的数量分别是 4、4 和 4,假币在其中较轻的硬币中。

（4）若假币在 11 枚硬币中，则将其分成 3 份，每份硬币的数量分别是 4、4 和 3，若前两份硬币的重量相同，则假币在第 3 份硬币中；否则，假币在前两份较轻的硬币中。

（5）若假币在 3 枚硬币中，则继续将其分成 3 份，每份硬币的数量为 1、1 和 1，若前两份硬币的重量相同，则假币在最后一份硬币中；否则，假币在前两份中较轻的一份中。

（6）若假币在 4 枚硬币中，则将其分成 3 份，每份硬币的数量为 1、1 和 2，若前两份硬币的重量相同，则假币在最后一份硬币中；否则，假币在前两份较轻的硬币中。

（7）若假币在 2 枚硬币中，则将其划分为 2 份，每一份只有一枚硬币，重量较轻者为假币。

根据以上分析，找出假币只需要 5 次称重即可，显然这种方法找出假币的效率非常高。

图 9-1　找出假币

1. 分治法的基本思想

分治法就是将原问题分解为若干子问题进行求解，这些子问题形式相同，且相互独立。这与递归很相似，因此，分治算法常使用递归的方式实现。分治算法的执行分为以下过程：

- 分（Divide）：将原问题分解为规模更小的子问题。
- 治（Conquer）：递归求解子问题，若问题足够小，则直接求解。
- 合并（Combine）：将子问题的解合并为原问题的解。

算法伪代码如下：

```
Divide_and_Conquer(P)                                  //输入问题 P
{
    if P's scale ≤ n0                                  //若问题的规模小于 n0
        return (P's fundamental solution);
    divide P into samller sub problems P1,p2,…,Pk;     //将问题的规模缩小为更小的
子问题
    for i←1 to k
        yi ← Divide_and_Conquer(Pi)                    //利用递归求解子问题
    return Merge(y1,y2,...,yk)                          //合并子问题
}
```

2. 分治法解决的问题特征

利用分治法能解决的问题一般具有以下几个特征：

（1）原问题与分解后的子问题具有相同的模式，即问题具有最优子结构的性质。

（2）原问题分解成的子问题可以独立求解，即子问题之间没有相关性，这是分治法和动态规划最明显的区别。

（3）子问题的结果可合并成原问题的结果，且合并不能太复杂。

（4）具有分解终止条件。当问题规模变得足够小时，可以直接求解。

归并排序就是利用分治算法的思想实现排序的典型例子，它采用分治策略将问题分成一些小的问题，然后递归求解，而治的阶段则将分解阶段得到的结果合并在一起，从而完成分而治之，得到最终的排序结果。对序列{12,9,23,5,16,31,20,28}进行归并排序的过程如图 9-2 所示。

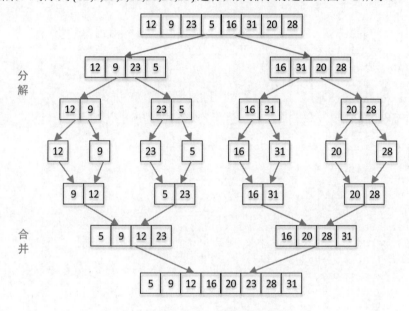

图 9-2　归并排序的分治算法求解过程

利用分治策略的归并排序算法实现如下：

```
public class MergeSort {
    int temp[]; //临时数组
    MergeSort(int n)
    {
        temp=new int[n];
    }
    void merge(int a[], int low,int mid,int high)
    //合并两个子区间中的元素
    {
        int i = low,j = mid+1,k=low;//i 和 j 分别指向需要合并的两个子序列的第一个元素
        while (i <= mid && j <= high)    //还没有扫描完毕
        {
            //将较小数存储在 temp 中，并且后移指针
            if (a[i] < a[j])
                temp[k++] = a[i++];
            else
                temp[k++] = a[j++];
        }
```

```
        while (i <= mid)                    //左半区间还有元素
            temp[k++] = a[i++];
        while (j <= high)   //右半区间还有元素
            temp[k++] = a[j++];
        for (i = low;i <= high;i++) //把元素重新复制到数组a[]中
            a[i] = temp[i];
    }

    void merge_sort(int a[],int l,int r)
    //归并排序算法
    {
        if (l >= r)                          //递归出口:每个区间只有一个元素
            return;
        int mid = (l + r) / 2;
        merge_sort(a,l,mid);                 //归并排序左半区间
        merge_sort(a,mid + 1,r);             //归并排序右半区间
        merge(a,l,mid,r);                    //将左右区间中的元素合并
    }
    public static void main(String args[])
    {
        int n;
        int a[]={12,9,23,5,16,31,20,28};
        n=a.length;
        MergeSort MS=new MergeSort(n);
        MS.merge_sort(a,0,n-1);//对第1~n个元素进行归并排序
        for (int i = 0;i <n;i++)
            System.out.printf("%4d",a[i]);
    }
}
```

程序运行结果如下。

```
    5   9  12  16  20  23  28  31
```

9.2　求最大子序列的和

【问题描述】求数组中最大连续子序列的和，例如给定数组 A={6,3,−11, 5, 8, 15, −2, 9, 10, −5}，则最大连续子序列的和为 45，即 5+8+15+（−2）+ 9+10 = 45。

【分析】假设要求子序列的和至少包含一个元素，对于含 n 个整数的数组 a[]，若 n=1，则表示该数组中只有一个元素，返回该元素。

当 n>1 时，可利用分治法求解该问题，令 mid=(left+right)/2，最大子序列的和可能出现在以下 3 个区间内：

（1）该子序列完全落在左半区间，即 a[0…mid−1]中，可采用递归将问题缩小在左半区间，通过调用自身 maxLeftSum = MaxSubSum(a,left,mid)求出最大连续子序列的和 maxLeftSum。

（2）该子序列完全落在右半区间，即[mid…n−1]中，类似地，可通过调用自身 maxRightSum =

MaxSubSum(a,mid,right)求出最大连续子序列的和 maxRightSum。

（3）该子序列落在两个区间之间，横跨左右两个区间，需要从左半区间求出 maxLeftSum1=max $\sum\limits_{j=i}^{mid-1} a_j$（0≤i≤mid-1），从右半区间求出 maxRightSum1=max $\sum\limits_{j=mid}^{i} a_j$（mid≤i<n）。最大连续子序列的和为 maxLeftSum1+ maxRightSum1。

最后需要求出这 3 种情况连续子序列的和的最大值，即 maxLeftSum1+maxRightSum1，maxLeftSum，maxRightSum 的最大值就是最大连续子序列的和。

算法实现如下：

```java
public class MaxSubSum {
    int GetMaxNum(int x,int y,int z)
    {
        if (x > y && x > z)
            return x;
        if (y > x && y > z)
            return y;
        return z;
    }
    int GetMaxSubSum(int a[], int left, int right)
    {
        int mid, maxLeftSum, maxRightSum, i, tempLeftSum, tempRighSum;
        int maxLeftSum1, maxRightSum1;
        if (right - left == 1)          {//如果当前序列只有一个元素
                return a[left];
        }
        mid = (left + right) / 2;     //计算当前序列的中间位置
        maxLeftSum = GetMaxSubSum(a,left,mid);
        maxRightSum = GetMaxSubSum(a,mid,right);
        //计算左边界最大子序列的和
        tempLeftSum = 0;
        maxLeftSum1 = a[mid-1];
        for (i = mid - 1; i >= left; i--)
        {
            tempLeftSum += a[i];
            if (maxLeftSum1 < tempLeftSum)
                maxLeftSum1 = tempLeftSum;
        }
        //计算右边界最大子序列的和
        tempRighSum = 0;
        maxRightSum1 = a[mid];
        for (i = mid; i < right; i++){
            tempRighSum += a[i];
            if (maxRightSum1 < tempRighSum)
                maxRightSum1 = tempRighSum;
        }
        //返回当前序列最大子序列的和
        return GetMaxNum(maxLeftSum1 + maxRightSum1, maxLeftSum, maxRightSum);
    }
```

```
public static void main(String args[])
{
    MaxSubSum S=new MaxSubSum();
    int a[]={6,3,-11, 5, 8, 15, -2, 9, 10, -5}, s,i;
    System.out.println("元素序列: ");
    for(i=0;i<a.length;i++)
        System.out.printf("%5d",a[i]);
    System.out.println();
    s=S.GetMaxSubSum(a,0,a.length);
    System.out.printf("最大连续子序列的和:%d\n",s);
}
}
```

程序运行结果如下。

```
元素序列:
    6    3  -11    5    8   15   -2    9   10   -5
最大连续子序列的和: 45
```

下面简要分析以上代码。

若子序列中只有一个元素，则返回该元素，即：

```
if (right - left == 1)          {//若当前子序列只有一个元素
            return a[left];
```

递归调用自身求左半区间的最大连续子序列的和 maxLeftSum：

```
maxLeftSum = GetMaxSubSum(a,left,mid);
```

递归调用自身求右半区间最大连续子序列的和 maxRightSum：

```
maxRightSum = GetMaxSubSum(a,mid,right);
```

求左半区间中从 mid-1 到 i 的最大子序列的和 maxLeftSum1：

```
tempLeftSum = 0;
    maxLeftSum1 = a[mid-1];
    for (i = mid - 1; i >= left; i--)
    {
        tempLeftSum += a[i];
        if (maxLeftSum1 < tempLeftSum)
            maxLeftSum1 = tempLeftSum;
    }
```

求右半区间从 mid 到 i 的最大子序列的和 maxRightSum1：

```
tempRighSum = 0;
    maxRightSum1 = a[mid];
    for (i = mid; i < right; i++){
        tempRighSum += a[i];
        if (maxRightSum1 < tempRighSum)
            maxRightSum1 = tempRighSum;
    }
```

求以上 3 种情况的最大值，即最大连续子序列的和：

```
return GetMaxNum(maxLeftSum1 + maxRightSum1, maxLeftSum, maxRightSum);
```

9.3 求 x 的 n 次幂

【问题描述】求 x 的 n 次幂。

【分析】x 的 n 次幂可利用简单的迭代法实现，也可将 x^n 看成是一个规模为 n 的 x 相乘问题，这样就可以将规模不断进行划分，直到规模为 1 为止。求 x 的 n 次幂问题可分为两种情况：

$$x^n = x^{(n/2)}*x(n/2) \qquad (n 是偶数)$$

$$x^n = x^{((n-1)/2)}*x^{((n-1)/2)}*x \qquad (n 是奇数)$$

根据以上分析，求 x 的 n 次幂问题可表示成以下递归模型：

当 n=1 时，如果程序要找全部解，在将找到的解输出后，应继续调整最后位置上填放的整数，试图找下一个解。相应的算法如下：

$$f(x,n) = \begin{cases} x & 当 n = 1 时 \\ f(x,n/2)*f(x,n/2) & 当 n 为偶数时 \\ f(x,(n-1)/2)*f(x,(n-1)/2)*x & 当为奇数时 \end{cases}$$

算法实现如下：

```java
import java.util.Scanner;

public class ComputePow {
    float Divide_Pow ( float x, float n )
    {
        float a;
        if ( n == 1 )
            return x;
        else if ( (int)n % 2 == 0 ) // n 为偶数
        {
            a = Divide_Pow(x,n/2);
            return a*a;
        }
        else // n 为奇数
        {
            a = Divide_Pow(x,(n-1)/2);
            return a*a*x;
        }
    }
    float Common_Pow ( float x, float y )
    {
        float result = 1,i;
        for ( i = 1; i <= y; ++i )
```

```
        {
            result *= x;
        }
        return result;
    }
    public static void main(String args[])
    {
        float x; // 底数
        float n; // 幂
        System.out.print("请输入底数：");
        Scanner sc=new Scanner(System.in);
        x=sc.nextFloat();
        System.out.print("请输入幂：");
        n=sc.nextFloat();
        ComputePow CP=new ComputePow();
        System.out.println("普通的迭代法: "+x+"^"+n+"="+CP.Common_Pow(x,n));
        System.out.println("分治法: "+x+"^"+n+"="+CP.Divide_Pow(x,n));
    }
}
```

程序运行结果如下。

```
请输入底数：2
请输入幂：10
普通的迭代法: 2.0^10.0=1024.0
分治法: 2.0^10.0=1024.0
```

在利用分治法实现时：

- 当 n=1 时，即幂为 1，其结果就是 x。
- 当 n 为偶数时，即幂为偶数，调用自身求 divide_pow(x,n/2)*divide_pow(x,n/2)。
- 当 n 为奇数时，即幂为奇数，调用自身求 divide_pow(x,(n-1)/2)*divide_pow(x,(n-1)/2)*x。

9.4 众数问题

【问题描述】给定含有 n 个元素的多重集合 S，每个元素在 S 中出现的次数称为该元素的重数。多重集 S 中重数最大的元素称为众数。例如，S={2,5,5,5,6,9}。多重集合 S 的众数是 5，其重数为 3。对于给定的由 n 个自然数组成的多重集合 S，编写程序求 S 中的众数及其重数（假设 S 中的元素已经递增有序）。

【分析】设集合中的元素存放在 a[]中，low 和 high 分别指示元素区间的第一个元素和最后一个元素，利用分治算法的思想，先将元素区间划分为两个子区间[low,mid]和[mid+1,high]，然后在左半区间从第一个元素开始，在右半区间从第 mid 个元素开始，分别在左半区间和右半区间查找，直到在左半区间遇到元素与 a[mid]相等、在右半区间遇到元素与 a[mid]不相等为止，分别用 left 和 right 指向该区间最左端和最右端，a[left,right]中的元素就是与 a[mid]相等的所有元素，重数为 right−left+1，记为 maxcnt。然后在左右区间 a[low,left-1]和 a[right+1,high]继续求解众数，若求得的重数大于 maxcnt，则用新的重数替换 maxcnt。以此类推，直至 low>high 结束查找。

算法实现如下：

```
public class ModeNumber {
    int mid,left,right,index;
    int maxcnt;
    int a[];
    ModeNumber()
    {
        a=new int[]{6,3,3,3,2,5,5,9,9,9,9,8};
        maxcnt=0;          //maxcnt:重数
        index=0;           //index:众数下标
    }
    int GetElem(int i)
    {
        return a[i];
    }
    int GetLength()
    {
        return a.length;
    }
    int GetIndex()
    {
        return index;
    }
    int GetMaxCnt()
    {
        return maxcnt;
    }
    void Split(int l,int r)
    //按中位数 a[m]将 a[]划分成两部分
    {
        mid = (l + r) / 2;
        for (left = l;left <= r;left++)
        {
            if (a[left]==a[mid])
                break;
        }
        for (right = left+1;right <= r;right++) {
            if (a[right] != a[mid])
                break;
        }
        right--;
    }
    void GetMode(int low,int high)
    //分治求解众数
    {
        int cnt;
        if(low>high)
            return;
```

```
        Split(low,high);            //将数组 a 划分为 3 部分
        cnt=right-left+1;
        if(cnt>maxcnt){             //保存众数个数最大值，以及众数下标
            index=mid;
            maxcnt=cnt;
        }
        GetMode(low,left-1);
        GetMode(right+1,high);
    }
    public static void main(String args[])
    {
        ModeNumber MN=new ModeNumber();
        System.out.println("元素序列:");
        for(int i=0;  i<MN.GetLength();i++)
            System.out.print(" "+MN.GetElem(i));
        System.out.println();
        MN.GetMode(0,MN.GetLength()-1);
        int index=MN.GetIndex();
        int maxcnt=MN.GetMaxCnt();
        System.out.println("众数是:"+MN.GetElem(index)+"\t 重数是:"+maxcnt);
    }
}
```

程序运行结果如下。

```
元素序列:
 6 3 3 3 2 5 5 9 9 9 9 8
众数是：9 重数是：4
```

Split()方法的作用是从左半区间的最左端开始查找与 a[mid]相等的元素，left 指示与 a[mid]相等的最左边的元素；继续沿着 left 指向的元素向右查找与 a[mid]相等的元素，直至遇到不相等的元素，right 指向与 a[mid]相等的最右端的元素。经过此划分，数组 a[]中的元素分为 a[low,left-1]、a[left,right]、a[right+1,high]三部分。

在 GetMode()方法中，根据 left 和 right 得到众数的重数 cnt。若当前的 cnt 大于 maxcnt，则更新 maxcnt，并且记录该众数的下标 index。递归调用自身，在左半区间继续查找众数。递归调用自身，在右半区间继续查找众数。

9.5 求 n 个数中的最大者和最小者

【问题描述】已知 n 个无序的元素序列，要求编写一个算法，求该序列中的最大元素和最小元素。

【分析】对于无序序列 a[start…end]，可采用分而治之的方法（将问题规模缩小为 k 个子问题加以解决）求最大元素和最小元素。该问题可分为以下几种情况：

（1）若序列 a[start…end]中只有一个元素，则最大元素和最小元素均为 a[start]。

（2）若序列 a[start…end]中有两个元素，则最大元素为 a[start]和 a[end]中的较大者，最小元素

为 a[start]和 a[end]中的较小者。

（3）若序列 a[start…end]中的元素个数超过 2 个，则从中间位置 mid=(start+end)/2 将该序列分为两部分：a[start…mid]和 a[mid+1…end]。然后分别通过递归调用的方式得到两个区间中的最大元素和最小元素，其中，左边区间求出的最大元素和最小元素分别存放在 m1 和 n1 中，右边区间求出的最大元素和最小元素分别存放在 m2 和 n2 中。

若 m1≤m2，则最大元素为 m2，否则最大元素为 m1；若 n1≤n2，则最小元素为 n1，否则最小元素为 n2。

算法实现如下：

```
class MaxMinNode
{
    int max,min;
    MaxMinNode()
    {

    }
    MaxMinNode(int m,int n)
    {
        max=m;
        min=n;
    }
    void SetMax(int m)
    {
        max=m;
    }
    void SetMin(int n)
    {
        min=n;
    }
    int GetMax()
    {
        return max;
    }
    int GetMin()
    {
        return min;
    }
}
public class MaxMinNum {
    int max,min;
    int GetMax()
    {
        return max;
    }
    int GetMin()
    {
        return min;
    }
```

```java
        public static void main(String args[])
        {
            int a[]={65, 32, 78, -16, 90, 55, 26, -5, 8, 41},n,i;
            int m1, n1;
            n=a.length;
            MaxMinNum MMN =new MaxMinNum();
            MMN.Max_Min_Comm(a,n);
            m1=MMN.GetMax();
            n1=MMN.GetMin();
            System.out.printf("元素序列: \n");
            for(i=0;i<n;i++)
                System.out.printf("%4d",a[i]);
            System.out.printf("\n");
            System.out.printf("普通比较算法: Max=%4d, Min=%4d\n",m1,n1);
            MaxMinNode Node=new MaxMinNode();
            Node=MMN.Max_Min_Div(a,0,n-1);
            System.out.printf("分治算法: Max=%4d,
    Min=%4d\n",Node.GetMax(),Node.GetMin());
        }
        void Max_Min_Comm(int a[],int n)
        {
            int i;
            min=max=a[0];
            for(i=0;i < n;i++)
            {
                if(a[i]> max)
                    max= a[i];
                if(a[i] < min)
                    min= a[i];
            }
        }
        MaxMinNode Max_Min_Div(int a[],int start, int end)
        //a[]存放输入的数据，start 和 end 分别表示数据的下标，返回值为包含最大值和最小值的结点
MaxMinNode
        {
            int max,min,mid;
            MaxMinNode Node=new MaxMinNode();
            if(start==end)    //若只有一个元素
            {
                Node.SetMax(a[start]);
                Node.SetMin(a[start]);
                return Node;
            }
            if(end-1==start)//若有两个元素
            {
                if(a[start]<a[end])
                {
                    Node.SetMax(a[end]);
                    Node.SetMin(a[start]);
```

```
            }
            else {
                Node.SetMax(a[start]);
                Node.SetMin(a[end]);
            }
            return Node;
        }
        mid=(start+end)/2;  //取元素序列中的中间位置
        MaxMinNode Node1=Max_Min_Div(a,start,mid);   //求前半区间中的最大者和最小者
        MaxMinNode Node2=Max_Min_Div(a,mid+1,end);   //求后半区间中的最大者和最小者
        if(Node1.GetMax()<=Node2.GetMax())
            max=Node2.GetMax();
        else
            max=Node1.GetMax();
        if(Node1.GetMin()<=Node2.GetMin())
            min=Node1.GetMin();
        else
            min=Node2.GetMin();
        return new MaxMinNode(max,min);
    }
}
```

程序运行结果如下。

```
元素序列:
 65  32  78  -16  90  55  26  -5  8  41
普通比较算法: Max=90, Min= -16
分治算法: Max=90, Min= -16
```

9.6 整数划分问题

【问题描述】整数划分问题，将一个整数划分为若干数相加。

例如，对于整数 4，设最大加数为 4，则共有 5 种划分方案：

```
4=4
4=3+1
4=2+1+1
4=2+2
4=1+1+1+1
```

对于整数 5，设最大加数为 5，则有 7 种划分方案：

```
5=5
5=4+1
5=3+2
5=3+1+1
5=2+2+1
5=2+1+1+1
5=1+1+1+1+1
```

注意：4=1+3、4=3+1 是同一种划分方案，5=3+2、5=2+3 也是同一种划分方案。

【分析】对于该整数划分问题，设划分的整数为 n，最大加数为 m，根据划分的整数 n 和最大加数 m 之间的关系可分为以下几种情况：

（1）当 n=1 或 m=1 时，只有一种划分可能，返回 1。

（2）当 n=m 且 n>1 时，可分为 n=n 和小于 n 的情况，有 DivideNum(n,n-1)+1 种可能，例如，5 可以划分为 5 和小于 5 之外的情况，这就是将原来规模为 n 的问题缩小为规模为 n-1 的问题进行处理。

（3）当 n<m 时，这种情况实际是不存在的，直接将其化为 DivideNum(n,n)解决。

（4）当 n>m 时，可分为两种情况处理：包含 m 和不包含 m。对于包含 m 的情况，有 DivideNum(n-m,n)；对于不包含 m 的情况，有 DivideNum(n,m-1)。

算法实现如下：

```java
import java.util.Scanner;
public class DivideNum {
    int GetDivideNum(int n,int m)     //n 表示需要划分的整数，m 表示最大加数
    {
        if(n==1||m==1)                //若 n 或 m 为 1，则只有一种划分方法，即使 n 个 1 相加
            return 1;
        else if(n==m&&n>1)
            return GetDivideNum(n,n-1)+1;
        else if(n<m)                  //若 m>n，则令 m=n
            return GetDivideNum(n,n);
        else if(n>m)
            return GetDivideNum(n,m-1)+GetDivideNum(n-m,m); //2 种情况:没有 m 的情况和有 m 的情况
        return 0;
    }
    public static void main(String args[])
    {
        int n,m,r;
        System.out.printf("请输入需要划分的整数与最大加数：\n");
        Scanner sc=new Scanner(System.in);
        n=sc.nextInt();
        m=sc.nextInt();
        DivideNum DN =new DivideNum();
        r=DN.GetDivideNum(n,m);
        System.out.printf("共有%d 种划分方式!\n",r);
    }
}
```

程序运行结果如下。

请输入需要划分的整数与最大加数：
5 5
共有 7 种划分方式！

9.7 大整数乘法

【问题描述】设 X 和 Y 都是 n 位十进制数，要求计算它们的乘积 XY。当 n 很大时，利用传统的计算方法求 XY 时需要的计算步骤很多，运算量较大，使用分治法求解 XY 会更高效，现要求采用分治法编写一个求两个任意长度的整数相乘的算法。

【分析】设有两个大整数 X、Y，求 XY 就是把 X 与 Y 中的每一项相乘，但是这样的乘法效率较低。若采用分治法，则可将 X 拆分为 A 和 B，Y 拆分为 C 和 D，如图 9-3 所示。

$$X=\begin{array}{|c|c|}\hline A & B \\\hline\end{array}\qquad Y=\begin{array}{|c|c|}\hline C & D \\\hline\end{array}$$

图 9-3 大整数 X 和 Y 的分段

$$XY=\left(A*10^{\frac{n}{2}}+B\right)\left(C*10^{\frac{n}{2}}+D\right)=AC*10^n+(AD+BC)*10^{\frac{n}{2}}+BD$$

（1）若序列 a[start…end]中只有一个元素，则最大元素和最小元素均为 a[start]。

（2）若序列 a[start…end]中有两个元素，则最大元素为 a[start]和 a[end]中的较大者，最小元素为 a[start]和 a[end]中的较小者。

$$XY=\left(A*10^{\frac{n}{2}}+B\right)\left(C*10^{\frac{n}{2}}+D\right)=AC*10^n+(AD+BC)*10^{\frac{n}{2}}+BD$$

$$AD+BC=(A+B)(C+D)-(A*C+B*D)$$

这里取的大整数 X、Y 是在理想状态下，即 X 与 Y 的位数一致，且 $n=2^m$，$m=1,2,3,\cdots$。计算 XY 需要进行 4 次 n/2 位整数乘法运算，即 AC、AD、BC 和 BD，以及 3 次不超过 n 位的整数加法运算，此外还要进行两次移位 2^n 和 $2^{n/2}$ 运算，这些加法运算和移位运算的时间复杂度都为 O(n)。根据以上分析，使用分治法求解 XY 的时间复杂度为 T(n)=4T(n/2)+O(n)，因此时间复杂度为 $O(n^2)$。

算法实现如下：

```
import java.util.Scanner;

public class BigIntegerMul {
    void AddZero(StringBuilder s, int n, boolean pre)
    // 在字符串前或者字符串后补 0
    {
        String temp=new String();
        for(int i=0;i<n;i++)
            temp+="0";
        if(pre)
            s.insert(0,temp);
        else
            s.append(temp);
    }
```

```java
void RemoveZero(StringBuilder str)
{
    int i = 0;
    while (i < str.length() && str.charAt(i) == '0')
        i++;
    if (i < str.length())
        str.delete(0,i);
    else
        str = new StringBuilder("0");
}
StringBuilder BigIntegerAdd(StringBuilder x, StringBuilder y)
{
    StringBuilder result=new StringBuilder();
    int t,m,i,size,b;
    RemoveZero(x);
    RemoveZero(y);
    x.reverse();
    y.reverse();
    m = Integer.max((int)x.length(), (int)y.length());
    for (i = 0, size = 0; size!=0|| i < m; i++)
    {
        t = size;
        if (i < x.length())
            t += Integer.parseInt(String.valueOf(x.charAt(i)));
        if (i < y.length())
            t += Integer.parseInt(String.valueOf(y.charAt(i)));
        b = t % 10;
        result = new StringBuilder(String.valueOf(b) + result);
        size = t / 10;
    }
    return result;
}


StringBuilder BigIntergerSub(StringBuilder x, StringBuilder y)
{
    int xi,yi,i,x_size,y_size,p[],count=0;
    StringBuilder result=new StringBuilder();
    String result1=new String();
    RemoveZero(x);
    RemoveZero(y);
    x.reverse().toString();
    y.reverse().toString();
    x_size = (int)x.length();
    y_size = (int)y.length();
    p=new int[x_size];
    for ( i = 0; i < x_size; i++)
    {
        xi = Integer.parseInt(String.valueOf(x.charAt(i)));
        yi = i < y_size ? Integer.parseInt(String.valueOf(y.charAt(i))) : 0;
        p[count++] = xi - yi;
```

```
        }
        for (i = 0; i < x_size; i++)
        {
            if (p[i] < 0)
            {
                p[i] += 10;
                p[i + 1]--;
            }
        }
        for (i = x_size - 1; i >= 0; i--)
        {
            result1 += String.valueOf(p[i]);
        }
        result=new StringBuilder(result1);
        return result;
    }

    StringBuilder GetBigIntegerMul(StringBuilder X, StringBuilder Y)
    {
        String A, B, C, D;
        StringBuilder result,v0,v1,v2;
        int n = 2,iValue;
        if (X.length() > 2 || Y.length() > 2) {
            n = 4;
            while (n < X.length() || n < Y.length())
                n *=2;
            AddZero(X, n - (int)X.length(),true);
            AddZero(Y, n - (int)Y.length(),true);
        }
        if (X.length() == 1)
            AddZero(X, 1,true);
        if (Y.length() == 1)
            AddZero(Y, 1,true);
        if (n == 2)// 递归出口
        {
            iValue = Integer.parseInt(X.toString()) *
Integer.parseInt(Y.toString());
            result = new StringBuilder(String.valueOf(iValue));
        }
        else {
            A = X.substring(0, n / 2);
            B = X.substring(n / 2);
            C = Y.substring(0, n / 2);
            D = Y.substring(n / 2);
            v2 = GetBigIntegerMul(new StringBuilder(A),new StringBuilder(C));
            v0 = GetBigIntegerMul(new StringBuilder(B), new StringBuilder(D));
            StringBuilder BA=BigIntegerAdd(new StringBuilder(B),new
StringBuilder(A));
            StringBuilder DC=BigIntegerAdd(new StringBuilder(D),new
StringBuilder(C));
```

```
            StringBuilder v2v0=BigIntegerAdd(new StringBuilder(v2),new
StringBuilder(v0));
            v1=BigIntergerSub(GetBigIntegerMul(BA,DC),v2v0);
            //v1 = BigIntergerSub(GetBigIntegerMul(BigIntegerAdd(new
StringBuilder(B),new StringBuilder(A)), BigIntegerAdd(new StringBuilder(D),new
StringBuilder(C))), BigIntegerAdd(new StringBuilder(v2), new StringBuilder(v0)));
            AddZero(v2, n, false);
            AddZero(v1, n / 2, false);
            result = BigIntegerAdd(BigIntegerAdd(v2, v1), v0);
        }
        return result;
    }
    public static void main(String args[])
    {
        StringBuilder a, b;
        String ch;
        BigIntegerMul BM=new BigIntegerMul();
        System.out.println("要计算两个大整数相乘吗(y/n)？");
        Scanner sc=new Scanner(System.in);
        ch=sc.next();
        while(ch.equals("y")||ch.equals("Y"))
        {
            System.out.println("计算两个大整数相乘：");
            System.out.println("请输入第 1 个整数：");
            a=new StringBuilder(sc.next());
            System.out.println("请输入第 2 个整数：");
            b=new StringBuilder(sc.next());
            System.out.println(a+"*"+b+"="+BM.GetBigIntegerMul(a,b));
            System.out.println("要继续计算两个大整数相乘吗(y/n)？");
            ch=sc.next();
        }
    }
}
```

程序运行结果如下。

```
要计算两个大整数相乘吗(y/n)？
y
计算两个大整数相乘：
请输入第 1 个整数：
123
请输入第 2 个整数：
456
123*456=56088
要继续计算两个大整数相乘吗(y/n)？
y
计算两个大整数相乘：
请输入第 1 个整数：
12345678
请输入第 2 个整数：
987654321
12345678*987654321=12193262222374638
```

```
要继续计算两个大整数相乘吗(y/n)?
n
```

在计算两个整数相乘时，需要考虑数据的存储是否超过了系统提供的整数所能表达的范围。为了求任意长度的两个整数的乘积，并在调用方法中得到被修改的数据，这里采用 StringBuilder 存储用户的输入数据。首先将整数字符串划分为长度较短的字符串，然后将其转换为整数进行运算，最后将所有划分的整数组合在一起输出。

说明： 为了方便划分，当两个整数中有一个长度大于 2 时，将整数的长度扩充为 4。

```
if (X.length() > 2 || Y.length() > 2) {
    n = 4;
while (n < X.length() || n < Y.length())
    n *=2;
```

为扩充长度后的字符串添加字符 0：

```
AddZero(X, n - (int)X.length(),true);
AddZero(Y, n - (int)Y.length(),true);
```

当字符串长度为 2 时，结束划分，将数字字符串转换为整数进行计算：

```
if (n == 2)// 递归出口
{
    iValue = Integer.parseInt(X.toString()) * Integer.parseInt(Y.toString());
    result = new StringBuilder(String.valueOf(iValue));
}
```

将原来的整数 X 和 Y 分别划分为 A 和 B、C 和 D：

```
A = X.substring(0, n / 2);
B = X.substring(n / 2);
C = Y.substring(0, n / 2);
D = Y.substring(n / 2);
```

求解 AC、BD、(A+B)(C+D)−(AC+BD)：

```
v2 = GetBigIntegerMul(new StringBuilder(A),new StringBuilder(C));
v0 = GetBigIntegerMul(new StringBuilder(B), new StringBuilder(D));
StringBuilder BA=BigIntegerAdd(new StringBuilder(B),new StringBuilder(A));
StringBuilder DC=BigIntegerAdd(new StringBuilder(D),new StringBuilder(C));
StringBuilder v2v0=BigIntegerAdd(new StringBuilder(v2),new
StringBuilder(v0));
    v1=BigIntergerSub(GetBigIntegerMul(BA,DC),v2v0);
```

在 AC 后插入 n 个 0，即乘以 10^n：

```
AddZero(v2, n, false);
```

在(A+B)(C+D)−(AC+BD)后插入 n/2 个 0，即乘以 $10^{n/2}$：

```
AddZero(v1, n / 2, false);
```

求解 X*Y 并返回：

```
result = BigIntegerAdd(BigIntegerAdd(v2, v1), v0);
```

9.8 小　结

　　分治算法是五大常用算法（分治算法、动态规划算法、贪心算法、回溯法、分治界限法）之一，其步骤分为：分解、治理和合并。采用分治算法求解问题需要满足以下特征：原问题规模通常比较大，原问题通常可分为若干个规模较小、与原问题相同或相似的子问题，通过合并的方式可得到原问题的解。在分治策略中，由于子问题与原问题在结构和解法上的相似性，用分治方法解决问题时，大都采用了递归的方式实现。

第 10 章

贪 心 算 法

贪心算法（Greedy Algorithm）是一种不追求最优解，只希望找到较为满意的解的方法。贪心算法省去了为找最优解要穷尽所有可能而必须耗费的大量时间，因此它一般可以快速得到比较满意的解。贪心算法常以当前情况为基础做最优选择，而不考虑各种可能的整体情况，所以贪心算法不需要回溯。前面学过的哈夫曼树的构造、最短路径、最小生成树问题的求解采用的都是贪心策略，本章通过找零钱问题、背包问题、加油站问题、删数问题等具体案例介绍贪心算法的实现。

重点内容：

- 理解并掌握贪心算法的思想
- 通过找零钱问题、背包问题、加油站问题、删数问题等具体案例理解贪心算法的策略及实现方法

10.1　贪心算法的思想

贪心算法也叫贪婪算法，在对问题进行求解时，总是做出当前看来最好的选择。也就是说，不从整体上考虑是不是最优选择，所做出的选择仅是在某种意义上的局部最优解。尽管贪心算法不能对所有问题都能得到整体最优解，但是它希望得到的解是整体最优的，对许多问题来说能产生整体最优解。在利用贪心算法求解问题时，所做的选择都是当前状态下的最优选择，并且所做的选择不会影响以前的状态，只与当前状态有关。

贪心算法没有固定的算法框架，算法设计的关键是贪心策略的选择。考虑问题是否适合使用贪心算法，首先要看该问题是否满足贪心选择的最优子结构性质，若满足最优子结构性质，则可选择合适的贪心策略并进行求解。

1. 贪心选择性质

贪心选择性质是指原问题的整体最优解可以通过一系列的局部最优选择得到。做了贪心选择后，原问题可以简化成一个规模更小的类似子问题，而后面的每一步都是当前的最佳选择。这种选择依赖于已做出的选择，但不依赖于未做出的选择。运用贪心策略解决问题时并无回溯过程。

问题的最优子结构性质是该问题是否可用贪心算法求解的关键。所谓最优子结构性质，就是当一个问题的最优解包含其子问题的最优解时，称此问题具有最优子结构性质。原问题为 $S=\{a_1,a_2,\cdots,a_i,\cdots,a_n\}$，通过贪心选择选出一个当前最优解 $\{a_i\}$ 之后，原问题就转换为求解子问题 $S-\{a_i\}$ 的最优解。例如，对于背包问题，假设背包容量为 60，有 3 件物品，其重量和价值如表 10-1 所示。

表10-1　物品的重量和价值

物品编号 n	1	2	3
物品重量 w_i	10	30	50
物品价值 v_i	30	150	100

要选择合适的物品，物品可以拆分，使装入背包的总价值最大。

首先，计算每个物品的单位重量价值，分别为 3、5、2，按照单位重量价值对物品从大到小进行排序，如表 10-2 所示。

表10-2　按单位重量价值排序后的物品重量和价值

物品编号 n	物品重量 w_i	物品价值 v_i	单位重量价值
2	30	150	5
1	10	30	3
3	50	100	2

然后依次选择物品装入背包，由于编号为 2 的物品重量小于背包的容量，即 30<60，因此将其装入背包，此时背包的剩余容量为 30，背包中物品的价值为 150，这样就是将原问题转换为规模更小的子问题求解。检查编号为 1 的物品的重量是否能装入背包，由于 10<30，因此将其装入背包，此时背包的剩余容量为 20，背包中物品的价值为 180。检查编号为 3 的物品是否能装入背包，由于 50>20，因此不能装入背包，只能装入其中的 2/5，相应的价值为 40，这样背包中物品的价值为 220，问题的解就是(1.0, 1.0, 0.4)，即第 1 个物品和第 2 个物品完全装入背包，第 3 个物品装入 40%。

2. 贪心算法的求解步骤

贪心算法的求解步骤如下：

（1）建立数学模型来描述问题。例如，对于背包问题，要求解的问题可形式化表示为 $\max \sum_{i=1}^{n} v_i x_i, s.t., \sum_{i=1}^{n} w_i x_i = c$，其中 x_i 取值为 0 或 1。

（2）把求解的问题分成若干子问题。例如，对于背包问题，将第一个物品放入背包后，子问题就变为从剩下的物品选择装入背包，背包的容量变为减去第一个物品后的容量，即剩余容量。

（3）对每个子问题进行求解，得到子问题的局部最优解。例如，对于背包问题，选择装入背包的物品就是当前的最优选择，即当前单位重量价值最大的物品。

（4）把子问题的局部最优解合成原来问题的一个解。

10.2　找零钱问题

【问题描述】人民币的面额有 100 元、50 元、10 元、5 元、2 元、1 元等。在找零钱时，可以有多种方案。例如，零钱 146 元的找零方案如下：

```
（1）100+20+20+5+1
（2）100+20+10+10+5+1
（3）100+20+10+10+2+2+2
（4）100+10+10+10+10+1+1+1+1+1+1
…
```

输出找零钱的一个可行方案。

【分析】购物找零钱时，为使找回的零钱的硬币数最少，不要求找零钱的所有方案，而是从最大面额的币种开始，按递减的顺序考虑各面额，先尽量用大面额，当不足大面额时，才去考虑下一个较小面额，这就是贪心算法。利用贪心算法，选择的是第 1 种方案，首先选择一张最大面额的人民币，即 100 元面额的，然后在剩下的 46 元中选择面额最大的，即 20 元。以此类推，每次的选择都是局部最优解。

算法实现如下：

```java
import java.util.Scanner;
public class ExchangeMoney {
    float r[];
    static int N=50;
    ExchangeMoney()
    {
        r=new float[N];
    }
    public static void main(String args[])
    {
        float rmb[]={100, 50, 20, 10, 5, 2, 1, 0.5f, 0.2f, 0.1f};
        int n=rmb.length,k,i;
        float change,r[]=new float[N];;
        System.out.printf("请输入要找的零钱数:");
        Scanner sc=new Scanner(System.in);
        change=sc.nextFloat();
        for(i=0;i<n;i++) {
            if (change >= rmb[i])
                break;
        }
        ExchangeMoney EM=new ExchangeMoney();
        k=EM.GetExchageMoney(change,rmb,0,n-i,r,0);
        if(k<=0)
            System.out.printf("找不开!\n");
        else {
            System.out.printf("找零钱的方案:%.2f=",change);
            if(r[0]>=1.0)
                System.out.printf("%.0f",r[0]);
```

```
        else
            System.out.printf("%.2f",r[0]);
        for(i=1;i<k;i++)
        {
            if(r[i]>=1.0)
                System.out.printf("+%.0f",r[i]);
            else
                System.out.printf("+%.2f",r[i]);
        }
        System.out.printf("\n");
    }
}
int GetExchageMoney(float n,float a[],int i,int c,float r[],int j)
{
    int m;
    if(n==0.0)              //能分解，分解完成
        return 0;
    if(c==0)                //不能分解
        return -1;
    if(n<a[i])
        return GetExchageMoney(n,a,i+1,c-1,r,j);       //继续寻找合适的面额
    else
    {
        r[j]=a[i];                       //将零钱保存到 r 中
        m=GetExchageMoney(n-a[i],a,i,c,r,j+1);        //继续分解剩下的零钱
        if(m>=0)
            return m+1;              //返回找零的零钱张数
        return -1;
    }
}
}
```

程序运行结果如下。

```
请输入要找的零钱数：168.5
找零钱的方案：168.50=100+50+10+5+2+1+0.50
```

存放人民币的各种面额大小。代码如下：

```
    float rmb[]={100, 50, 20, 10, 5, 2, 1, 0.5f, 0.2f, 0.1f};
```

找到第 1 个小于 change 的人民币面额。代码如下：

```
for(i=0;i<n;i++) {
    if (change >= rmb[i])
        break;
}
```

调用 GetExchangeMoney()函数并返回找回零钱的张数。代码如下：

```
ExchangeMoney EM=new ExchangeMoney();
k=EM.GetExchangeMoney(change,rmb,0,n-i,r,0);
```

若返回小于或等于 0 的数，则表示找不开零钱；否则，输出找零钱的方案。代码如下：

```
if(k<=0)
    System.out.printf("找不开!\n");
else {
    System.out.printf("找零钱的方案:%.2f=",change);
if(r[0]>=1.0)
    System.out.printf("%.0f",r[0]);
else
    System.out.printf("%.2f",r[0]);
for(i=1;i<k;i++)
{
    if(r[i]>=1.0)
        System.out.printf("+%.0f",r[i]);
    else
        System.out.printf("+%.2f",r[i]);
}
System.out.printf("\n");
```

若找零钱成功，则返回 0。代码如下：

```
if(n==0.0)                //能分解，分解完成
    return 0;
```

若没有找到合适的找零钱方案，则返回-1。代码如下：

```
if(c==0)                  //不能分解
    return -1;
```

继续寻找较小的面额。代码如下：

```
if(n<a[i])
    return GetExchageMoney(n,a,i+1,c-1,r,j);    //继续寻找合适的面额
```

将零钱的面额存放到数组 r 中，并继续分解剩下的零钱。代码如下：

```
 r[j]=a[i];               //将零钱保存到 r 中
m=GetExchageMoney(n-a[i],a,i,c,r,j+1);         //继续分解剩下的零钱
if(m>=0)
    return m+1;           //返回找零的零钱张数
return -1;
```

10.3 背包问题

【问题描述】有 n 个物品，第 i 个物品的重量为 w_i，价值为 v_i，在不超过背包重量 c 的情况下，使装入背包的总价值尽可能高，每个物品的重量和价值均匀分布，可拆分装入背包，价值和重量按比例计算。例如，背包容量为 80，有 3 个物品，每个物品的重量和价值如表 10-3 所示。

表10-3 物品的重量和价值

物品编号 pid	1	2	3
物品重量 w_i	20	30	40
物品价值 v_i	50	150	120

输出装入背包的最佳方案。

【分析】根据贪心选择策略，要使装入背包的物品总价值最大，需要先装入价值大的物品，再装入价值小的物品，这就需要计算每个物品的单位重量价值，并按单位重量价值从大到小排序，然后依次选择物品装入背包，这样装入背包的价值就会达到最大。

具体步骤：首先计算每种物品的单位重量价值 $value_i / weight_i$，然后，按照贪心选择策略，将尽可能多的单位重量价值最高的物品装入背包。若将这种物品全部装入背包后，背包内的物品总重量未达到 c，则选择单位重量价值次高的物品并尽可能多地装入背包。根据以上策略重复执行，直到背包装满为止。

表 10-3 中物品的单位重量价值如表 10-4 所示。

表10-4 物品的重量、价值和单位重量价值

物品编号 pid	1	2	3
物品重量 $weight_i$	20	30	40
物品价值 $value_i$	50	150	160
单位重量价值 w_i	2.5	5	4

选择物品装入背包的顺序应该是：第 2 个物品、第 3 个物品和第 1 个物品。由于背包容量为 80，此时 30<80，因此可将第 2 个物品装入背包；然后尝试装入第 3 个物品，由于 30+40<80，因此可将第 3 个物品装入背包，此时背包的总重量为 70，剩余容量为 10，物品总价值为 310；尝试将第 1 个物品装入背包，但是 20>10，第 1 个物品的重量超过了背包的剩余容量，表明不能完全装入背包，但可部分装入背包，装入的比例为 10/20=0.5，即装入一半，其价值为 25，装入第 1 个物品的一半后，则背包中物品的重量为 80，总价值为 335。

算法实现如下：

```java
import java.util.Scanner;
class Bag
{
    public int pid;          //物品编号
    public int weight;       //重量
    public int value;        //价值
    public float wi;         //单位重量价值
    float x;
    public  Bag(int pid,int w,int v)
    {
        this.pid=pid;
        this.weight=w;
        this.value=v;
        this.wi=(float)value/weight;
    }
}
```

```java
public class KnapsackGreedy {
    public void Sort(Bag[] item) //将物品按单位重量价值从大到小排序
    {
        Bag t;
        int i,j,k;
        for(i=0;i<item.length;i++)
        {
            k=i;
            t=item[i];
            for(j=i;j<item.length;j++)
            {
                if(t.wi<item[j].wi)
                {
                    t=item[j];
                    k=j;
                }
            }
            t=item[i];
            item[i]=item[k];
            item[k]=t;
        }
    }
    public void Knapsack(Bag[] p,int c,int n)  //背包问题
    {
        float cleft=c,cmax=0.0f;
        int i=0;
        while(i<n && p[i].weight<=cleft)
        {
            cleft-=p[i].weight;
            cmax=cmax+p[i].value;
            System.out.println("第"+p[i].pid+"个物品全部装入,当前背包价值为"+cmax);
            p[i].x=1.0f;
            i++;
        }
        if(i<n) {
            float a= (float) (cleft*p[i].wi);//当前价值
            p[i].x=cleft/p[i].weight;
            cmax=cmax+a;
            System.out.printf("第%d个物品装入了%.2f,当前背包价值为%.1f\n",p[i].pid,
cleft/p[i].weight,cmax);
        }
    }
    public static void main(String args[])
    {
        int pid;
        int weigth;
        int value;
        KnapsackGreedy Knap=new KnapsackGreedy();
        Scanner sc = new Scanner(System.in);
        System.out.println("请输入物品的个数和背包的容量: ");
```

```
            int n=sc.nextInt();//物品的个数
            int c=sc.nextInt();//背包的容量
            Bag[] p=new Bag[n];
            System.out.println("请依次输入各个物品的重量 w 和价值 v");
            for(int i=0;i<n;i++)
            {
                pid=i+1;
                weigth=sc.nextInt();
                value=sc.nextInt();
                p[i]=new Bag(pid,weigth,value);
            }
            Knap.Sort(p);
            //Knap.Knapsack2(p,0,c,0.0);
            Knap.Knapsack(p,c,n);
            for(int i=1;i<=n;i++)
            {
                for(int j=0;j<n;j++) {
                    if (i == p[j].pid)
                        System.out.printf("%.2f  ",p[j].x);
                }
            }
        }
    }
}
```

程序运行结果如下。

```
请输入物品的个数和背包的容量：
3 80
请依次输入各个物品的重量 w 和价值 v
20 50
30 150
40 160
第 2 个物品全部装入，当前背包价值为 150.0
第 3 个物品全部装入，当前背包价值为 310.0
第 1 个物品装入了 0.50，当前背包价值为 335.0
0.50  1.00  1.00
```

在求解背包问题的过程中，需要根据物品的重量、价值和单位重量价值来确定是否要装入背包，这里采用 Bag 类来表示物品的属性信息。

```
class Bag
{
    public int pid;         //物品编号
    public int weight;      //重量
    public int value;       //价值
    public float wi;        //单位重量价值
    float x;
    public  Bag(int pid,int w,int v)
    {
        this.pid=pid;
        this.weight=w;
```

```
        this.value=v;
        this.wi=(float)value/weight;
    }
}
```

为了方便其他方法存取，物品的各个属性信息定义为 public，当然也可以定义为 private，增加一些关于各个属性的 get 和 set 方法即可。

上面的背包问题 Knapsack() 也可以使用递归的方式实现。

```
public void Knapsack2(Bag[] p,int k,int c,double v) //背包问题的递归算法实现
{
    if(p[k].weight<c)
    {
        v=v+p[k].value;
        System.out.println("第"+p[k].pid+"个物品全部装入,当前背包价值为"+v);
        c=c-p[k].weight;
        Knapsack2(p, k+1, c, v);
    }
    else
    {
        double a=c*p[k].wi;//当前价值
        v=v+a;
        System.out.println("第"+p[k].pid+"个物品装入了"+((float)c/p[k].weight)
+",当前背包价值为"+v);
    }
}
```

10.4　删　数　问　题

【问题描述】给定由 n 位数组成的正整数 a，删除其中任意 $k \leqslant n$ 个数字后，剩下的数字按原来的次序重新组成一个新的正整数。请设计一个算法，根据输入的正整数 a 和正整数 k，找出删除 k 个数字后剩下的数字组成的最小删数方案，并输出最小的数。例如：

```
输入：289612   4
输出：12
```

【分析】首先让我们考虑一个问题，当从一个数中删除一个数字时，使剩下的数字构成的数最小，应该删除最大的那个数，还是删除最前面的"峰值"呢？

假设一个数为 268597，为了使删除后构成的数最小，若删除的是最大的数字，即 9，则剩下的数字构成的数为 26857；若删除的是最前面的"峰值"，即 8，则剩下的数字构成的数为 26597。显然，后者是删除一个数字后最小的数。

这个"峰值"，也称为下降点。为了更一般地描述该问题，假设 n 位数 a 表示为 $x_1x_2x_3\cdots x_ix_j\cdots x_n$，要删除 k 个数字，使剩下的数字构成的数最小，若 $x_1<x_2<\cdots<x_{i-1}<x_i$，且 $x_i>x_{i+1}$，则 x_i 是下降点，删除 x_i 后，得到的是 n-1 位数中最小的数。删除一个数字后，原问题从 n 位数删除 k 个数字变成对 n-1 位数删除 k-1 个数字的问题，新问题与原问题的性质相同，问题的规模从 n 缩小为 n-1，重新找

出下降点并删除，直到 k 个数被删除为止。

算法实现如下：

```java
import java.util.Scanner;
public class DeleteNumber {
    int s,i,len,flag=1;
    public static String DeleteCharString(String sourceString, int k) {
        String deleteString = "";
        int iIndex = 0;
        if (k > 0) {
            deleteString += sourceString.substring(iIndex, k);
        }
        iIndex = k + 1;
        if (iIndex <= sourceString.length()) {
            deleteString += sourceString.substring(iIndex,
sourceString.length());
        }
        return deleteString;
    }
    public static void main(String args[])
    {
        String s;
        int n,len,flag=1;
        Scanner sc=new Scanner(System.in);
        s=sc.nextLine();
        n=sc.nextInt();
        len=s.length();                    //数字的长度
        while(n>0)                         //还没有删除完毕
        {
            int i=0;
            while(i<len-1 && s.charAt(i)<=s.charAt(i+1))    //寻找下降点
            {
                i++;
            }
            s=DeleteCharString(s,i);
            n--;                           //删除次数减1
            len--;                         //数字长度减1
        }
        for(int i=0;i<len;i++)             //输出
        {
            if(s.charAt(i)=='0'&&i<len-1&&flag==1)    //如果即将输出的是 0 且是最高位
                continue;                  //跳过
            else
            {
                System.out.printf("%c",s.charAt(i));
                flag=0;                    // s[i]不再是最高位
            }
        }
    }
}
```

程序运行结果如下。

```
5129873
3
```

1273

10.5 加油站问题

【问题描述】一辆汽车加满油后可以行驶 n 千米。旅途中有若干加油站，为了使沿途加油次数最少，设计一个算法，输出最好的加油方案。

例如，假设沿途有 9 个加油站，总路程为 100 千米，加满油后汽车行驶的最远距离为 20 千米。汽车加油的位置如图 10-1 所示。

图 10-1 行驶过程中的加油次数

【分析】为了使汽车在途中的加油次数最少，需要让汽车加过一次油后行驶的路程尽可能远，然后加下一次油。按照这种设计思想，制定以下贪心选择策略：

（1）第 1 次汽车从起点出发，行驶到 n=20 千米时，选择一个距离终点最近的加油站 x_i，应选择距离起点为 20 千米的加油站，即第 2 个加油站加油。

（2）加完一次油后，汽车处于满油状态，这与汽车出发前的状态一致，这样就将问题归结为求 x_i 到终点汽车加油次数最少的一个规模更小的子问题。

按照以上策略不断地解决子问题，即每次找到从前一次选择的加油站开始往前 n 千米、距离终点最近的加油站加油。

在具体的程序设计中，设置一个数组 x，存放加油站距离起点的距离。全程长度用 S 表示，用数组 a 存放选择的加油站，total 表示已经行驶的最长路程。

算法实现如下：

```java
import java.util.Scanner;
public class PetrolStation {
    public static void main(String args[])
    {
        final int S=100;          //S:全程长度
        int i,j,n,k=0,total,dist;
        int x[]={10,20,35,40,50,65,75,85,100};  //加油站距离起点的位置
        int a[]=new int[10];                     //数组a:选择加油点的位置
        n=x.length;               //n:沿途加油站的个数
        System.out.printf("请输入最远行车距离(15≤n<100):");
        Scanner sc=new Scanner(System.in);
        dist=sc.nextInt();
        total=dist;               //total:总共行驶的里程
        j=1;                      //j:选择的加油站个数
        while(total<S)            //如果汽车未走完全程
        {
```

```
            for(i=k;i<n;i++)
            {
                if(x[i]>total)        //若距离下一个加油站太远
                {
                    a[j]=x[i-1];      //则在当前加油站加油
                    j++;
                    total=x[i-1]+dist;              //计算加完油能行驶的最远距离
                    k=i;              //k:记录下一次加油的开始位置
                    break;            //退出 for 循环
                }
            }
        }
        for(i=1;i<j;i++)                  //输出选择的加油点
            System.out.printf("%4d",a[i]);
        System.out.println();
    }
}
```

程序运行结果如下。

```
请输入最远行车距离(15≤n<100)：20
 20 40 50 65 85
```

若汽车还未行驶全程，则从第 k 个加油站开始计算加油的位置。若距离下一个加油站太远，则说明汽车行驶不到该加油站，需要在上一个加油站加油。

```
while(total<S)              //如果汽车未走完全程
{
    for(i=k;i<n;i++)
    {
        if(x[i]>total)          //若距离下一个加油站太远
        {
            a[j]=x[i-1];        //则在当前加油站加油
            j++;
            total=x[i-1]+dist;  //计算加完油能行驶的最远距离
            k=i;                //k:记录下一次加油的开始位置
            break;              //退出 for 循环
        }
    }
}
```

在加完油后，更新能行驶的最远距离，并记录下一次加油的开始位置。

10.6 小　结

　　贪心算法是寻找最优解问题的常用方法。在贪心算法中，每一步都选择当前局部最优解，并且期望通过不断的选择来达到全局最优解。问题的最优解可通过一系列的最优的选择即贪心选择来达到，但局部最优并不总能获得整体最优解，但通常能获得近似最优解。利用贪心算法求解问题满足以下两个条件：最优子结构和贪心选择性质。

第11章

回 溯 算 法

回溯法（Backtracking）也称为试探法，是一种选优搜索法，该方法首先暂时放弃关于问题规模大小的限制，并将问题的候选解按照某种顺序逐一枚举和检验。当发现当前的候选解不可能是解时，就选择下一个候选解；倘若当前候选解除不满足问题的规模要求外，满足所有其他要求，继续扩大当前候选解的规模，并继续向前试探。如果当前候选解满足包括问题规模在内的所有要求，该候选解就是问题的一个解。在寻找解的过程中，放弃当前候选解，退回上一步重新选择候选解的过程就称为回溯。

重点内容：

● 回溯算法的基本思想
● 装载问题、旅行商问题、和式分解问题等算法的实现

11.1 回溯算法的基本思想

回溯算法在求解问题时，按照深度优先搜索策略对解空间树进行搜索，在搜索至解空间树中的任一结点时，先判断该结点是否包含问题的解，若包含问题的解，则沿着该分支继续进行深度优先搜索遍历；否则，跳过该结点的分支沿着该结点向上一个结点回溯。回溯算法的思想就像走迷宫一样，在你不知道往哪个方向走时，可能会随机选择一个方向往前走，当你走到死胡同，即所有的路都走过但走不通时，就回退到前一个位置，重新选择另一条路向下走。在如图 11-1 所示的迷宫中，当从入口处走到第 7 行第 1 列的位置时，发现所有方向都走不下去，就回退到第 6 行第 1 列的位置，此时若还走不通，则继续回退，直到第 5 行第 1 列的位置，会找到一条通路。

(1) 走到死胡同开始回溯　　　　　　(2) 找到从入口到出口的一条通路

图 11-1　迷宫问题

利用回溯法解决问题有 3 个关键步骤：

（1）针对给定的问题，定义问题的解空间。
（2）确定易于搜索的解空间结构。
（3）以深度优先方式搜索解空间，并且在搜索过程中用剪枝函数避免无效搜索。

11.1.1　问题的解空间

问题的解空间至少包含一个最优解。例如，对于装载问题，若有 n 个集装箱要装上一艘载重量为 c 的轮船，其中集装箱 i 的重量为 w_i，要求在不超过轮船载重量的前提下，将尽可能多的集装箱装上轮船。当 n=3 时，解空间是由长度为 3 的向量组成的，每个向量的元素取值为 0 或 1，解空间为：

{(0,0,0),(0,0,1),(0,1,0),(1,0,0),(0,1,1),(1,0,1),(1,1,0),(1,1,1)}

其中，0 表示不装入轮船，1 表示装入轮船。若 c=50，W={18, 25, 25}，则解空间可用一棵二叉树表示，左分支用 1 表示，右分支用 0 表示，如图 11-2 所示。

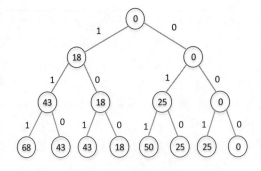

图 11-2　装载问题的解空间树

解向量(1,1,1)表示将重量为 18、25、25 的集装箱都装入轮船，总重量为 68。解向量(0,1,1)表示将重量为 25 和 25 的集装箱装入轮船，总重量为 50。

11.1.2 回溯算法的基本思想

在构造好解空间树之后，可以利用回溯算法对解空间树进行搜索，通过搜索求出问题的最优解。从解空间树的根结点出发，对解空间进行深度优先搜索遍历，初始时，根结点成为活结点，并成为当前的扩展结点，沿着扩展结点向纵深方向搜索，达到一个新的结点后，新的结点就成为活结点，并成为当前的扩展结点。若当前的扩展结点不能继续向前搜索，则当前的扩展结点成为死结点，这时就会回溯到最近的活结点位置。重复按以上方式搜索整个解空间树，直到程序结束。

知识点：

活结点：若已经生成一个结点或多个结点，而它的所有孩子结点还没有全部生成，则该结点称为活结点。

扩展结点：当前正在生成孩子结点的活结点。

死结点：不再继续扩展的结点或其孩子结点已经全部生成的结点。

1. 装载问题

当 c=50、W={18, 25, 25}时，装载问题的搜索过程可以表示成一棵子集树，如图 11-3 所示。

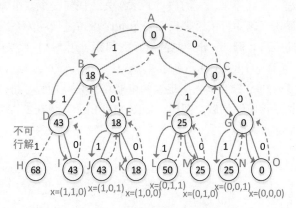

图 11-3 装载问题的搜索过程

（1）初始时，根结点是唯一的活结点，也是当前的扩展结点，此时轮船的剩余容量为 $c_r=50$，还未有集装箱装入轮船。

（2）从根结点 A 出发对左分支结点 B 进行扩展，若将第 1 个集装箱装入轮船，则有 $c_r=50-18=32$，此时结点 B 为当前的扩展结点，结点 A 和结点 B 为活结点。

（3）从当前的扩展结点 B 继续沿深度方向扩展，若将第 2 个集装箱装入轮船，则有 $c_r=32-25=7$，此时结点 D 为当前的扩展结点，结点 A、结点 B 和结点 D 为活结点。

（4）从当前的扩展结点 D 沿着左分支继续扩展，由于 $c_r<25$，因此无法将第 3 个集装箱放入轮船，这是一个不可行的解，回溯到结点 D。

（5）结点 D 成为活结点，并成为当前的扩展结点，从结点 D 沿着右分支进行扩展，扩展到结点 I，即不将第 3 个集装箱装入轮船，此时有第 1 个和第 2 个集装箱装入轮船，得到一个可行解，解向量为{1,1,0}，装入轮船的集装箱总重量为 43。

（6）结点 I 不能再扩展，成为死结点，回溯到结点 D，结点 D 已无可扩展结点，成为死结点，回溯到结点 B。

（7）结点 B 成为当前的扩展结点，沿着结点 B 向右分支结点扩展，到达结点 E，结点 E 成为活结点，并成为当前的扩展结点，第 2 个集装箱不装入轮船，此时轮船上只有第 1 个集装箱，$c_r=32$。

（8）沿着结点 E 往左分支扩展，结点 J 成为活结点，并成为当前的扩展结点，将第 3 个集装箱装入轮船，此时有 $c_r=32-25=7$，第 1 个和第 3 个集装箱装入轮船，解向量为{1,0,1}，装入轮船的总重量为 43。

（9）结点 J 不可扩展，成为死结点，回溯到结点 E，结点 E 成为当前的扩展结点，沿着结点 E 向右分支扩展，到达结点 K，结点 K 为活结点，即第 3 个集装箱不装入轮船，此时 $c_r=32$，只有第 1 个集装箱装入轮船，解向量为{1,0,0}，装入轮船的总重量为 18。

按照以上方式继续在解空间树上搜索，搜索完毕后，即可得到装载问题的最优解，最优解为{0,1,1}。

2. 旅行商问题

旅行商问题（Traveling Salesman Problem，TSP）又称为旅行推销员问题、货郎担问题，是数学领域的著名问题之一。问题描述：一个旅行商要从 n 个城市的某一城市出发去往其他城市，每个城市经过且只经过一次，最后回到原来出发的城市。求在去往任何一个城市的所有路径中路径长度最短的一条。为了方便描述该问题，可采用带权图表示 n 个城市之间的关系，顶点表示城市，顶点之间的权值表示城市之间的距离。例如，n=4 时的旅行商问题可用图 11-4 表示。

图中的回路有(1,2,3,4,1)、(1,2,4,3,1)、(1,3,2,4,1)、(1,4,2,3,1)、(1,3,4,2,1)等，其中(1,3,4,2,1)的路径长度最短，其路径长度为 29。旅行商人所走过的可能路线其实是所有路径的排列组合，这些方案可绘制成一棵排列树，也是该问题的解空间树，如图 11-5 所示。该树的深度为 5，两个结点之间的路径表示旅行商经过的城市。

图 11-4 旅行商问题

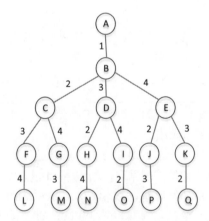

图 11-5 旅行商问题的解空间树

利用回溯算法求解问题一般是先根据具体问题构造解空间树，也就是描述问题的解，然后在解空间树中从根结点出发搜索问题的解，直到遍历完整棵解空间树。解空间树一般分为两种：子集树和排列树。当所给的问题是从 n 个元素的集合 S 中找出满足某种性质的子集时，相应的解空间树称为子集树。当所给问题是确定 n 个元素满足某种性质的排列时，相应的解空间树称为排列树。排列树通常有 n!个叶子结点。因此，遍历排列树需要 O(n!)的计算时间。

11.2　装载问题

【问题描述】已知有 n 个集装箱（重量分别为 $w_1, w_2, \cdots, w_n$）和 1 艘轮船，轮船的载重量为 c，要求在不超过轮船载重量的前提下，将尽可能多的集装箱装入轮船。其中，第 i 个集装箱的重量为 w_i。

【分析】为了方便描述，用解向量 $X=(x_1, x_2, \cdots, x_n)$ 表示哪一个集装箱装入轮船，其中，$x_i \in \{0, 1\}$，$1 \leqslant i \leqslant n$，$x_i$ 的取值只有 0 或 1 两种情况，$x_i=1$ 表示第 i 个集装箱装入轮船，$x_i=0$ 表示第 i 个集装箱不装入轮船。

求解的问题可形式化描述为：

$$\max \sum_{i=1}^{n} w_i x_i, \text{s.t.} \sum_{i=1}^{n} w_i x_i \leqslant c$$

即求装入轮船的集装箱的最大数量。在从根结点出发搜索问题的解时，需要考虑两个约束条件：

（1）可行性约束条件：$\sum_{i=1}^{n} w_i x_i \leqslant c$。

（2）最优解约束条件：remain+cw>bestw，其中，remain 表示剩余集装箱的重量，cw 表示当前已装上的集装箱的重量，bestw 表示当前的最优装载量。

对于不满足约束条件 $\sum_{i=1}^{n} w_i x_i \leqslant c$ 的情况，则剪去该分支。判定第 i 层的结点是否装入轮船的条件为：

$$cm(i) = w_i + \sum_{j=1}^{i-1} w_j x_j$$

当 cw(i)>c 时，表示该分支上的所有结点均不满足约束条件，应剪去该分支。若对于当前正在搜索的结点来说，沿着当前的结点继续向下扩展到叶子结点，就是将剩下的集装箱都装入轮船，总重量仍然不会大于当前的最优值 bestw，则没有必要对该结点的子树进行扩展，应剪去该分支结点。若当前的扩展结点为第 i 个结点，则剩下的结点表示集装箱的重量为 $r=\sum_{j=i+1}^{n} w_j$，该结点代表集装箱的重量上界为 cw(i)+r。

若输入仍然是 c=50、W={18, 25, 25}，则解空间树的搜索过程如图 11-3 所示。初始时、cw=0、bestw=0、r=68，然后考察第 1 个集装箱，此时有 cw=0、bestw=0、r=50，由于 cw+w[1]<c，因此可选取第 1 个集装箱，在选取第 1 个集装箱后，进入解空间树的第 2 层，即开始考察是否将第 2 个集装箱装入轮船，此时有 cw=18、bestw=0、r=25，由于 cw+w[2]<50，因此可选取第 2 个集装箱，在选取第 2 个集装箱后，就进入解空间树的第 3 层，即开始考察是否将第 3 个集装箱装入轮船，此时有 cw=43、bestw=0、r=0，由于 cw+w[3]>50，因此第 3 个集装箱不能装入轮船。于是往右子树方向走下去，即不装入第 3 个集装箱，到达叶子结点，有 cw=43、bestw=43，找到一个解{1,1,0}。经过剪枝后的子集树如图 11-6 所示。

图 11-6 经过剪枝后的子集树

算法实现如下：

```
import java.util.Scanner;
class BestNode
{
    int bestw;
    int[] bestx;
    final int NUM=20;
    BestNode()
    {
        bestw=0;
        bestx=new int[NUM];
    }
    int getBestW()
    {
        return bestw;
    }
    void setBestW(int cw)
    {
        bestw=cw;
    }
    void setBestX(int x[])
    {
        for(int i=1; i<x.length; i++)
            bestx[i] = x[i];
    }
    int getBestX(int i)
    {
        return bestx[i];
    }
}
public class ContainerLoading {
    void Backtrack(int t, int n, int w[], int c, int r, int cw, BestNode bNode,
int x[])
```

```
{
    if(t>n)      //达到叶子结点
    {
        if(cw>bNode.getBestW())     //若存在更优的解，则更新最优解
        {
            bNode.setBestX(x);
            bNode.setBestW(cw);
        }
        return;
    }
    r -= w[t];                      //更新剩余集装箱的重量
    if(cw+w[t]<=c)                  //搜索左子树
    {
        x[t] = 1;
        cw += w[t];
        Backtrack(t+1,n,w,c,r,cw,bNode,x);
        cw -= w[t];                 //恢复状态
    }
    if(cw+r>bNode.getBestW())  //搜索右子树
    {
        x[t]=0;
        Backtrack(t+1,n,w,c,r,cw,bNode,x);
    }
    r += w[t];                      //恢复状态
}

public static void main(String args[])
{
    final int NUM=100;
    BestNode bNode=new BestNode();
    ContainerLoading CL=new ContainerLoading();
    int c,n,r,cw;
    int[] w;
    int []x;
    System.out.print("请输入轮船的装载容量:");
    Scanner sc=new Scanner(System.in);
    c=sc.nextInt();
    System.out.print("请输入集装箱的数量:");
    n=sc.nextInt();
    r = 0;
    w=new int[n+1];
    x=new int[n+1];
    System.out.print("请分别输入"+n+"个集装箱的重量:");
    for(int i=1;i<=n;i++)
    {
        w[i]=sc.nextInt();
        r += w[i];
    }
    cw = 0;
    CL.Backtrack(1,n,w,c,r,cw,bNode,x);
```

```java
        System.out.println("最优装载量: "+bNode.getBestW());
        System.out.print("装入轮船的集装箱编号: ");
        for(int i=1;i<=n;i++) {
            if (bNode.getBestX(i)==1)
                System.out.print(" " + i);
        }
        System.out.println();

    }
}
```

程序运行结果如下。

请输入轮船的装载容量：65
请输入集装箱的数量：3
请分别输入 3 个集装箱的重量：42 10 21
最优装载量：63

装入轮船的集装箱编号：1 3

未到达叶子结点时，对该结点的两个分支分别进行处理。对于左孩子结点，若能装入轮船，也就是 cw+w[t]≤c 的情况，则令 x[t]=1、cw+=w[t]，表示为左分支结点，装入轮船，然后继续处理下一层，即递归调用自身。代码如下：

```java
if(cw+w[t]<=c)                  //搜索左子树
{
    x[t] = 1;
    cw += w[t];
    Backtrack(t+1,n,w,c,r,cw,bNode,x);
    cw -= w[t];             //恢复状态
}
```

对于右孩子结点，即不能装入轮船时，也就是 cw+w[t]>c 的情况，令 x[t]=0，表示为右分支结点，不装入轮船，然后继续处理下一层，即递归调用自身。代码如下：

```java
if(cw+r>bNode.getBestW()) //搜索右子树
{
    x[t]=0;
    Backtrack(t+1,n,w,c,r,cw,bNode,x);
}
```

11.3　旅行商问题

【问题描述】一个旅行商从 n 个城市中的某一城市出发，不重复地走完其余 n-1 个城市并回到原出发点，在所有可能的路径中求出路径长度最短的一条。本题假定该旅行商从第 1 个城市出发。

【分析】根据图 11-5 构造的解空间树，其实是一棵排列树，从根结点出发对每个分支进行搜索遍历，直到叶子结点，得到一系列问题的解，其中代价最小的那个解就是所求问题的解。其步骤如下：

（1）从根结点 A 出发，按照深度优先搜索，依次经过 B、C、F、L，周游路线为 1，2，3，4，1，其费用为 56。

（2）从叶子结点 L 处返回上一层，即 F，由于 F 没有可扩展结点，因此继续向上一层返回，到结点 C 处。

（3）结点 C 成为新的扩展结点，对其他还未走过的分支搜索，走到结点 G，直至结点 M，周游路线为 1，2，4，3，1，其费用为 29。

（4）从叶子结点 M 处返回 G，由于没有可扩展结点，因此继续向上一层返回，到结点 C，同样没有新的可扩展结点，继续返回上一层，到结点 B。

（5）继续对结点 B 进行扩展，走到结点 D，结点 D 成为当前扩展结点，沿着结点 H 走到结点 N，周游路线为 1，3，2，4，1，其费用为 53。

（6）从叶子结点 N 处返回结点 H，由于 H 没有可扩展结点，因此继续向上一层返回，到结点 D。

（7）继续对结点 D 的其他未搜索路径进行扩展，沿着结点 I 走到结点 O，周游路线为 1，3，4，2，1，其费用为 29。

以此类推，对其他未搜索的路径重复执行以上过程，直到所有的路径都走过一遍，最终得到一条长度最小的周游路线 1，3，4，2，1，其费用为 29。

算法实现如下：

```java
import java.util.Scanner;
public class MyTSP {
    static int INFINITY=65535;
    int c,bestc;
    MyTSP()
    {
        c=0;
        bestc=INFINITY;
    }
    int GetCurrentCost()
    {
        return c;
    }
    void SetBestCost(int bestc)
    {
        bestc=INFINITY;
    }
    int GetBestCost()
    {
        return bestc;
    }
    void SetCurrentCost(int c)
    {
        c=0;
    }
    void Backtrack(int t, int n, int m, int a[][],int bestx[],int x[])
    {
        if(t==n)
```

```
        {
            if(a[x[n-1]][x[n]]!= INFINITY && a[x[n]][1]!= INFINITY &&
                (c + a[x[n-1]][x[n]]+a[x[n]][1]<bestc||bestc== INFINITY))
            {
                for(int i=1; i<=n; i++)
                    bestx[i] = x[i];
                bestc = c + a[x[n-1]][x[n]] + a[x[n]][1];
            }
            return;
        }
        else
        {
            for(int i=t; i<=n; i++)
            {
                if(a[x[t-1]][x[i]]!= INFINITY && (c + a[x[t-1]][x[i]]<
bestc||bestc == INFINITY))
                {
                    Swap(x,t,i);
                    c += a[x[t-1]][x[t]];
                    Backtrack(t+1,n,m,a,bestx,x);
                    c -= a[x[t-1]][x[t]];
                    Swap(x,t,i);
                }
            }
        }
    }
    void Swap(int x[], int a, int b)
    {
        int t;
        t=x[a];
        x[a]=x[b];
        x[b]=t;
    }

    public static void main(String args[])
    {
        final int NUM=100;

        int i, j,m,n;
        int s, t, w;
        int a[][];
        int x[];
        int bestx[];
        Scanner sc=new Scanner(System.in);
        System.out.println("请输入城市数和直接路径数: ");
        n=sc.nextInt();
        m=sc.nextInt();
        a=new int[n+1][n+1];
        for (i=1; i<n+1; i++) {
            for (j = 1; j < n + 1; j++)
```

```
                a[i][j] = INFINITY;
        }
    for (i=1; i<=m; i++)
    {
        s=sc.nextInt();
        t=sc.nextInt();
        w=sc.nextInt();
        a[s][t] = w;
        a[t][s] = w;
    }
    x=new int[n+1];
    for(i=1; i<=n; i++)
        x[i] = i;
    MyTSP TSP=new MyTSP();
    bestx=new int[n+1];
    TSP.Backtrack(2,n,m,a,bestx,x);
    System.out.printf("最优路径: ");
    for(j=1; j<=n; j++)
        System.out.printf("%d ", bestx[j]);
    System.out.printf("\n 最优路径长度: %d\n", TSP.GetBestCost());
    }
}
```

程序运行结果如下。

```
请输入城市数和直接路径数:
4 6
1 2 10
1 3 8
1 4 25
2 3 15
2 4 5
3 4 6
最优路径: 1 2 4 3
最优路径长度: 29
```

对于旅行商问题,就是从出发顶点出发对所有的路径进行搜索,经过顶点的顺序不同,其路径也就不一样,因此,其解空间是一棵排列树。代码如下:

```
TSP.Backtrack(2,n,m,a,bestx,x);
```

其中的参数 2 表示排列树中结点所在的层次,树中的分支构成一个顶点。

当 t==n 时,到达叶子结点,表示完成一个周游路线,将此次周游路线所经过的顶点保存到 best[] 数组中,同时将路径长度也保存到 bestc 中。

当 t<n 时,说明还未完成一个周游路线,若从当前顶点出发到下一个顶点存在路径,则继续搜索,即递归调用 Backtrack(t+1,n,m,a,bestx,x)。

11.4　和式分解问题

【问题描述】编写非递归算法，要求输入一个正整数 n，请输出和等于 n 且非递增的所有序列。例如，n=4 时，输出结果为：

```
4=4
4=3+1
4=2+2
4=2+1+1
4=1+1+1+1
```

【分析】

解法一：利用数组 a[]存放分解出来的和数，其中，a[k+1]存放第 k+1 步分解出来的和数。利用 r[]存放分解出来的和数，r[k+1]用于存放分解出和数 a[k+1]后，还未分解的余数。为保证上述要求能对第一步（k=0）分解也成立，在 a[0]和 r[0]中置为 n，表示第一个分解出来的和数为 n。第 k+1 步要继续分解的数是前一步分解后的余数，即 r[k]。在分解过程中，当某步欲分解的数 r[k]为 0 时，表明已完成一个完整的和式分解，将该和式输出；然后在前提条件 a[k]>1 时，调整原来所分解的和数 a[k]和余数 r[k]，进行新的和式分解，即令 a[k]-1，作为新的待分解的和数，r[k]+1 就成为新的余数。若 a[k]==1，则表明当前和数不能继续分解，需要进行回溯，回退到上一步，即令 k-1，直至 a[k]>1 停止回溯，调整新的和数和余数。为了保证分解出的和数依次构成非递增的正整数序列，要求从 r[k]分解出来的最大和数不能超过 a[k]。当 k==0 时，表明完成所有的和式分解。

算法实现如下：

```java
public class SplitSum2 {
    static int MAXN=100;
    void Sum_Depcompose(int n,int a[],int r[])   //非递归实现和式分解
    {
        int i = 0;
        int k = 0;
        r[0] = n;                //r[0]存放余数
        do {
            if (r[k] == 0)    //表明已完成一次和式分解，输出和式分解
            {
                System.out.printf("%d = %d", a[0], a[1]);
                for (i = 2; i <= k; i++)
                {
                    System.out.printf("+%d", a[i]);
                }
                System.out.printf("\n");
                while (k>0 && a[k]==1)  //若当前待分解的和数为1，则回溯
                {
                    k--;
                }
                if (k > 0)  //调整和数和余数
                {
                    a[k]--;
```

```
                    r[k]++;
                }
            }
            else  //继续和式分解
            {
                a[k+1] = a[k]<r[k]? a[k]:r[k];
                r[k+1] = r[k] - a[k+1];
                k++;
            }
        } while (k > 0);
    }
    public static void main(String args[])
    {
        int a[]=new int[MAXN];
        int r[]=new int[MAXN];
        int i,test_data[] = {4,5,6};
        SplitSum2 SS=new SplitSum2();
        for (i =0; i <test_data.length; i++)
        {
            a[0] = test_data[i];  //a[0]存放待分解的和数
            System.out.printf("%d 的和式分解: \n",a[0]);
            SS.Sum_Depcompose (test_data[i],a,r);
        }
    }
}
```

程序运行结果如下。

```
4 的和式分解:
4 = 4
4 = 3+1
4 = 2+2
4 = 2+1+1
4 = 1+1+1+1
5 的和式分解:
5 = 5
5 = 4+1
5 = 3+2
5 = 3+1+1
5 = 2+2+1
5 = 2+1+1+1
5 = 1+1+1+1+1
6 的和式分解:
6 = 6
6 = 5+1
6 = 4+2
6 = 4+1+1
6 = 3+3
6 = 3+2+1
6 = 3+1+1+1
6 = 2+2+2
```

```
6 = 2+2+1+1
6 = 2+1+1+1+1
6 = 1+1+1+1+1+1
```

当余数为 0 时，即当 r[k]==0 时，表示已完成一次和式分解，输出该和式分解过程。

若当前的和数为 1，即当 a[k]==1 时，表明当前数已经不能继续分解，向前回溯。

完成一个和数分解后，接下来需要在该分解的基础上进行调整以得到下一个分解的和数，通过对分解出来的和数减去 1，并对余数增加 1，寻找下一个和数。例如，完成 5=3+2 的和数分解后，可通过对当前的和数 2 减 1，并对其余数 0 增加 1，得到新的和数 1 及新的余数 1，然后继续对余数进行分解，得到 5=3+1+1。

当未完成一次和式分解时，继续对和式进行分解。分解的原理：和数是前一个和数和余数中较小的那个，余数就是上一个余数减去当前的和数。

```
a[k+1] = a[k]<r[k]? a[k]:r[k];
r[k+1] = r[k] - a[k+1];
```

解法二：构造解空间树，对解空间树进行深度优先搜索遍历寻找问题的解。

假设 n=4，根结点为 4，它可以分解为 1、2、3、4，因此，根结点有 4 个分支结点，对于这 4 个结点可继续进行扩展，每个结点最多可有 4 个分支，其结点分别为 1、2、3、4。对于 1 来说，从 4 分解出 1 之后，还可以分解出 1、2、3 共三种情况，沿着结点 1，还可以分解为 1 和 2 两种情况，对每个结点按上述方式进行扩展，可构造出和式分解的解空间树，如图 11-7 所示。如果增加一个约束条件：分解出来的数按升序排列，则可继续对解空间树进行简化，4 的分解就有 5 种情况。

图 11-7 和式分解的解空间树

从根结点出发，沿着某个分支进行深度优先搜索，直到叶子结点，就可得到一个和式分解结果。

```java
import java.util.ArrayList;
public class SplitSum {
    // 输出一组解
    void prints(ArrayList s){
        String str = "";
        for(int i = 1;i < s.size();i++){
            str += s.get(i) + " ";
        }
        System.out.println(str);
    }

    // 使用回溯法实现整数分解
```

```
    void dfs_split(int n, ArrayList s, int p, int i){
        if(n == 0){
            prints(s);
            return;
        }
        for(int k = 1;k <= n;k++){
            if(k >= p){
                s.add(i,k);
                dfs_split(n - k, s, k, i + 1);
                s.remove(s.size()-1);
            }
        }
    }
    public static void main(String args[]) {
        SplitSum SS=new SplitSum();
        int n = 5;
        ArrayList s = new ArrayList(n+1);
        s.add(n);
        SS.dfs_split(n, s, 1, 1);
    }
}
```

程序运行结果如下。

```
1 1 1 1
1 1 2
1 3
2 2
4
```

11.5　小　　结

　　回溯算法是利用深度优先搜索方式对问题的解空间进行搜索，是穷举法搜索的改进。它在穷举搜索的基础上，增加了约束条件，即判断该结点是否包含问题的最优解。如果不包含，则对该结点进行剪枝，即跳过对该节点为根的子树的搜索；否则，进入该节点为根的子树继续深度优先搜索。例如，装载问题、旅行商问题、迷宫问题均可采用回溯法求解。对于迷宫问题，每一步是试探过程就采用了回溯法思想，在当前状态下，选择一个方向向前试探，若遇到的是障碍物，则说明前进方向已无路可走，这时再选择其他方向进行试探，如果有路可走，则沿该方向再向前试探；如果遇到的是障碍物，则继续选择下一个方向进行试探，如果所有方向均已试探，则返回一步，再看其他方向是否还有路可走；如果有路可走，则沿该方向再向前试探。按此原则不断搜索，直到找到出口或从原路返回到入口处为止。

　　与回溯法相似的算法是分支限界法，分支限界法采用的是广度优先搜索的方式搜索问题的解。

参考文献

[1] 严蔚敏. 数据结构[M]. 北京：清华大学出版社，2001.

[2] 耿国华. 数据结构[M]. 北京：高等教育出版社，2005.

[3] 李春葆. 数据结构教程[M]. 北京：清华大学出版社，2017.

[4] RobertSedgewick 著，谢路云译. 算法（第 4 版）[M]. 北京：人民邮电出版社，2017.

[5] 陈锐. 数据结构（C 语言实现）[M]. 北京：机械工业出版社，2020.

[6] 朱站立. 数据结构[M]. 西安：西安电子科技大学出版社，2003.

[7] 徐塞红. 数据结构考研辅导[M]. 北京：北京邮电大学出版社，2002.

[8] 陈锐. 数据结构与算法详解[M]. 北京：人民邮电出版社，2021.

[9] 杨明，杨萍. 研究生入学考试要点、真题解析与模拟考卷[M]. 北京：电子工业出版社，2003.

[10] 陈锐. 数据结构习题精解（C 语言实现+微课视频）[M]. 北京：清华大学出版社，2021.

[11] 陈守礼，胡潇琨，李玲. 算法与数据结构考研试题精析（第 2 版）[M]. 北京：机械工业出版社，2009.

[12] 陈锐. 零基础学数据结构（第 2 版）[M]. 北京：机械工业出版社，2014.

[13] 李春葆，尹为民，蒋晶珏. 数据结构联考辅导教程[M]. 北京：清华大学出版社，2011.

[14] Cormen T. H. 潘金贵译. 算法导论（原书第 2 版）[M]. 北京：机械工业出版社，2006.

[15] Robert Sedgewich 著. 霍红卫译. 算法：C 语言实现（第 1~4 部分）基础知识、数据结构、排序及搜索[M]. 北京：机械工业出版社，2009.

[16] Donald E.Knuth 著.计算机程序设计艺术 卷 1：基本算法（英文版 第 3 版）[M]. 北京：人民邮电出版社，2010.

[17] 赵端阳，王超. 算法设计与分析[M]. 北京：清华大学出版社，2021.

[18] 李春葆.算法设计与分析（第 2 版）[M]. 北京：清华大学出版社，2018.